Werner Kremers
Jürgen Thiele
Friedrich Wahl

Neue Wege der Energieversorgung

Werner Kremers / Jürgen Thiele / Friedrich Wahl

Neue Wege der Energieversorgung

Mit 151 Bildern

Friedr. Vieweg & Sohn   Braunschweig / Wiesbaden

CIP-Kurztitelaufnahme der Deutschen Bibliothek

Kremers, Werner:
Neue Wege der Energieversorgung/Werner Kremers;
Jürgen Thiele; Friedrich Wahl. — Braunschweig;
Wiesbaden: Vieweg, 1982.
ISBN-13: 978-3-528-08511-7   e-ISBN-13: 978-3-322-83991-6
DOI: 10.1007/978-3-322-83991-6
NE: Thiele, Jürgen:; Wahl, Friedrich:

Werner Kremers ist Studienreferendar für Physik und Theologie
in Tübingen

Dr. *Jürgen Thiele* ist Dipl.-Biologe am Biologischen Institut der
Universität Tübingen

Dr. *Friedrich Wahl* ist Professor für Theoretische Physik an der
Universität Tübingen

Verlagsredaktion: *Alfred Schubert*

1982

Satz: Vieweg, Braunschweig

Umschlaggestaltung: Peter Morys, Salzhemmendorf

ISBN-13: 978-3-528-08511-7

Vorwort

Alternativenergien, das ist ein Begriff und wohl auch ein Schlagwort unserer Zeit. In der Tat: Die Zukunft der Menschheit hängt davon ab, ob und wie frühzeitig sie sich um die damit zusammenhängenden Fragen kümmert, wenn sie nicht einen Kollaps unserer hochkomplizierten Welt riskieren will. Gerade die regenerativen Energieträger, wie Sonnen-, Meeres- und Windenergie sowie Biomassenutzung, könnten das vermeiden helfen.

Das vorliegende Buch versteht sich als Beitrag zu einer solchen Energiediskussion. Es ist aus einer gründlichen Überarbeitung eines Seminars an der Universität Tübingen über das Thema der Alternativenergien hervorgegangen. W. Kremers hat sich dieser umfangreichen Arbeit unterzogen, wobei er aus der Fülle der Ideen und Realsierungen diejenigen Energieformen auswählte, denen man eine gewisse Zukunft vorhersagen darf. Neben den physikalisch-technischen Projekten kommt den Verfahren, aus Biomasse Energie zu gewinnen, immer mehr Bedeutung zu. Eine abgerundete Darstellung zu diesem Thema stammt von J. Thiele.

Die Konzeption des Buches wurde so aufgefaßt, daß es sich in der Mitte zwischen den zahlreichen und ausführlichen Einzeldarstellungen zu bestimmten Themen und den undifferenzierten Gesamtdarstellungen bewegt. Es soll insbesondere den Studenten der Naturwissenschaften einen Überblick über den gegenwärtigen Stand der Energiediskussion ermöglichen, aber auch Lehrern und interessierten Nichtfachleuten einen Einblick in die vielfältigen Möglichkeiten gewähren. Dementsprechend wurden jedem Kapitel eine kleine Einführung in die Grundlagen vorangestellt und danach die technischen Realisierungen besprochen. Wo es heute schon möglich ist, werden Kosten und Wirtschaftlichkeit (Stand etwa 1980) diskutiert. Der Umfang des Buches sollte dabei einen bestimmten Rahmen nicht überschreiten.

Bei der Fülle des Materials ist es natürlich nicht ganz zu vermeiden, daß in die Gewichtung manch subjektive Gesichtspunkte einfließen oder daß die eine oder andere Sache nicht ausführlich genug geschildert wird.

Die Autoren danken insbesondere Herrn Prof. Dr. R. Mühleisen für die Beteiligung an den betreffenden Seminaren und die Unterstützung bei der Auswahl der Themen, Herrn Dr. G. Baumann für manch wertvolle Kritik, sowie Frau M. Kremers und Frau R. Adler für die Maschinenschrift des Manuskripts. Den Herren K. Göbel, K. Hau und R. Jahraus sei Dank für ihr Engagement bei den Korrekturen. Nicht zuletzt möchten wir Herrn Prof. Dr. H. Stumpf für die Ermutigung zur Veröffentlichung und dem Vieweg-Verlag für die ansprechende Ausführung des Buches unseren Dank aussprechen.

Tübingen, Sommer 1982   *Friedrich Wahl*

Inhaltsverzeichnis

Einleitung

Dieses Buch ist aus einem Hauptseminar für Lehramtskandikaten heraus entstanden, das im Wintersemester 1979/80 an der Universität Tübingen abgehalten wurde. Die einzelnen Seminarvorträge waren zum Teil Grundlage der hier behandelten Kapitel. Einige Gebiete sind in der Arbeit stark erweitert worden, andere sind entfallen. Auswahlkriterien waren hier die zu erwartenden Zukunftschancen und die Verwendung sogenannter regenerativer Energiequellen. Dem letzteren Kriterium sind die Seminarthemen *Kohlevergasung* und *Kohleverflüssigung* zum Opfer gefallen. Die Zukunftschancen dieser Energiegewinnungsmethoden sollen damit nicht bestritten werden, nur ergäbe sich bei einem verstärktem Einsatz der Kohle für Deutschland eine ähnliche Importabhängigkeit wie derzeit beim Erdöl. Außerdem sind auch die Kohlevorräte bei intensiver Ausbeutung begrenzt.

Die Direktumwandlung von Wärmeenergie in elektrische Energie in *Thermionikkonvertern* wird wegen ihrer schlechten Zukunftsaussichten nicht behandelt. Zwar gibt es bereits seit Jahren kleine Konverter im kW-Bereich für militärische Zwecke und für die Weltraumfahrt, aber eine großtechnische Nutzung scheiterte an den Materialproblemen. Thermionikkonverter nutzen den glühelektrischen Effekt, d.h. die Herauslösung von Elektronen aus dem Metall einer Diodenkathode bei hohen Temperaturen. Heute verwendet man allgemein Halbleiterdioden statt Vakuumröhren zu dieser Energiewandlung. Leider ist es schwierig, bei den notwendigen Temperaturen von 1400 ... 2000 K geeignete widerstandsfähige Halbleiter zu finden. Der gesamte mechanische Aufbau der Konverter ist durch das hohe Temperaturniveau kostspielig und korrosionsanfällig, so daß diese Energiewandlung z.Z. sehr unwirtschaftlich ist. Daran wird sich wohl in den nächsten Jahrzehnten kaum etwas ändern, da bei der Materialforschung keine Sprünge zu erwarten sind.

Die *thermoelektrische Energiewandlung* ist ebenfalls wegen ihrer mangelnden Zukunftschancen ausgeschieden worden. Thermoelektrische Konverter bestehen aus Thermoelementen, also aus Kontaktstellen zweier verschiedener Metalle. Werden diese Kontaktstellen auf unterschiedliche Temperaturen gebracht, so fließt zwischen ihnen ein Thermostrom. Dessen Größe und damit der Wirkungsgrad der Energiewandlung ist von der Temperaturdifferenz der beiden Kontaktstellen abhängig. Momentan sind Wirkungsgrade um 8 % erreichbar, höhere Werte setzen höhere Temperaturen voraus. Da auch hier als Kontaktmaterialien Halbleiter verwendet werden müssen (nur sie führen zu akzeptablen Ergebnissen), sind die oberen Temperaturen auf Werte um 800 K beschränkt. Thermoelektrische Konverter sind wegen ihres geringen Wirkungsgrades unwirtschaftlich und nur für Spezialanwendungen einsetzbar (Raumfahrt, Meeresforschung usw.). Daran wird sich in den kommenden Jahrzehnten kaum etwas ändern.

Ein weiteres Seminarthema waren *magnetohydrodynamische Generatoren*. Das MHD-Prinzip beruht darauf, daß heiße ionisierte Flammengase mit sehr starken Magnetfeldern zu Elektroden abgelenkt werden, an denen dann Strom entzogen werden kann. Die Temperaturen der Gase liegen bei über 2000 K, die Wirkungsgrade bei höchstens 10 %. Da ein MHD-Generator hohe Austrittstemperaturen von ca. 1700 K hat, wird ihm üblicherweise ein herkömmliches Dampfkraftwerk nachgeschaltet. Dadurch ergeben sich durchaus interessante Gesamtwirkungsgrade von 50 ... 60 %. Doch leider sind die Materialprobleme noch ungelöst. Die Standzeiten der Elektroden, die von heißen korrosiven Flammengasen umströmt werden, sind zu gering, bessere Materialien als die heute verwendeten sind nicht bekannt. Zwar wird besonders in der UdSSR der MHD-Generator noch weiter entwickelt, ein wirklich wirtschaftlicher Einsatz erscheint bis zum Jahre 2000 aber fraglich.

Die gesteuerte *Kernfusion* war ebenfalls Thema eines Seminarvortrags. Trotz intensiver und sehr aufwendiger Forschung sind die notwendigen Reaktionsdrücke und -temperaturen immer noch nicht erreicht. Niemand vermag zu sagen, wie lange es dauern wird, bis eine Versuchsanlage Fusionsenergie liefern kann. Von diesem Durchbruchspunkt bis zur technischen Realisierung eines Kraftwerkes wird ebenfalls viel Zeit vergehen. In den nächsten 40 Jahren ist kein Fusionskraftwerk zu erwarten. Es ist fraglich, ob sich die gewaltigen finanziellen Investitionen jemals auszahlen werden.

In diesem Buch sind die Themen „Solarzellen" und Wasserstofftechnologie" in größerer Breite abgehandelt worden, da diese Bereiche unseres Erachtens nach große Zukunftschancen haben.

Die Energiegewinnung aus Biomasse wurde zwar in dem überwiegend physikalisch orientierten Seminar nicht behandelt, es ist jedoch abzusehen, daß sie in der näheren Zukunft eine große Bedeutung erlangen wird. Wir haben uns deshalb entschlossen, ein eigenes Kapitel über dieses Thema aufzunehmen.

1   Allgemeines zur Sonnenenergie

Die Sonne stellt eine für unsere Begriffe unerschöpfliche Energiequelle dar. Die Temperaturen der Kernregion liegen nach Schätzungen bei 8 ... 40 Mio. K, an der Oberfläche betragen sie um 6000 K. Die emittierte Strahlung kann mit derjenigen eines schwarzen Körpers gleicher Temperatur verglichen werden — wenn auch die Sonnenstrahlung aus unterschiedlichen Schichten kommt und Absorptionen in höheren Schichten auftreten, ist dies eine gute Näherung. Die Sonne strahlt *insgesamt* ca. $3,48 \cdot 10^{27}$ kWh/a in den Weltraum ab; die Erde in durchschnittlich $1,5 \cdot 10^8$ km Entfernung empfängt davon weniger als 1/2 Milliardstel, nämlich $1,53 \cdot 10^{18}$ kWh/a [1.2]. Dies ist immerhin noch das 20 000fache des *jährlichen Energiebedarfs des Menschen* von ca. $8,34 \cdot 10^{13}$ kWh/a (1979 [1.3]). Die Strahlungsleistung am Ort der Erde außerhalb der Atmosphäre ergibt sich zu 1353 W/m^2 *(Durchschnittswert der Solarkonstante)*. Die dort jährlich eingestrahlte Energie beträgt also 11 852 kWh/m^2 (bei einer Sonnenscheindauer von 8760 h/a). Die spektrale Verteilung gleicht der schon erwähnten Schwarzkörperstrahlung: Die obere Kurve in Bild 1.1 gibt den extraterrestrischen Fall wieder (AM 0). Rund 7 %

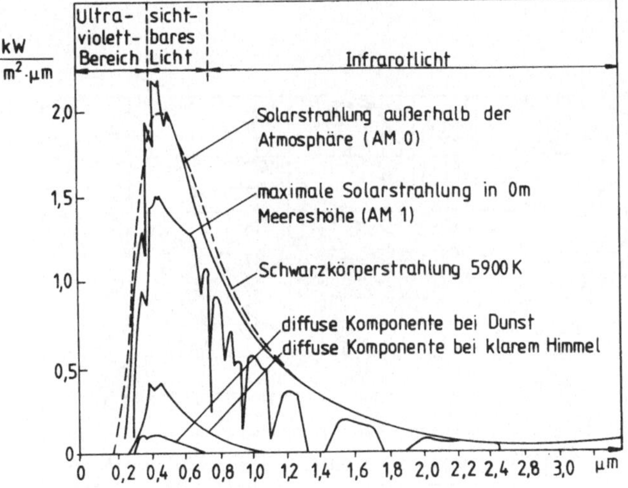

Bild 1.1 Spektrale Energieverteilung des Lichtes der Sonne [1.8]

liegen im Ultraviolettbereich (95 W/m^2), 47 % (640 W/m^2) im sichtbaren und 46 % (628 W/m^2) im infraroten Bereich [1.1]. Das Maximum liegt bei 0,5 μm. Die Kurve darunter gibt die Strahlungsintensität nach dem Durchgang durch die Lufthülle der Erde an (AM 1). Die Bezeichnung „AM" bedeutet „air mass" und gibt die durchdrungene Luftmenge an. Bei AM 0 hat das Licht noch keinerlei Luft durchdrungen, AM 1 bezeichnet den senkrechten Einfall des Lichtes durch die Atmosphäre bis zum Meeresniveau. Bei schrägem Lichteinfall ergeben sich entsprechend höhere Werte. Bei AM 1 haben also die Luftpartikel durch Reflexion und Absorption die Intensität erheblich herabgesetzt, tiefe Einbrüche der Kurve markieren Absorptionsmaxima häufig auftretender Moleküle. Das Maximum der Kurve liegt nach wie vor im blauen Bereich. Derjenige Teil der Sonnenstrahlung, der ohne wesentliche Richtungsänderung die Atmosphäre durchdringt, wird als *direkte Strahlung* bezeichnet, der Anteil, der an den Partikeln gestreut wird und aus allen Richtungen auf die Erdoberfläche trifft, als *diffuse Strahlung*. Die Summe beider Strahlungsanteile wird *Globalstrahlung* genannt (Bild 1.2). Für beliebig geneigte Flächen läßt sie sich aus der gemessenen Globalstrahlung des senkrechten Einfalls und Formeln der sphärischen Trigonometrie errechnen [1.1].

Wieviel der extraterrestrischen Strahlungsenergie von fast 12 000 kWh/m$^2 \cdot$ a kommt nun auf der Erdoberfläche an? Außer der Herabsetzung durch Reflexion und Absorption müssen natürlich die Nachtstunden und die jahreszeitlichen und wetterbedingten Schwankungen berücksichtigt werden. Gerade diese Unzuverlässigkeit des Energielieferanten Sonne ist ja sein größter Nachteil: Sonnenenergie läßt sich nur in Verbindung mit wirtschaftlichen Speichersystemen sinnvoll nutzen. Als Durchschnittswert pro Jahr ergibt sich 2560 kWh/m^2 [1.5] — und das für den

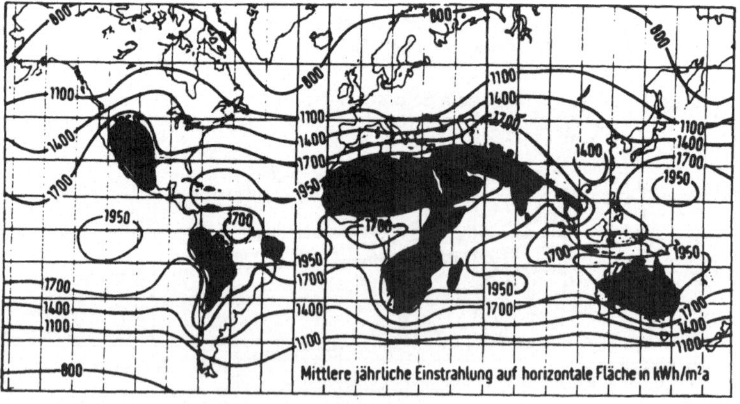

Bild 1.2 Globalstrahlungskarte der Erde [1.2]

heißesten Punkt der Sahara. In Deutschland beträgt je nach Lage dieser Wert 930 ... 1160 kWh/m$^2 \cdot$ a — (daraus ergibt sich die durchschnittliche jährliche Strahlungsleistung von 116 W/m^2).

Die jährliche Sonnenscheindauer beträgt in Deutschland 1400 ... 1800 Stunden. Am günstigsten bezüglich der Sonnenscheindauer und der Strahlungsintensität liegt Freiburg i. Brsg. Die jahreszeitlichen Schwankungen wirken sich besonders in Ländern der gemäßigten Breiten und in Polnähe aus. Im Frühjahr und Sommer fallen in unseren Breiten ca. 80 % der gesamten jährlichen Strahlungsenergie an. Im Hochsommer beträgt die mittägliche *Strahlungsleistung* etwa 1000 W/m^2 *horizontaler Fläche* (Faustregel) — immerhin 74 % der ursprünglichen Solarstrahlung von 1353 W/m^2 (Bild 1.3).

Wie „verbraucht" nun die Erde die auf sie treffende Strahlung? Die folgenden dürren Prozentzahlen können nur eine schwache Andeutung des komplizierten Regelkreislaufes geben (Bild 1.4). Den größten Anteil dieser Energiebilanz macht die atmosphärische Reflexion aus (31 %). Zusammen mit der Erdbodenreflexion (4,3 %) stellt sie das sogenannte *Albedo* des Planeten dar. Weitere 17,4 % werden von der Lufthülle absorbiert und als Wärmestrahlung in den Weltraum zurückgeworfen. Auf der Erdoberfläche verbleiben also 47,3 %, die sich auf Meere (32,7 %) und Kontinente aufteilen, wo die Strahlung wiederum in Wärme umgesetzt wird, die durch Konvektion (8,8 %), Verdunstung (20,6 %) und Wärmeabstrahlung (17,6 %) abgegeben wird.

Die nicht von der Sonne abhängigen Energien der Gezeiten (Mond) und der Erdwärme sind mit ca. 0,002 % bzw. ca. 0,02 % vergleichsweise gering, in Absolutzahlen machen sie aber etwa $2{,}6 \cdot 10^{13}$ kWh/a bzw. $2{,}3 \cdot 10^{14}$ kWh/a aus.

Die Verfeuerung fossiler Brennstoffe durch den Menschen nimmt sich mit ca. 0,005 % ($\sim 8 \cdot 10^{13}$ kWh/a) dagegen vernachlässigbar klein aus. Allerdings kann auch eine kleine Unregelmäßigkeit das große Gleichgewicht stören, außerdem sind

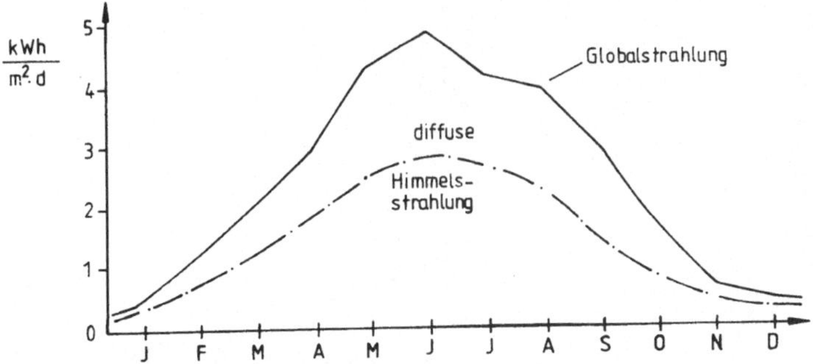

Bild 1.3 Monatliche Schwankungen der Strahlungsenergie in gemäßigten Breiten

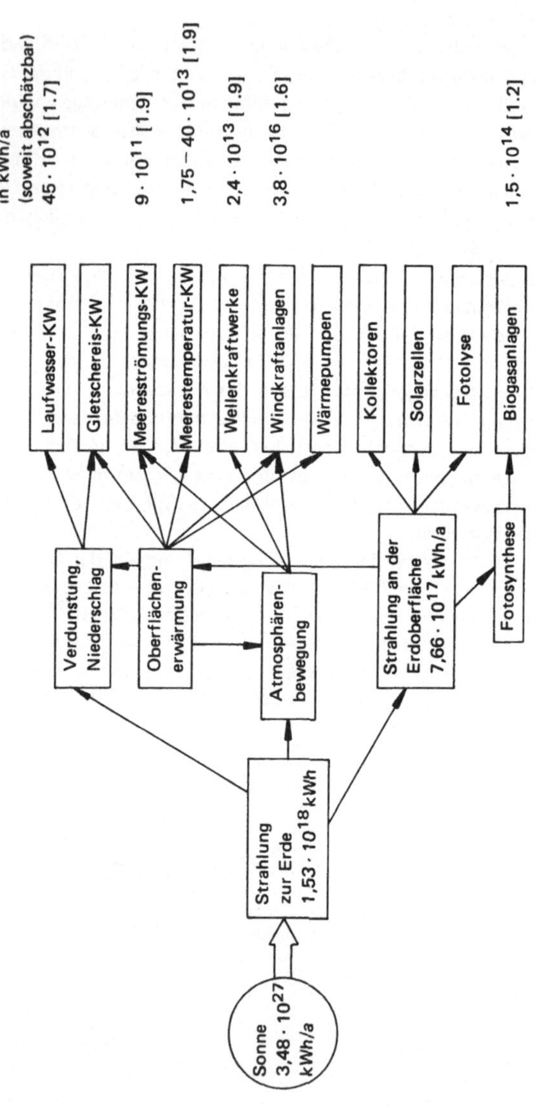

Verwendungsmöglichkeiten der Sonnenenergie

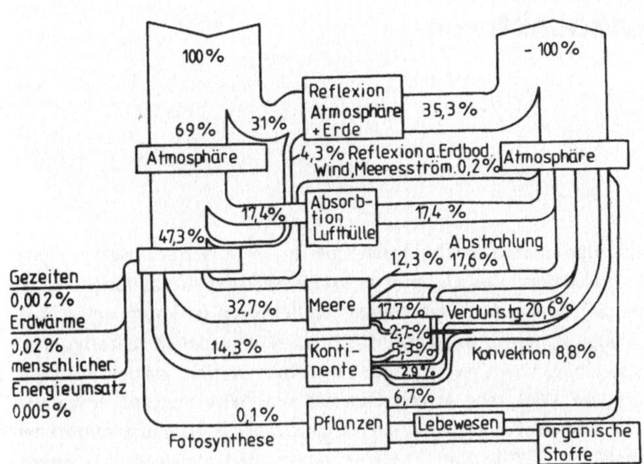

Bild 1.4 Energiebilanz der Erde [1.2]

die Einflüsse der Luftverunreinigung und CO_2-Emission auf das Reflexionsverhalten der Atmosphäre ungleich größer als die Prozentzahl vermuten läßt. Der Energieumsatz durch Photosynthese ist mit 0,1 % etwa 20 mal größer als der Energieverbrauch des Menschen, allerdings wird davon nur ein Bruchteil als organische Substanz gespeichert [1.2, 1.6].

Literatur

[1.1] *Rummich, E.:* Nichtkonventionelle Energienutzung, Springer Verlag, Wien 1978.

[1.2] *Stoy, B.:* Wunschenergie Sonne, Energie-Verlag Heidelberg 2/1978.

[1.3] Umschau in Wissenschaft und Technik, Heft 20, 1979.

[1.4] *Bossel, H. u.a.:* Energie richtig genutzt, Verlag C. F. Müller, Karlsruhe 1976.

[1.5] *BMFT (Hrsg.):* Energiequellen für morgen? Teil II, Nutzung solarer Strahlungsenergie, Umschau-Verlag, Frankfurt 1976.

[1.6] *Tributsch, H.:* Rückkehr zur Sonne, Safari-Verlag, Berlin 1979.

[1.7] *Meliß, M.:* Regenerative Energiequellen in Brennstoff, Wärme, Kraft 29/1977.

[1.8] *Palz, W.:* Solar electricity, Verlag Butterworths (UNESCO), London 1978.

[1.9] *Isaacs, J., Schmitt, W. R.:* Ocean energie in Sciene 18. Jan. 1980.

2 Sonnenkollektoren

Die Nutzung der solaren Strahlungsenergie durch Sonnenkollektoren wird heute schon vielfach praktiziert. Zur Zeit gibt es auf Messen und Ausstellungen einen regelrechten Boom; die Menge der angebotenen Kollektoren ist kaum mehr überschaubar. Mit der Menge kamen aber auch Probleme: Nach welchen Kriterien können verschiedenartige Kollektoren miteinander verglichen werden, welche Testparameter sind die richtigen? Wie steht es mit Qualität und Wirkungsgrad, inwieweit sind die Preise verschiedener Konstruktionen vergleichbar? Sind alle angebotenen Kollektoren wirtschaftlich? — Alle diese Fragen einigermaßen ausreichend zu beantworten, wäre eine Arbeit für sich. Hier geht es nur darum, ein wenig Licht in die grundsätzlichen Zusammenhänge zu bringen. Gerade die Tatsache, daß das Sonnenlicht unserer Breiten eine relativ geringe Energiedichte hat, nötigt dazu, alle theoretischen Erkenntnisse über Kollektoren und ihre Effektivität auch praktisch zu nutzen. Deshalb sollen in diesem Kapitel zunächst die theoretischen Grundlagen, nämlich Strahlungs- und Absorptionsgesetze kurz dargestellt werden. Für die Herleitungen dieser Gesetze verweisen wir auf die Fachliteratur. Die Behandlung der Konstruktionsmerkmale verschiedener Kollektortypen nimmt einen größeren Raum ein, dagegen ist auf eine Schilderung der verschiedenen Einbaumöglichkeiten aus Platzgründen verzichtet worden. Bei der abschließenden Wirtschaftlichkeitsberechnung wurden die Systempreise von Mitte 1980 herangezogen.

2.1 Theoretische Grundlagen

2.1.1 Grundlegende Gesetze

Körper, die das Absorptionsvermögen $d = 1$ besitzen, die also alle auftreffende Strahlung absorbieren und in Wärme verwandeln, bezeichnet man als schwarze Körper. Die kleine Öffnung eines Hohlraumes ist ein gutes Modell eines solchen Körpers: Auffallende Strahlung wird fast gänzlich im Innern des Hohlraumes absorbiert. Die an der Öffnung austretende „Hohlraumstrahlung" entspricht in guter Näherung der Strahlung eines schwarzen Körpers.

Das *Plancksche Strahlungsgesetz* beschreibt die Energiedichte einer Hohlraumstrahlung:

$$\rho_\nu = \frac{8\pi h \nu^3}{c^3} \cdot \frac{1}{e^{h\nu/kT} - 1}.$$

Dabei ist ν die Frequenz, c die Lichtgeschwindigkeit, k die Boltzmann-Konstante, T die absolute Temperatur und h das Plancksche Wirkungsquantum.

Durch Integration gelangt man zum *Stefan-Boltzmann-Gesetz:*

$$E = \int\limits_0^\infty \rho_\nu \, d\nu = \frac{8\pi h}{c^3} \int\limits_0^\infty \frac{\nu^3}{e^{h\nu/kT} - 1} \, d\nu = a\,T^4.$$

Die *Energiedichte E* hängt also von der vierten Potenz der absoluten Temperatur ab, der Parameter a ist dabei eine Integrationskonstante.

Aus der Energiedichte kann die abgestrahlte Energie F berechnet werden:

$$F = \sigma T^4, \quad \text{wobei } \sigma = \frac{ca}{4} \text{ die Stefan-Boltzmann-Konstante ist.}$$

Die abgestrahlte Energie ist somit ebenfalls proportional T^4. Zur Darstellung der Temperaturabhängigkeit wird die wellenlängenabhängige Strahlungsdichte $L(\lambda)$ (Strahlungsleistung in $W/(m^2 \cdot \mu m)$) bezüglich eines bestimmten Raumwinkelelementes gegen die Wellenlänge bei konstanter Temperatur aufgetragen. $L(\lambda)$ hat in Bild 2.1 die Einheit $W/(cm^2 \cdot m \cdot sr)$ mit sr als Steradiant (Raumwinkel). Es ergeben sich die eingezeichneten Isothermen: Das Maximum der spektralen Strahlungsdichte rückt mit steigender Temperatur in den Bereich kleinerer Wellenlängen. Die Farbe eines glühenden Körpers ändert sich entsprechend von Rot (1000 K) bis fast zu

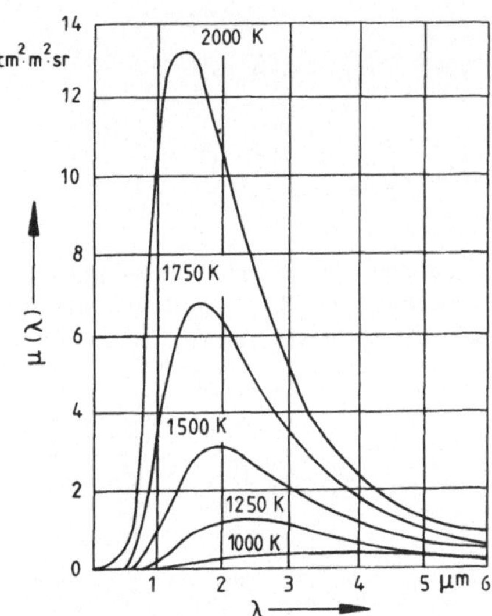

Bild 2.1

Spektrale Strahlungsdichte des schwarzen Körpers [2.18]

Weiß (6000 K). Den Zusammenhang von Temperatur und Lage des Maximums beschreibt das *Wiensche Verschiebungsgesetz:*

$$T \cdot \lambda_{max} = \text{const.} = b \quad \text{mit} \quad b = 2,8978 \cdot 10^{-3}\,\text{m} \cdot \text{K}.$$

Für die Strahlungsverhältnisse bei einem Sonnenkollektor sind die Werte der *Reflexion, Absorption* und *Emission* von entscheidender Bedeutung.

Die Größe des *Reflexionsvermögens* wird durch das Gesetz von *Hagen-Rubins* beschrieben:

$$\rho\,(\lambda) = 1 - 4\,\sqrt{\frac{\pi c \epsilon}{\lambda \kappa}}\,,$$

wobei κ die Leitfähigkeit des reflektierenden Materials, c die Lichtgeschwindigkeit und ϵ die Dielektrizitätskonstante ist. Daraus ergibt sich, daß das Reflexionsvermögen bei gut leitenden Stoffen (Metallen) und bei großen Wellenlängen besonders hoch ist.

Unter dem *Absorptionsvermögen* versteht man das Verhältnis von absorbierter Strahlung zur auftreffenden Strahlung einer bestimmten Wellenlänge aus einer bestimmten Richtung (φ, θ):

$$\alpha\,(\varphi, \theta) = \frac{I_{\lambda_a}\,(\varphi, \theta)}{I_{\lambda_i}\,(\varphi, \theta)} \qquad \text{monochromatisches richtungsabhängiges Absorptionsvermögen.}$$

Nach den Integrationen über alle Wellenlängen und über den Halbraum erhält man das *totale Absorptionsvermögen:*

$$\alpha = \frac{\int\limits_{0}^{\infty} \int\limits_{0}^{2\pi} \int\limits_{0}^{\pi/2} \alpha_\lambda\,(\varphi, \theta)\, I_{\lambda_i}\,(\varphi, \theta)\, \cos\theta\,\sin\theta\,d\theta\,d\varphi\,d\lambda}{\int\limits_{0}^{\infty} \int\limits_{0}^{2\pi} \int\limits_{0}^{\pi/2} I_{\lambda_i}\,(\varphi, \theta)\, \cos\theta\,\sin\theta\,d\theta\,d\varphi\,d\lambda}$$

Das *Emissionsvermögen* einer Fläche ist definiert als das Verhältnis der Intensität der monochromatischen Strahlung einer Fläche in eine Richtung zur Intensität der monochromatischen Strahlung eines schwarzen Körpers gleicher Temperatur in gleicher Richtung:

$$\epsilon_\lambda\,(\varphi, \theta) = \frac{I_\lambda\,(\varphi, \theta)}{I_{\lambda_{sk}}\,(\varphi, \theta)}\,.$$

Bei einem schwarzen Körper sind sowohl α_λ als auch ϵ_λ gleich 1. Nach Integration wie bei der Absorption erhält man das *totale Emissionsvermögen:*

$$\epsilon = \frac{\displaystyle\int_0^\infty \int_0^{2\pi} \int_0^{\pi/2} \epsilon_\lambda\,(\varphi,\theta)\,I_{\lambda_{sk}} \cos\theta \, \sin\theta \, d\theta \, d\varphi \, d\lambda}{\displaystyle\int_0^\infty \int_0^{2\pi} \int_0^{\pi/2} I_{\lambda_{sk}} \cos\theta \, \sin\theta \, d\theta \, d\varphi \, d\lambda} \, .$$

Das *Kirchhoffsche Gesetz* gibt die Beziehung zwischen Absorptions- und Emissionsvermögen einer Oberfläche an:

$$\alpha_\lambda\,(\varphi,\theta) = \epsilon_\lambda\,(\varphi,\theta).$$

Im *Temperaturgleichgewicht* muß die ausgestrahlte Energie gleich der absorbierten Energie sein, sonst würde sich eine Fläche, die Strahlung absorbiert und emittiert, permanent aufheizen oder abkühlen.

Bei *undurchsichtigen Oberflächen* wird ein Teil der Strahlung direkt reflektiert, ein anderer Teil emittiert. In welcher Beziehung stehen diese Anteile zueinander und zum absorbierten Anteil? Ein Flächenstück konstanter Temperatur T gibt genausoviel Energie an emittierter und reflektierter monochromatischer Strahlung in die Richtung (φ,θ) ab, wie ein schwarzer Körper derselben Temperatur:

$$I_{\lambda_{sk}} = \epsilon_\lambda\,(\varphi,\theta)\,I_{\lambda_{sk}} + \rho_\lambda\,(\varphi,\theta)\,I_{\lambda_{sk}}$$

$$\boxed{\epsilon_\lambda + \rho_\lambda = 1.}$$

Mit dem Kirchhoffschen Gesetz ergibt dies:

$$\epsilon_\lambda\,(\varphi,\theta) = \alpha_\lambda\,(\varphi,\theta) = 1 - \rho_\lambda\,(\varphi,\theta)$$

oder anders ausgedrückt:

$$\alpha + \rho = 1.$$

Welche Bedeutung haben nun diese Gesetzmäßigkeiten für die Oberflächen von Sonnenkollektoren? Man ist zunächst versucht, die Oberfläche des Kollektors als möglichst idealen schwarzen Körper zu gestalten. Damit hat er aber nach dem Kirchhoffschen Gesetz ein sehr gutes Emissionsverhalten. Die abgestrahlte Intensität eines schwarzen Körpers ist nach dem Stefan-Boltzmann-Gesetz bei 100 °C etwa 1 kW/m^2 und damit größer als die mittlere Sonnenenergie pro m^2 in unseren Breiten. Ein schwarzer Körper kann also durch Sonneneinstrahlung nicht 100 °C heiß werden. Allerdings findet die Abstrahlung bei 100 °C im Infrarotbereich (IR) statt, während das Maximum der Sonneneinstrahlung im sichtbaren Bereich liegt (Bild 2.2).

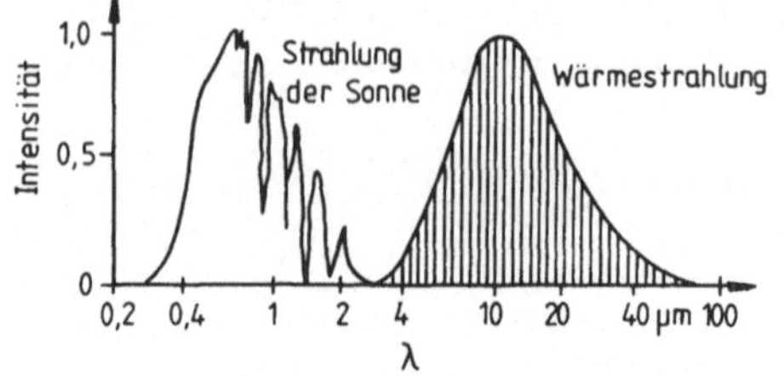

Bild 2.2

Sonneneinstrahlung und Schwarzkörperstrahlung bei 100°C [2.9]

2.1.2   Selektivität

Die Strahlungsverluste durch Emission im IR-Bereich lassen sich durch
spezielle Oberflächen vermindern, die in diesem Wellenlängenbereich ein geringes
Emission- und Absorptionsvermögen haben, die also nach der Beziehung
$\epsilon_\lambda = \alpha_\lambda = 1 - \rho_\lambda$ gut reflektieren. Solche Flächen müssen natürlich ihre guten Ab-
sorptionseigenschaften im sichtbaren Bereich noch behalten, damit sie Sonnenener-
gie aufnehmen können (Bild 2.3). Eine Oberflächenschicht mit diesen Eigenschaften wird als *selektive Schicht* bezeichnet. Ihre charakteristische Größe ist das Verhältnis α/ϵ, wobei hier α das mittlere Absorptionsvermögen im Bereich des Sonnen-
spektrums, ϵ das mittlere Emissionsvermögen im thermischen IR-Bereich darstellt.
Die technisch erreichbaren α/ϵ-Werte liegen in der Größenordnung von 10.

Um es nochmals zusammenfassend zu sagen: Eine selektive Oberfläche
nützt die verschiedenen Maximallagen von Sonnenstrahlung und emittierter Schwarzkörperstrahlung durch ein wellenlängenabhängiges Absorptionsvermögen aus;
Sonnenlicht wird gut absorbiert, die IR-Strahlung schlecht emittiert.

Technisch sind solche Eigenschaften relativ einfach zu erreichen. Bereits
eine Makrostruktur mit metallisch reflektierenden Flanken und schwarzen Ver-
tiefungen ist eine selektive Oberfläche (Bild 2.4). Der Emissionsgrad ergibt sich aus
dem Anteil der geschwärzten Flächen an der Gesamtfläche, da die Emissionswerte
der Metallflächen vernachlässigbar sind. Die Metallflanken reflektieren lediglich das
Sonnenlicht und werfen es auf die absorbierenden schwarzen Flächen. Das α/ϵ-
Verhältnis ergibt sich aus dem Verhältnis von schwarzer Fläche zu reflektierender
Fläche und liegt bei etwa 3.

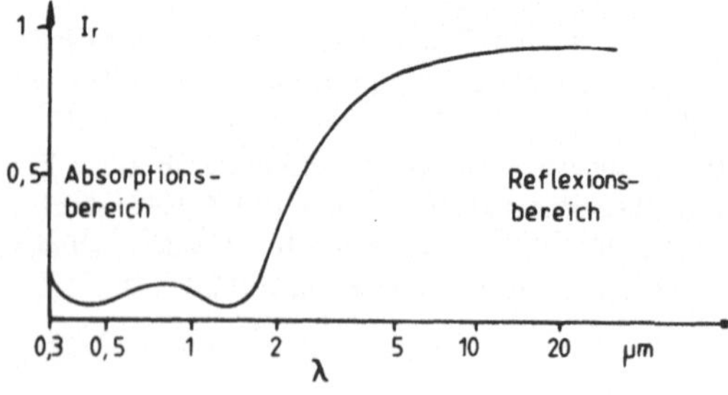

Bild 2.3

Spektrale Abhängigkeit des
Absorptions- und Reflexions-
grades [2.13]

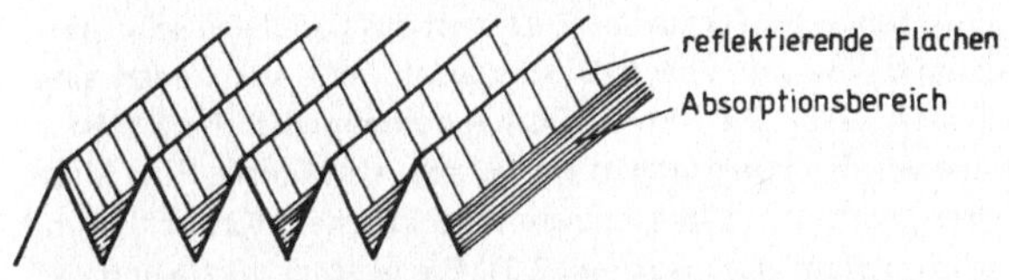

Bild 2.4 Selektive Oberfläche

Noch besser geeignet ist eine Mikrostruktur, eine Oberflächenrauhigkeit im Bereich von 3 μm, dem Wellenlängenbereich der Sonnenstrahlung. Dies läßt sich z.B. durch Einlagerung körniger Metallverbindungen wie Ni/Al_2O_3 erreichen (Solarox (2.10)). Die Strahlung der Sonne bildet in dieser Struktur stehende Wellen, außerdem wird sie an den Unebenheiten wesentlich besser gestreut als langwelligere Strahlung. Daraus ergibt sich ein guter Absorptionskoeffizient im kurzwelligen Bereich. Für die thermische Strahlung über 3 μm ist die Oberfläche glatt, d.h., die Fläche reflektiert gut, Absorptions- und Emissionskoeffizient sind also gering.

Eine andere Methode ist die Aufbringung einer speziellen Halbleiterschicht auf die Absorberfläche. Dazu wird ein Halbleiter so dotiert, daß die verbotene Zone gerade den Wert 0,4 eV hat. Nur wenn die Energie einfallender Strahlung 0,4 eV und mehr beträgt, können also Elektronen vom Valenzband ins Leitungsband gehoben werden. Das bedeutet aber, daß nur Strahlung unter 3 μm absorbiert wird, für die thermische Strahlung ist die dünne Schicht durchsichtig. Für sie gilt der Emissionskoeffizient der darunterliegenden Metallschicht, der sehr gering ist. Das einfallende Sonnenlicht wird also in der Halbleiterschicht absorbiert, der Absorber aus Halbleiter und Metalluntergrund heizt sich auf, denn das Metall emittiert ja nur sehr wenig thermische Strahlung. Die hier erreichten Werte liegen bei $\alpha/\epsilon \geqslant 10$. Solche Schichten haben leider Nachteile: relativ kurze Lebensdauer und große Empfindlichkeit gegenüber Verschmutzung.

2.2   Bauweisen von Sonnenkollektoren

Bei der Betrachtung verschiedener Kollektortypen werden wir uns auf die Niedrigtemperaturkollektoren beschränken. Hochtemperaturkollektoren finden nur in speziellen Gebieten, etwa bei Sonnenkraftwerken (s. dort) Verwendung.

2.2.1   Einfachstkollektoren

Kollektoren einfachster Bauweise bestehen aus schwarzen Folien oder Matten, die eine transparente Folienabdeckung haben, aus zwei übereinanderliegenden Folien mit Zwischenraum oder aus schwarzen Plastikpaneelen mit eingelassenen Rohren. Die Zwischenräume werden von Wasser oder von Luft durchströmt. Solche Kollektoren finden meist bei der Schwimmbadbeheizung oder in der Landwirtschaft zur Heutrocknung Verwendung („Luftmatratzenkollektoren" [2.1, 2.2]).

Eine einfache Anordnung der Firma Bosch besteht aus parallelen schwarzen Schläuchen in 2 cm Abstand, die mit ebenfalls schwarzer Folie verbunden sind. Arbeitsmedium ist hier Wasser [2.2]. Die Firma BBC hat zusammensetzbare Wärmematten (,,Solektoren''), die von Rohren durchzogen werden, entwickelt. Eine Matte ist 5 m lang und 29 cm breit, besteht aus langlebigem synthetischem Kautschuk und wird von Wasser als Arbeitsmedium durchströmt [2.3]. Für je 10 m^2 Schwimmbadoberfläche rechnet die Firma mit 7 Kollektormatten, die eine Oberfläche von 10,45 m^2 haben.

Ebenfalls von Wasser durchströmt werden die halbtransparenten Rohre der ,,Aquasun''-Plastikmatte der Firma Kleinwächter/Lörrach. In dieser Anordnung fällt das Licht auf den oberen transparenten Teil des Kollektorschlauches, dringt durch das Wasser und wird vom geschwärzten unteren Teil absorbiert. Die vom nun erwärmten schwarzen Teilbereich emittierte IR-Strahlung wird vom Wasser direkt absorbiert. Die Schläuche sind 1 m breit und werden in den Längen 5 m, 10 m und 15 m angeboten. Gefüllt sind sie 6 ... 10 cm hoch. Auch hier sollte die Kollektorfläche etwa der Oberfläche des zu beheizenden Schwimmbades entsprechen. Der Preis für diesen Kollektor lag 1977 bei 50 DM/m^2 [2.4]. Die Preisangaben für andere Konstruktionen schwanken zwischen 50 DM und 150 DM [2.2] (1979). Schwimmbadkollektoren sind nicht fest installierbar, im Winter werden sie zumeist entfernt. Über die Lebensdauer der verwendeten Materialien läßt sich leider noch nichts Definitives sagen.

2.2.2 Das Energiedach

Das in den letzten Jahren stark beachtete sogenannte Energiedach findet zwar nur in Verbindung mit der Wärmepumpe Verwendung, soll aber hier kurz behandelt werden, da der prinzipielle Aufbau dem der Einfachstkollektoren entspricht.

Meist handelt es sich hierbei um flüssigkeitsdurchströmte Kunststoff- oder Metallplatten (Cu, Al), die entweder wie herkömmliche Kupferdachabdeckungen gestaltet sind oder aber eine Oberflächenstruktur haben, die einem Ziegeldach ähnlich sieht [2.7]. Da jede sonstige Abdeckung fehlt, nimmt die Abstrahlung des Daches bei höheren Temperaturen stark zu. Mehr als 85 °C lassen sich nicht erreichen [2.5]. Durch den Einsatz einer Wärmepumpe wird das Dach auf einem niedrigen Temperaturniveau gehalten. Ein Energiedach sammelt dadurch jegliche Art von Umgebungswärme, egal ob direkte Sonnenergie oder Wärme aus der Umgebungsluft oder aus Regen. Durch den Einsatz der Wärmepumpe ist diese Energie allerdings keineswegs kostenlos. Daher können Sonnenkollektoren je nach Einsatzbereich wirtschaftlicher als ein Energiedach sein; von einer generellen Ablösung der Kollektortechnik durch die Absorbertechnik zu sprechen ist unrichtig und irreführend.

Die Investitionen für ein Energiedach sind erheblich, der m^2-Preis schwankt zwischen 300 DM (Nau, Dettenhausen) und 600 DM (G. Wagner) inklusive Montage. Pro m^2 Wohnfläche sind ca. 0,4 ... 0,7 m^2 Energiedach notwendig. Die zugehörige

Wärmepumpe kostet mit Installation etwa 19 000 DM (RWE 1981). Die Investitionen für Sonnenkollektoren sind dem gegenüber geringer. Etwas günstiger gestaltet sich die Rechnung, wenn davon ausgegangen wird, daß eine herkömmliche Dacheindeckung durch das Energiedach eingespart wird (Neubau). Mit einer Amortisationszeit von 10 ... 15 Jahren ist aber dennoch zu rechnen. Die Entscheidung für eine der beiden Möglichkeiten hängt wohl von den jeweiligen Einsatzbedingungen ab.

Erwähnt sei noch, daß neben dem Energiedach ähnliche Absorber wie Energiezaun, Energiestapel, Energiefassade im Handel oder in der Entwicklung sind: dies ist aber ein Thema für das Kapitel 8 Wärmepumpen.

2.2.3 Flachkollektoren mit flüssigkeitsdurchströmter Absorberplatte

2.2.3.1 Aufbau

Flachkollektoren bestehen zumeist aus einem ca. 10 cm hohen Kasten aus Metall oder Kunststoff, mit einer ein- oder mehrlagigen Abdeckung aus Glas oder Kunststoff. Im Innern befindet sich eine gegen die Wände isolierte *Absorberplatte*. Die Gestaltungsmöglichkeiten solcher Kollektoren sind natürlich vielfältig. Bild 2.5 gibt nur vier Varianten wieder, mittlerweile hat jede Firma ihre eigene Konstruktion.

Bei den Materialien für die *Absorberplatte* kommen Aluminium, Kupfer, Edelstahl und Kunststoffe in Frage. Cu-Absorber (ZinCo, Alko) sind sehr gut wärme-

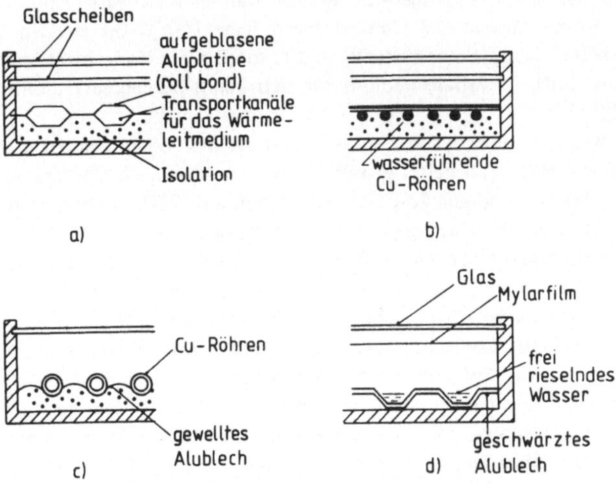

Bild 2.5 Verschiedene Ausführungen von Flachkollektoren [2.8]

leitend, aber relativ teuer. Stahlabsorber sind besonders langlebig und relativ billig (Buderus). Trotzdem setzen sich mehr und mehr leichte Aluminiumabsorber durch, entweder als Al-Rollbondplatten (BBC, Viessmann, Alko), d.h. doppellagiges Aluminium mit Zwischenkanälen oder als einlagige Schicht mit darunter liegenden Kupferrohren (Alustar). Daneben existieren Absorber aus Kunststoffen wie Polyäthylen und Polypropylen [2.9]. Bei diesen Werkstoffen muß der Kollektor allerdings durch eine Regelung gegen Überhitzung (über 80 °C) geschützt werden.

Bei der Gestaltung des Absorberprofils und der Zwischenkanäle ist zweierlei zu beachten: Einmal muß der Absorber unempfindlich gegen mechanische Spannungen sein, die sich bei seiner Erwärmung durch die Ausdehnung ergeben (gerade bei verschiedenen Werkstoffen), zum anderen sollten die Kanäle der Flüssigkeit möglichst wenig Strömungswiderstand entgegensetzen.

Die *Absorberfläche* kann einfach geschwärzt oder als selektive Schicht gestaltet sein. Geschwärzte Flächen, die mit Mattlack oder Einbrennlack behandelt sind, haben zwar nur ein α/ϵ-Verhältnis von 1,5, sind aber unanfällig gegenüber Verschmutzung und relativ billig in der Herstellung (BBC). Ähnlich verhält es sich mit schwarz eloxiertem Aluminium (Viessmann). Selektive Absorberflächen weisen zwar ein wesentlich günstigeres α/ϵ-Verhältnis von 10 ... 12 auf, sind dafür aber in der Herstellung um etwa 50 DM/m² teurer [2.2]. Außerdem verlieren die Flächen meist nach einigen Jahren durch Verstaubung ihre selektiven Eigenschaften [2.10].

Als Wärmeträgermedium findet sich vor allem Wasser, das bei Winterbetrieb mit Glykol oder anderen Stoffen als Frostschutz versetzt ist. Damit ist natürlich die Notwendigkeit eines Zweikreisbetriebes mit Wärmetauscher gegeben. Dies ist heute bei fast allen Systemen schon vorausgesetzt. Andere Wärmeträgermedien sind Öle und synthetische Verbindungen, die Temperaturen über 100 °C bis zu 280 °C (Siedepunkte) aushalten [2.2]. Solche Stoffe sind besonders für Konzentratorkollektoren interessant. Luft als Arbeitsmedium hat sich kaum durchgesetzt und ist selten zu finden [2.11].

Der den Absorber umgebende *Rahmen* kann aus Stahlblech (Zinco) oder aus Aluminium (Alko, BBC u.a.) gefertigt sein. Es werden aber auch Gehäuse aus glasfaserverstärkten Harzen und aus Polypropylen angeboten [2.9]. Wichtig ist die thermische *Isolierung* des Absorbers gegenüber dem Rahmen und der Rückseite. Dazu werden meist Hartschaumplatten aus Polystryrol oder Polyurethan verwendet [2.2].

Da die Absorberplatte eines normalen Flachkollektors bei Betrieb bis zu 60 °C warm wird, wäre ohne Abdeckung der Energieverlust durch Konvektion sehr groß. Die *Abdeckung* hat die Aufgabe, die Konvektion und die Verschmutzung der Oberfläche zu verringern und das Sonnenlicht trotzdem möglichst ungehindert passieren zu lassen. Das verwendete Material sollte also einen hohen Transmissionskoeffizienten haben. Als Materialien kommen Glas, Plexiglas und Glasfiber infrage. Zur weiteren Verminderung der Konvektionsverluste kann der Kollektor mit mehreren Abdeckungen versehen werden. Jede weitere Abdeckung setzt allerdings den Transmissionskoeffizienten herab. Bei mehr als drei Abdeckungen ist dieser Einstrahlungsverlust größer als der Gewinn durch die Verhinderung der Konvektion: Bereits ein Dreischeibenkollektor ist mit durchschnittlich nur 3 % Wirkungsgradverbesserung gegenüber dem Zweischeibentyp aus Kostengründen unwirtschaftlich [2.10].

Bei Glasabdeckungen ist aus Stabilitätsgründen eine Glasdicke von 3,6 mm erforderlich (1 m^2 Fläche, Rechteckkollektor). Diese Abdeckung kann Hagelkörner von 2 cm Durchmesser und Schneelasten von 1200 N/m^2 verkraften. Stärkere Scheiben sind wegen ihrer zu geringen Transmission ungeeignet. Transparente Kunststoffabdeckungen haben sich in den Vergleichstests der Universität München [2.17] nicht bewährt, da der Kunststoff durch die auftreffende UV-Strahlung in wenigen Jahren trüb geworden war. Einige Firmen sind deshalb wieder zu Glasabdeckungen zurückgekehrt. Die Abdeckung kann zusätzlich mit einer selektiven Schicht versehen werden, die — ähnlich wie eine selektive Absorberschicht — Sonnenlicht passieren läßt und die langwellige Wärmestrahlung zurückhält.

Zur Herstellung einer solchen Schicht wird ein Gemisch aus Indium und Selen auf die äußere Platte aufgedampft und nachträglich oxidiert [2.10]. Eine selektive Abdeckung sollte nur in Verbindung mit einem nichtselektiven Absorber verwendet werden, beide Bauteile selektiv zu gestalten bringt keine Wirkungsgradvorteile, sondern nur höhere Kosten [2.10]. Eine einfache Möglichkeit, Selektivität und gute Transmissionseigenschaften für Sonnenlicht zu verbinden, bietet die Verwendung einer Spezialfolie auf Kunststoff (PETP, Hostaphan BM 100 oder Mylarfilm). Bild 2.6 zeigt den typischen Aufbau eines solchen Flachkollektors. Viele Firmen verwenden solche Folien in den verschiedensten Kollektoren. Bild 2.7 macht die selektiven Eigenschaften einer solchen Folie deutlich.

Ein noch unerwähntes Problem stellt das „Zusammenspiel" der einzelnen Kollektorteile dar. Bei Leerlauftemperatur von über 100 °C entstehen durch die unterschiedliche Ausdehnungen der verschiedenen Materialien enorme Spannungen, die zu Brüchen der Abdeckung führen können. Deswegen müssen die Verbindungsstellen der Einzelteile mit Dehnungsfugen (Schlitzen) versehen werden. Solche Dehnungsfugen sind unvermeidbare Wärme-Leckstellen.

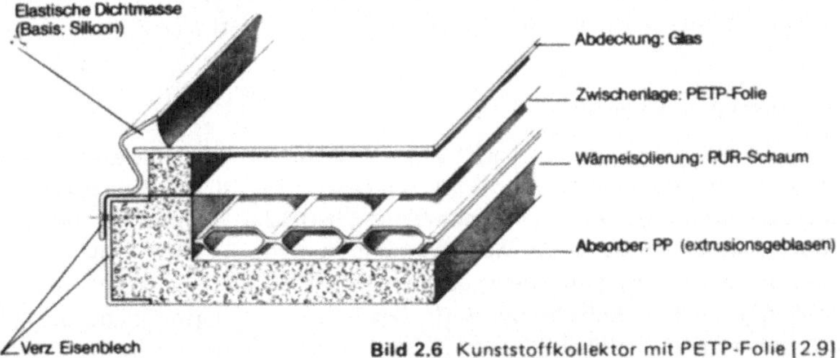

Bild 2.6 Kunststoffkollektor mit PETP-Folie [2.9]

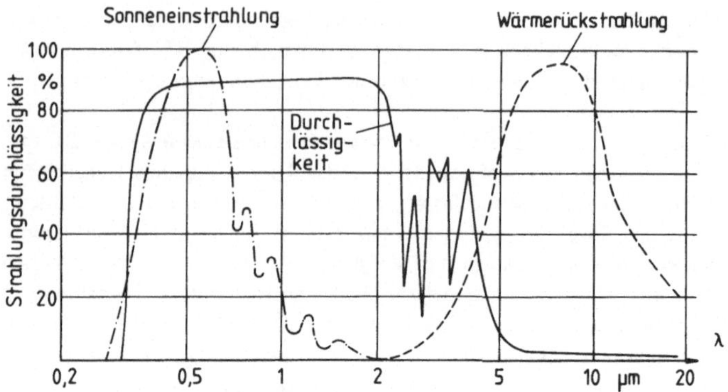

Bild 2.7 Strahlungsdurchlässigkeit einer 100-µm-Folie aus PETP [2.9]

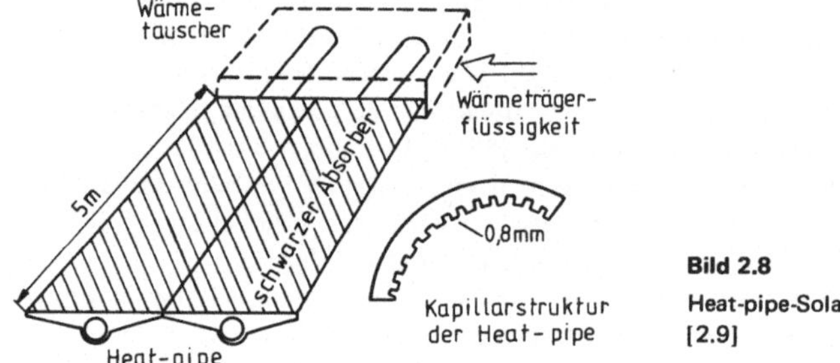

Bild 2.8

Heat-pipe-Solarabsorber Dornier
[2.9]

2.2.3.2 Sonderkonstruktionen

Neben den handelsüblichen Flachkollektoren gibt es noch eine ganze Reihe von Konstruktionen, die teils auf dem Markt, teils noch in der Entwicklung sind. Dazu gehören die Kollektoren mit Wärmerohrabsorbern (Heat pipe-Kollektor) und Vakuumkollektoren.

Heat-pipe-Kollektor (Bild 2.8)

Dieser Kollektor unterscheidet sich von normalen Flachkollektoren durch die Art der Wärmeabfuhr in der Absorberplatte. Das von der Fa. Dornier entwickelte Aluminiumprofil bildet mit seiner geschwärzten Oberfläche den Absorber, während das Rohr an der Unterseite zum Wärmeabtransport dient. Dieses Rohr ist nun als Wärmerohr gestaltet: Es ist beidseitig geschlossen und enthält eine leicht verdampfende Flüssigkeit (Fluorkohlenwasserstoff). Das Rohr ist leicht geneigt und ragt mit seinem oberen Ende in einen Wärmetauscher, der von Wasser durchströmt wird.

Die Flüssigkeit verdampft im Absorberteil und kondensiert im kälteren Wärmetauscher unter Abgabe der Kondensationsenergie. Das Kondensat läuft im geneigten Rohr zum Absorberteil zurück, die Kapillarstruktur der inneren Rohrwand bewirkt dabei eine gute Verteilung der Flüssigkeit. Das System hat den großen Vorteil, daß der Wärmetransport nur in einer Richtung stattfinden kann. Ist der Kollektor z.B. bei plötzlichem Wetterumschwung kälter als der Wärmetauscher, so sammelt sich die Flüssigkeit im tiefer liegenden Kollektorteil und der Wärmefluß ist unterbrochen. Außerdem ist bei der Beschädigung eines einzelnen Wärmerohres die Gesamtanlage trotzdem noch arbeitsfähig.

Vakuumkollektoren (Bild 2.9)

Die Konvektionsverluste im Innern eines Kollektors lassen sich nur dann ganz vermeiden, wenn der Raum zwischen Absorber und Abdeckung evakuiert wird. Ein großflächiger luftleerer Glaskörper mit 4 mm Wanddicke wäre aber zu instabil: Deshalb ist man gezwungen, Vakuumkollektoren aus einzelnen Glasröhren herzustellen. Eine dieser Entwicklungen ist der Röhrenkollektor der Firma Phillips. Der zuletzt entwickelte Typ IV hat im Unterschied zu früheren Typen eine außerhalb der Röhren liegende Wärmetauscherfläche. Die evakuierten Vakuumröhren liegen auf der wellenförmigen Absorberfläche dicht nebeneinander. Die obere Hälfte ist lichtdurchlässig, die untere dagegen als Absorber gestaltet. An der Seite befindliche Spiegelstreifen konzentrieren das schräg einfallende Licht auf den Absorber. Wegen der hohen Arbeitstemperaturen von ca. 100 $^\circ$C muß entweder die Glasabdeckung oder der innenliegende Absorber mit einer selektiven Oberfläche versehen sein [2.9].

2.2.4 Wirkungsgrad und Anwendungsbereiche

Der Wirkungsgrad ist das Verhältnis der mit dem Transportmedium abgeführten Nutzwärme Q zur eingestrahlten Sonnenenergie ϕ

$$\eta = \frac{Q}{\phi} \, .$$

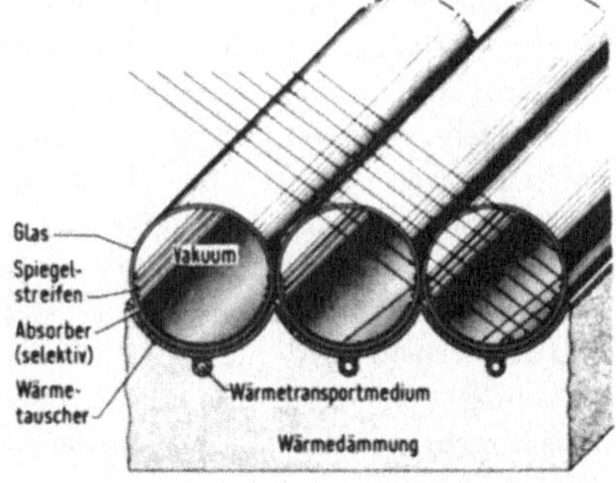

Bild 2.9

Flachkollektor mit Vakuumröhrchen-
abdeckung (Phillips IV) [2.9]

Für einen *Einscheibenkollektor* läßt sich der Wirkungsgrad nach folgender Gleichung berechnen:

$$\eta = \alpha_A \cdot \tau - \frac{q_A + \psi_A + q_R}{\phi} \quad [2.13],$$

wobei α_A der Absorptionskoeffizient der Abdeckung und τ der Transmissionskoeffizient ist. Bei normalen Absorbern beträgt α_A etwa 0,95 und bei farblosem Glas und senkrechtem Einfall τ etwa 0,9 [2.10]. Das Produkt $\alpha_A \cdot \tau$ stellt die gesamte Kollektorleistung ohne Wärmeverluste dar, die also etwa 85 % beträgt. Die Wärmeverluste sind im einzelnen:

q_A Wärmeleitungsverlust durch die Isolation und die Ränder des Kollektors,

ψ_A Strahlungsverluste durch Reflexion und Emission, bei nichtselektiven Kollektoren bis zu 30 %,

q_R restliche Wärmeverluste, insbesondere Wärmeströmung im Inneren, Verluste durch Verschmutzung und Schattenwurf bei schrägem Lichteinfall.

Bei einem Zweischeibenkollektor muß zusätzlich der Transmissionskoeffizient der 2. Scheibe berücksichtigt werden. Dadurch sinkt das Produkt $\alpha_A \tau = \alpha_A \tau_1 \tau_2$ auf Werte um 0,75.

Da sämtliche Verluste von der Umgebungs- und der Kollektortemperatur abhängen, ist in der Praxis eine andere Formel für den Wirkungsgrad sinnvoller:

$$\eta = \alpha_A \tau - \frac{k_{ges}(TMA - TUA)}{\phi} \quad [2.10].$$

Dabei sind TMA die mittlere Absorbertemperatur, TUA die Temperatur der Umgebung und k_{ges} alle Wärmeverluste als Funktion der Temperaturdifferenz [2.13]. (Die Absorptionswirkung der Abdeckung ist dabei nicht berücksichtigt, sie hebt den Wirkungsgrad um 2 ... 7 % [2.10].) Ein üblicher Wert für k_{ges} ist beim Einscheibenkollektor 7 W/(m² · K), bei sehr guten Mehrscheibenkollektoren 4 W/(m² · K).

Der Wirkungsgrad eines Kollektors hängt also entscheidend von der Differenz der Betriebstemperatur zur Umgebungstemperatur ab (Bild 2.10). Die Absorberverluste steigen mit der Temperaturdifferenz in 1. Näherung linear an. Gerade in der kalten Jahreszeit, wenn beispielsweise Wasser für die Raumheizung erwärmt werden soll, verringert sich der Wirkungsgrad durch die hohen Temperaturunterschiede. Die Verlustkurve bestimmt auch die Leerlauftemperatur des Kollektors. Wird keine Wärme entzogen, erwärmt er sich so lange, bis die Verluste gleich der aufgenommenen Wärmemenge sind. Diese Temperatur kann — je nach Kollektor — bis zu 300 °C betragen.

Die Abhängigkeit des Wirkungsgrades von der eingestrahlten Intensität ist ebenfalls recht groß (Bild 2.11). Die steiler verlaufenden Kennlinien bedeuten eine

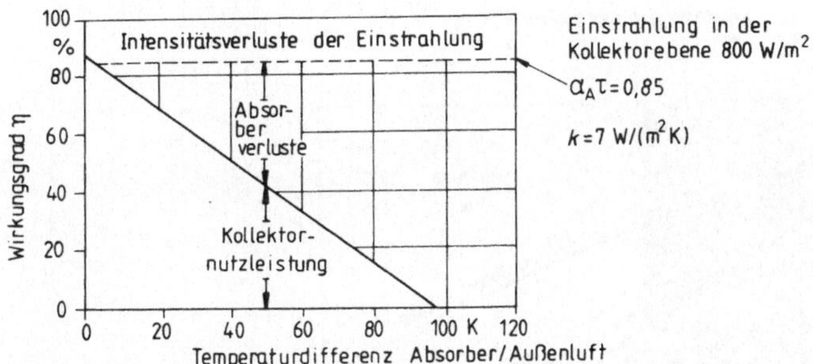

Bild 2.10 Wirkungsgradkennlinie eines Flachkollektors mit Einfachverglasung [2.9]

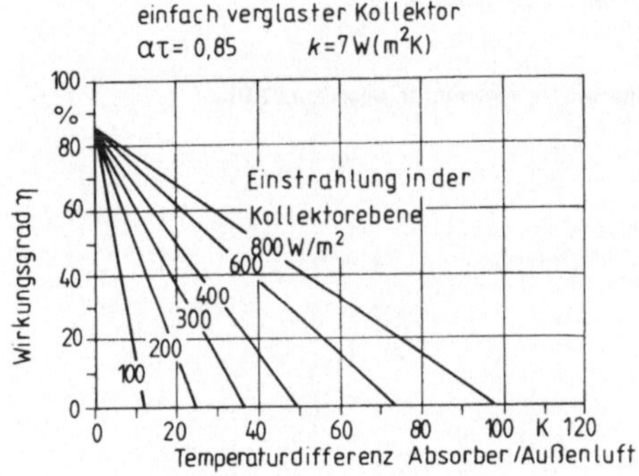

Bild 2.11
Wirkungsgradkennlinie eines Einscheibenkollektors bei verschiedener Einstrahlung [2.9]

noch größere Abhängigkeit des Wirkungsgrades von der Temperaturdifferenz. Die Abhängigkeit von η von der Strahlungsintensität ist im übrigen nichtlinear.

Der Einfluß der verschiedenen Bauweisen ist im Diagramm des Bildes 2.12 ersichtlich. *Unter der Voraussetzung, daß sich die Absorbertemperatur wenig von der Umgebungstemperatur unterscheidet, ist ein Einscheibenkollektor mit unbeschichteter Abdeckung genauso günstig wie ein teurer Vakuumkollektor.* Diese Betriebsbedingungen lassen sich mit dem Einsatz einer Wärmepumpe realisieren. Noch bessere Eigenschaften hat in diesem Bereich der abdeckungslose Kollektor, also das Energiedach. Bei Erwärmung sinkt der Wirkungsgrad dieser Konstruktion natürlich sehr stark ab. Er ist auch noch beim einfach verglasten Kollektor in hohem Maße von der Temperaturdifferenz Absorber-Außenluft abhängig. Darum schneiden sich im Bild 2.12 einige Linien. Im Bereich geringer Temperaturdifferenzen sind also die Intensitätsverluste an der Abdeckung, im Bereich hoher Differenzen aber die Wärmeverluste der bestimmende Faktor.

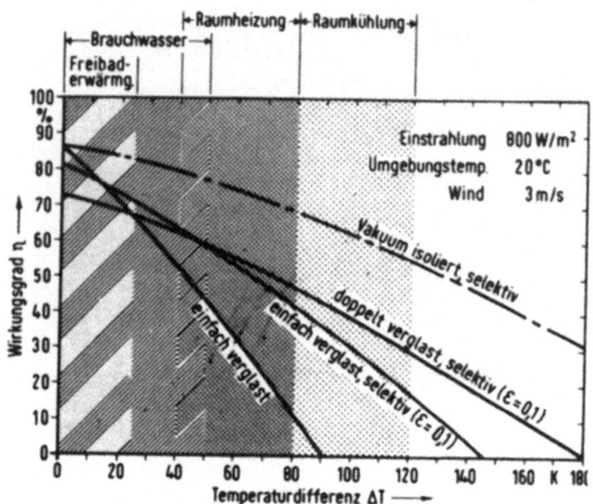

Bild 2.12 Wirkungsgrade verschiedener Bauweisen, Anwendungsgebiete [2.9]

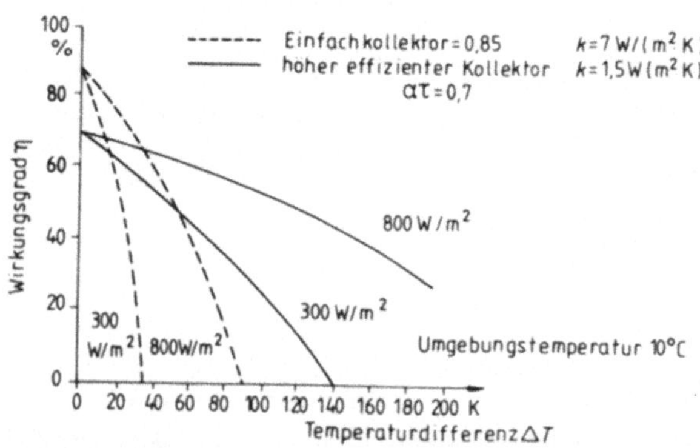

Bild 2.13 Abhängigkeit des Kollektorwirkungsgrades von der Sonneneinstrahlung (300 und 800 W/m²) [2.9]

Je nach Verwendungszweck ergeben sich unterschiedliche, fest vorgegebene Temperaturdifferenzen; sie sind in Bild 2.12 oben eingezeichnet. Ein Kollektor zur Schwimmbadbeheizung (ΔT um 15 °C) ist somit in Einfachstausführung am günstigsten, da bei dieser die wenigsten Transmissions- und Absorptionsverluste auftreten. Eine Anlage zur Raumklimatisierung braucht zum Betreiben der Absorptionskältemaschine hohe Temperaturen ($\Delta T = 100$ °C), hier eignet sich ein selektiver Zweischeibenabsorber am besten (abgesehen vom teuren Vakuumkollektor).

Wesentlich für die Beurteilung, welcher Kollektor wo eingesetzt werden soll, ist die untere Temperatureinsatzgrenze. Für sie muß auf möglichst hohen Wirkungsgrad geachtet werden. Das gilt insbesondere, wenn bei bivalentem Betrieb der Kollektor den Grundwärmebedarf im unteren Temperaturbereich bereitstellt, z.B. Brauchwasser von 10 °C auf 30 °C aufheizen soll.

Daneben ist die zu erwartende Sonneneinstrahlung zu berücksichtigen (Bild 2.13). Bei einer Sonneneinstrahlung von 800 W/m^2 und 35 °C Temperaturdifferenz ist der Wirkungsgrad der verschiedenen Kollektoren fast gleich, bei 300 W/m^2 wird der Einscheibenkollektor wesentlich schlechter. Er eignet sich also eher für mittlere Temperaturdifferenzen im Sommerbetrieb, während der selektive Zweischeibenkollektor auch für Heizungsbetrieb im Winter geeignet sein kann.

2.2.5 Einige Anwendungsbeispiele und Wirtschaftlichkeitsbetrachtungen

Die unterschiedliche Verwendungsfähigkeit der verschiedenen Kollektoren soll nun an einigen Beispielen verdeutlicht werden. Die zur Wirtschaftlichkeitsberechnung herangezogenen Preise gelten — wenn nicht anders angegeben — für Mitte 1980.

2.2.5.1 Freischwimmbadbeheizung

Zur Beheizung von Schwimmbädern sind maximale Absorbertemperaturen von 35 °C erforderlich. Die Temperaturdifferenz zwischen Absorber und Umgebung wird kaum 25 °C überschreiten. Deshalb genügt für diesen Zweck ein Einfachstkollektor, wie er in Abschnitt 2.2.1 beschrieben wurde. Die Verwendung hochwertiger Kollektoren — wie von manchen Firmen angepriesen — wäre hier reine Verschwendung. Gerade bei hoher Einstrahlquote, also in der Zeit der Freibadbenutzung, ist ja der Wirkungsgrad der einfachen Kollektoren recht günstig (Bild 2.10).

Vor der Anschaffung von Schwimmbadkollektoren ist allerdings der Kauf einer Abdeckung aus Kunststoffolie zu empfehlen: Damit werden 70 % der Oberflächenabstrahlung verhindert — oder anders ausgedrückt, 70 % der sonst benötigten Kollektoren werden eingespart. (Dies gilt für Privatschwimmbecken, bei öffentlichen Bädern muß das Verhältnis 1 : 1 wegen der notwendigen Frischwasserzufuhr bei Hochbetrieb erhalten bleiben.) Die Beheizung eines normalen abgedeckten Schwimmbeckens erfordert 50 ℓ Heizöl pro Jahr und qm Beckenoberfläche [2.14]. Bei 20 m^2 entspricht dies *jährlichen Betriebskosten* von 600 DM (bei 0,60 DM/ℓ Heizöl). Eine großzügig bemessene Kollektoranlage von 10 m^2 (130 DM/m^2) kostet mit Zubehör ca. 2000 DM (System Robinson G. Wagner, Lahr 1980). Das Angebot eines Versandhauses lag 1981 bei 3200 DM für 22 m^2 Polypropylen-Kollektormatte incl. Leitungen (130 DM/m^2). Allerdings muß für die Steuerung der horrende Preis von 1100 DM zusätzlich bezahlt werden, womit die Anlage konkurrenzlos teuer ist. Es gibt z.Z. kaum ein besseres Beispiel für den wirtschaftlichen Einsatz von Sonnenkollektoren als das der Freibadbeheizung. Das bundesdeutsche Potential an einspar-

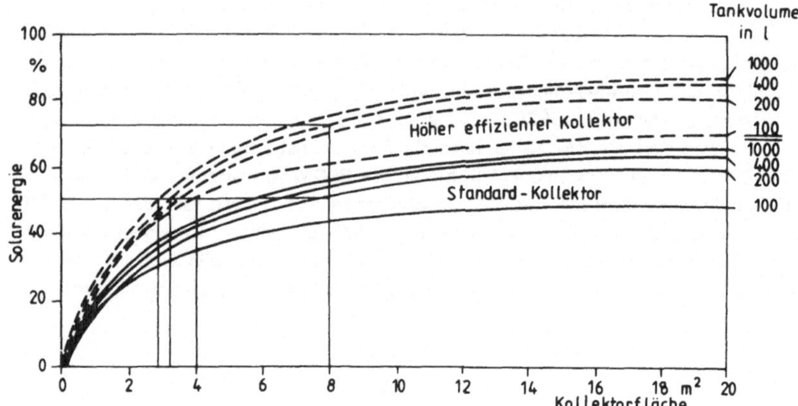

Bild 2.14 Anteil der Solarenergie am Warmwasserverbrauch eines 4-Personenhaushaltes in Hamburg (2.9), Modellrechnung

barer Energie ist beachtlich. Schon 1976 wurden in den 270 000 privaten und öffentlichen Schwimmbädern ca. $1{,}5 \cdot 10^9$ ℓ Heizöl verbrannt [2.4].

2.2.5.2 Brauchwassererwärmung

Die maximale Absorbertemperatur sollte zur Brauchwassererwärmung bei 60 °C liegen. Die *mittlere* Temperaturdifferenz — ausgehend von einer Kaltwassertemperatur von 10 °C — liegt im Sommer und in den Übergangszeiten bei 35 °C. Da gerade in den Morgenstunden Brauchwasser benötigt wird, ist hier ein genügend großer Speicher unerläßlich. In Bild 2.14 ist dargestellt, wieviel Prozent der benötigten Energiemenge durch verschiedene Kollektor-Speicher-Kombinationen eingespart werden können. Dabei wurde von einem Vier-Personen-Haushalt ausgegangen, in dem pro Tag 280 ℓ Wasser von 45 °C gebraucht werden (üblicher Durchschnittswert). Die Kurven zeigen deutlich, daß über einem Tankvolumen von 200 ℓ der Anteil an solarer Strahlungsenergie nur noch wenig ansteigt. Ein 200-ℓ-Speicher ist also die wirtschaftliche Grenze einer Brauchwasseranlage für 4 Personen. Die Kollektorfläche von 8 m² ist ebenfalls eine obere Grenze der Wirtschaftlichkeit, darüber steigt die jeweilige Kurve in Bild 2.14 nur noch wenig an.

Wie deutlich zu sehen ist, bringt der höhereffiziente Kollektor — ein Vakuumkollektor des Types IV, Phillips — gegenüber dem Einscheibenkollektor entgegen dem oben gesagten Vorteile. Dies liegt vor allem daran, daß der hocheffiziente Kollektor am Beispielort Hamburg in den Wintermonaten doppelt soviel Wärme sammelt wie der nichtselektive Einscheibentyp. Insgesamt ergibt sich bei einer Fläche von 8 m² und einem 200-ℓ-Tank ein Anteil der Solarenergie von 70 % beim hocheffizienten und 50 % beim einfachen Kollektor. Diese 20 % Differenz rechtfertigen bei den derzeitigen Preisen die Verwendung eines hocheffizienten Kollektors nicht. Für unsere Breiten und Einstrahlverhältnisse ist wohl der Mittelweg das Empfehlenswerteste: der selektive Einscheibenkollektor. Dieser Typ wird von einigen Firmen angeboten, leider gibt es daneben andere, die teure selektive Zweischeibenkollektoren zur Brauchwassererwärmung empfehlen. Die Solar-Wärmetechnik GmbH bietet eine Einscheibenanlage mit selektivem Aluminiumabsorber an. Für 3700 DM werden 4 m² Kollektor, ein 200-ℓ-Tank und Zubehörteile geliefert. Die Anlage ist für einen 4-Personen-Haushalt ausgelegt. Für die Montage wird man je nach Haus und Dachart noch einmal 1000 ... 2000 DM ansetzen müssen.

Bei einem Verbrauch von 280 ℓ Warmwasser pro Tag können mit 4 m² Kollektoren ca. 50 % der Jahresheizenergie eingespart werden. Dies entspricht etwa 2080 kWh/a oder 500 kWh/a und m². Die Warmwasserbereitung per Nachtspeicherheizung kostet bei 80 % Wirkungsgrad und 8 Pfg./kWh insgesamt 416 DM. Für einen Nachtspeicherboiler sind mindestens 2000 DM zu bezahlen, bei einer Kollektoranlage ist ein elektrischer Heizstab meist schon im Speicher installiert, so daß ein bivalenter Betrieb ohne Mehrkosten möglich ist. Nach Abzug der Stromkosten für die Umwälzpumpen ergibt sich durch die Kollektoranlage eine jährliche Einsparung von etwa 200 DM. Die Mehrinvestitionen im Vergleich zur Nachtspeicherheizung betragen 2700 ... 3700 DM, wobei allerdings keine Finanzierungskosten und keine Reparatur- und Wartungskosten berechnet sind. Die Amortisationszeit beträgt 13 ... 18 Jahre, bei steigenden Stromkosten etwas weniger. Damit kann bei günstigen baulichen Voraussetzungen eine solche Anlage wirtschaftlich sein, wenn sie eine Lebensdauer von 15 Jahren hat und keine größeren Reparaturen anfallen. Leider ist die Lebensdauer von Flachkollektoren noch nicht genau bekannt, getestete Firmenkollektoren zeigten zum Teil bereits nach zwei Jahren erhebliche Leistungseinbußen [2.17]. Ergebnisse solcher Vergleichstests sollten beim Kauf unbedingt berücksichtigt werden, außerdem sollte eine mehrjährige Garantie verlangt werden.

Ein Kostenvergleich gegenüber einer Ölheizung gestaltet sich schwieriger, da die Wirkungsgrade verschieden alter Anlagen sehr unterschiedlich sind. Da im Sommer der Ölheizungswirkungsgrad zum Teil um 20 % liegt [2.15, 2.2], läßt sich hier durch die Kollektoren mehr einsparen: 70 ... 100 ℓ Heizöl pro Jahr und m² Kollektorfläche, entsprechend 50 ... 70 DM/(a · m²) (bei 0,70 DM/ℓ Öl). Eine etwas größere Kollektoranlage ist hier günstiger: Mit 8 m² Fläche lassen sich bis zu 700 ℓ Öl einsparen. Die Anlage kostet mit einem 400-ℓ-Speicher incl. Montage um 10 000 DM [2.17]. Unter Berücksichtigung von Zuschüssen und Steuervorteilen ergeben sich etwa 7000 DM, so daß die Amortisationszeit 12,5 ... 17,5 Jahre beträgt. Berechnet man laufende Wartungskosten von 200 DM/a, erhöht sich diese Zeit auf 18 ... 25 Jahre (alles ohne Kapitalkosten). Etwas günstiger gestaltet sich die Rechnung, wenn in den Übergangsmonaten der Heizungsvorlauf der Ölheizung durch die Kollektoren mit vorgewärmt wird, dadurch lassen sich zusätzlich 500 ... 600 ℓ Öl einsparen, insgesamt also etwa 1300 ℓ oder 910 DM (bei 0,70 DM/ℓ). Muß ein Kapital von 7000 DM über 15 Jahre mit 10 % Zinsen aufgenommen werden, so belaufen sich die jährlichen Kapitalkosten auf 920 DM. Die Anlage ist also an der Grenze der Wirtschaftlichkeit (ohne Berücksichtigung der Ölpreissteigerung).

2.2.5.3 Raumheizung

Die erforderlichen Absorbertemperaturen liegen bei 60 ... 70 °C, die untere Grenze bei 40 °C. Dies ergibt einen durchschnittlichen Temperaturunterschied zur Umgebung von 50 °C. Für diesen Anwendungsbereich sind nur selektive Zweischeibenkollektoren zu empfehlen, da deren Wirkungsgrad hier bis zu 20 % über dem des Einscheibenkollektors liegt. Die Praxis hat gezeigt, daß eine wirtschaftliche Nutzung der Sonnenenergie zu Heizungszwecken nur in Verbindung mit einer Fußbodenheizung möglich ist [2.16], da hier die Vorlauftemperaturen auch im Winter um 40 °C liegen können. Eine andere Möglichkeit besteht in der zeitweisen Kombination mit einer Wärmepumpe. Grundvoraussetzung für jedes Kollektorheizungssystem ist aber ein gut wärmegedämmtes Haus. Ein normales älteres Einfamilienhaus hat einen Jahreswärmebedarf von 30 000 ... 35 000 kWh, ein wärmegedämmter Neubau (160 m^2) von ca. 20 000 kWh. Durch weitere Wärmedämmmaßnahmen läßt sich dieser Wert auf etwa 10 000 kWh/a vermindern [2.9]. (Alle Werte schließen Brauchwasserbedarf mit ein.)

Die bivalente Beheizung in einem Standardhaus (Ölheizung und Kollektoren, 20 MWh/a Energiebedarf bei 160 m^2 Wohnfläche) kann mit 40 m^2 Kollektoren erfolgen. Für eine so große Anlage ist ein Kurzzeitspeicher von mehreren tausend Litern erforderlich (Langzeitspeicher für den Hausgebrauch sind erst in der Entwicklung, siehe dazu Kapitel 11 Speichertechniken). Von 4200 ℓ Heizöl lassen sich durch die Kollektoren ca. 55 % einsparen [2.9, 2.16], also 2310 ℓ, entsprechend 1617 DM (0,70 DM/ℓ). Die komplette Anlage kostet mit Montage um 40 000 DM. Ohne die Rechnung hier noch näher auszuführen, kann gesagt werden, daß die Amortisationszeit über 24 Jahre beträgt und die Anlage damit unwirtschaftlich ist.

Manche Anbieter empfehlen kleinere Anlagen mit 8 m^2 Kollektorfläche, die etwa 1/5 der Heizenergie sparen. Beim obigen Standardhaus lassen sich 800 ℓ, entsprechend 560 DM/a gewinnen. Dem stehen Anlagekosten von 7000 ... 12 000 DM incl. Montage gegenüber, mit Steuerabzügen und Zuschüssen ca. 5000 ... 8500 DM. Mit Wartungskosten von 200 DM/a verbleiben 360 DM/a Gewinn. Werden die Anlagekosten zu 10 % Zinsen mit einer Laufzeit von 20 Jahren aufgenommen, so ergibt sich eine jährliche Rückzahlung von 587 ... 998 DM. Solche Anlagen verursachen also nur Mehrkosten. Deshalb ist eine aufwendige Wärmedämmung auf jeden Fall vorzuziehen. Mit ihr lassen sich je nach Situation 30 ... 50 % Öl einsparen.

Insgesamt ergibt sich, daß Kollektoren auf dem Gebiet der Raumheizung und z.T. dem der Brauchwassererwärmung unwirtschaftlich sind. Dies liegt weniger an den Eigenarten der Solarenergie als an der Preisgestaltung der Hersteller- und Vertriebsfirmen. Die m^2-Preise liegen bei 330 ... 570 DM (1981) [2.17], die Handelsspanne beträgt zum Teil über 70 %. Doch auch die Herstellerpreise selbst sind für die gebotene Ware zu hoch. So kostet eine beschichtete Absorberplatte einer Firma 196 DM/m^2, dafür erhält man zwei aufeinandergeschweißte Stücke Blech mit einer Einbrennlackierung. Bei solchen Preisen entsteht der Eindruck, daß viele Firmen schnell an der Modeerscheinung Sonnenkollektor verdienen wollen, ehe die Alternativwelle wieder abebbt. Wer handwerklich geschickt ist und richtig einkauft, kann gut die Hälfte der Kosten sparen.

Das neuerdings zu hörende Argument, Sonnenkollektoren stellten gegenüber der Kombination Wärmepumpe/Absorberdach eine längst überholte Technik dar, ist falsch. Beide Systeme haben nebeneinander ihre Berechtigung und ihre Einsatzgebiete, die Entwicklung beider Energiegewinnungsarten wird weitergetrieben werden. Für den Einsatz von Kollektoren ist die Entwicklung geeigneter Langzeitspeicher eine wichtige Voraussetzung. Mit einem solchen Speicher ließe sich ein sehr gut isoliertes Haus (8 MWh/a) mit ca. 20 m^2 Kollektoren vollkommen autark betreiben. Das Bestechende an solchen Möglichkeiten ist, daß hierbei im Gegensatz zur Wärmepumpe kaum Primärenergie notwendig ist.

Literatur

[2.1] *Kludas, G.:* Wärme aus Kälte und Sonne, Falken Verlag, Niedernhausen 1978.

[2.2] *Rotarius, Th. u.a.:* Dauerhafte Energiequellen, Wagner und Co. Marburg 1979.

[2.3] *BBC:* Druckschrift DSBS 116 680 D.

[2.4] *Urbanek, A.:* in „Sonnenenergie und Wärmepumpe", Heft 2, 1977.

[2.5] Umschau in Wissenschaft und Technik, Heft 1, 1980, S. 18 ff.

[2.6] *BBC:* Druckschrift DSBS 115 780 D.

[2.7] *Göbel, K.:* Das Ziegeldach, in Sonnenenergie und Wärmepumpe 4/1979.

[2.8] *Matthöfer, H.* (Hrsg.): Energiequellen für morgen, Teil II, Nutzung der solaren Strahlungsenergie, Umschau Verlag, Frankfurt 1976.

[2.9] *Kalischer, P.:* Solarkollektoren — Technik und Wirkungsweise in Vorträge und Diskussionen der Arbeitsgemeinschaft Solarenergie (ASE), Essen 4.2.1977.

[2.10] *Matthöfer, H.* (Hrsg.): Forschung aktuell: Sonnenenergie II, Umschau Verlag, Frankfurt 1977.

[2.11] *Rummich, E.:* Nichtkonventionelle Energienutzung, Springer Verlag, Wien 1978.

[2.12] *Urbanek, A.:* Beispiele, Sonnenenergie und Wärmepumpe, Heft 3/1980.

[2.13] *Denoix/Hanssmann:* Sonnenkollektoren, Vortrag zum Seminar Alternativenergien, FB Physik, Prof. Mühleisen und Wahl, Tübingen 1980.

[2.14] *Stoy, B.:* Wunschenergie Sonne, Energieverlag GmbH, Heidelberg 1978.

[2.15] Bund-Info 1: Sonnenenergie, Bund für Natur- und Umweltschutz, Freiburg 1978.

[2.16] *Urbanek, A.:* 50 deutsche Sonnenhäuser, Sonnenenergieverlag, Gräfelfing 1980.

[2.17] *Wolf, H. G.:* Kollektoren im Härtetest, Zeitschrift Schöner Wohnen, Februar 1981.

[2.18] *Bergmann/Schäfer:* Experimentalphysik, Bd. III, Optik, Berlin 1978.

3   Thermische Solarkraftwerke

Eine weitere Möglichkeit, die Sonnenenergie zu nutzen, sind thermische Solarkraftwerke. Auch hierbei wird Sonnenenergie durch Kollektoren gesammelt, allerdings mit speziellen Kollektoren auf einem insgesamt höheren Temperaturniveau. Die gewonnene Energie wird in einem thermodynamischen Prozeß (Rankine-Prozeß) in einem Hubkolben- oder Schraubenverdampfer in elektrische Energie umgewandelt. Hier sollen zunächst kurz die Grundlagen dieses Prozesses dargestellt werden.

Die Schilderung der verschiedenen Kollektorsysteme orientiert sich am Temperaturniveau. Am unteren Ende der Skala bei ca. 60 ... 80 °C liegen die Flachkollektorenanlagen, die zunächst beschrieben werden. Die folgenden kleinen Solarfarmen (bis 50 MW) mit konzentrierenden Kollektoren liegen im Temperaturbereich von 150 ... 250 °C. Zu ihnen gehören auch rein mechanische Kraftwerke, die als Solarpumpen in Bewässerungsprojekten Verwendung finden. Größere Anlagen von mehreren 100 MW arbeiten nach dem Sonnenturmkonzept mit konzentrierenden Heliostaten. Sie erreichen Temperaturen bis 600 °C, wie sie in einem normalen Dampfkraftwerk üblich sind. Am oberen Ende der Temperaturskala liegen die Sonnenöfen, die bis zu 4000 °C Prozeßwärme erreichen und für Schmelz- und Legierungsversuche eingesetzt werden.

3.1   Thermodynamische Grundlagen

Der thermodynamische Vergleichsprozeß für die meisten Dampfmaschinen ist der sogenannte Clausius-Rankine-Prozeß (Bild 3.1). Hierbei erfährt das Arbeitsmedium im Kreisprozeß einen Phasenwechsel (gasförmig/flüssig). Die Wärmezufuhr zur Dampferzeugung erfolgt bei konstantem Druck (isobar), die Entspannung im Zylinder unter Abkühlung (adiabatisch), im Kondensator herrscht wieder gleicher Druck (isobar) und eine Pumpe führt schließlich das Kondensat auf das höhere Druckniveau zurück (adiabatische Kompression) [3.1].

Der Unterschied zum Carnot-Prozeß besteht in der bei konstantem Druck und steigender Temperatur erfolgenden Wärmezufuhr. Ferner darf beim Carnot-Prozeß eine Kondensation nur bis zum Punkt b' im Diagramm erfolgen, wobei ein Dampf-Wasser-Gemisch auf das höhere Druckniveau komprimiert wird. Das ist aber mit technischen Schwierigkeiten verbunden.

Die schraffierte Fläche in Bild 3.1 (ab 12) ist die erzeugte Arbeit $-W_t$, die sich zugleich aus dem Unterschied der Enthalpien von 1 und 2 ergibt:

$$-W_t = H_1 - H_2.$$

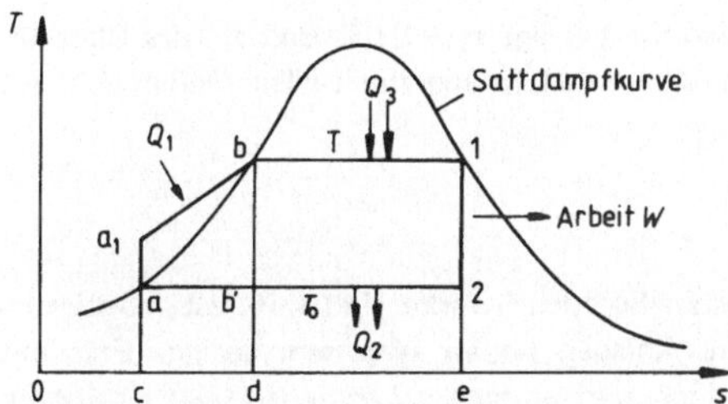

Bild 3.1 T, s-Diagramm des Clausius-Rankine-Prozesses [3.1]
1—2 reversible adiabatische Dampfentspannung in der Maschine (Dampf wird feucht), Arbeit W
wird frei.
2—a Dampfverflüssigung im Kondensator, Wärmeentzug Q_2 = 2ace;
a—a_1 adiabatische Verdichtung des kondensierten Mediums auf das höhere Druckniveau
(Speisepumpe),
a_1—b Erwärmung des Mediums bei gleichbleibendem Druck auf Sattdampftemperatur, Wärmezufuhr Q_1 = $a_1$bde
b—1 Verdampfung des Mediums unter weiterer Wärmezufuhr Q_3 = b1ed

Der thermodynamische Wirkungsgrad des Clausius-Rankine-Prozeßes η_{th} ergibt
sich zu

$$\eta_{th} = \frac{|W_t|}{q} = \frac{H - H_0}{H - H_w},$$

wobei $q = H - H_w$ die im oberen Niveau zugeführte Wärme $(Q_1 + Q_3)$ ist, H die
Dampfenthalpie, H_w die Speisewasserenthalpie und H_0 die Dampfenthalpie nach
dem Arbeitsprozeß darstellen.

Der effektive Wirkungsgrad η_e der Maschine setzt sich aus η_{th}, dem Güte-
grad der Maschine η_G und dem mechanischen Wirkungsgrad η_m (bis 98 %) zusammen:

$$\boxed{\eta_e = \eta_{th} \cdot \eta_G \cdot \eta_m.}$$

Insgesamt kann davon ausgegangen werden, daß der effektive Wirkungsgrad etwa
70 % des Carnot-Wirkungsgrades beträgt [3.2]. Der Wirkungsgrad des Carnot-
Prozesses ist bekannt als

$$\eta_c = \frac{T - T_0}{T},$$

wobei T die Dampftemperatur, T_0 die Temperatur des unteren Niveaus ist. Es
kommt also entscheidend auf die Temperaturdifferenz $T - T_0$ an, ob ein höherer
Wirkungsgrad erzielt werden kann. Die obere Temperatur T ist bei Solarkraftwerken
aber von der möglichen Kollektortemperatur abhängig. Wie noch zu zeigen sein
wird, ergeben sich dadurch recht ungünstige Verhältnisse. Bei 100 °C Arbeitstem-

peratur und 20 °C Umgebungstemperatur beträgt $\eta_c = 21\,\%$ und η_e des Clausius-Rankine-Prozesses 15 % — in guter Übereinstimmung mit realen Meßergebnissen [3.3].

3.2   Flachkollektoranlagen

Die einfachsten und billigsten Solarkraftwerke sind mit fest montierten Flachkollektoren ausgerüstet. Solche Anlagen haben zwar sehr geringe Effizienz (1 ... 2 %), sind aber wartungsfreundlich und einfach zu bedienen. Das Kraftwerk besteht im Wesentlichen aus dem Kollektorfeld K (Bild 3.2), einem thermischen Speicher Sp, den Wärmetauschern V und VW (Vorwärmer), der Turbine (oder dem Hubkolbenverdampfer o.a.) und einem Kondensator C. Das Medium im Kollektorkreislauf ist üblicherweise Wasser, im Generatorkreislauf wird meist Freon (R 112, R 114, u.a.m.) verwendet.

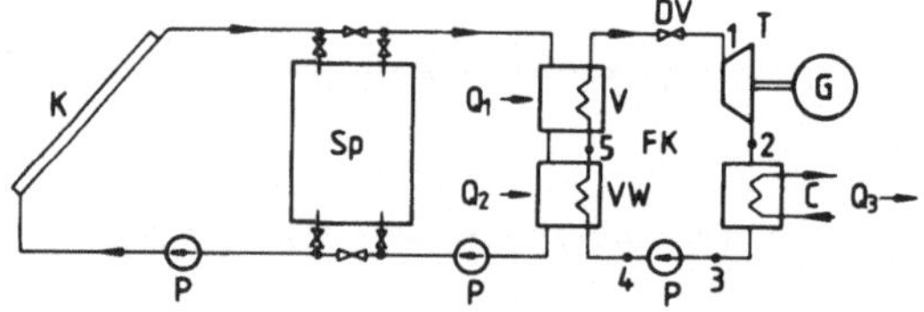

Bild 3.2

Prinzipschema des Flachkollektorkraftwerkes [3.4]

Als *Kollektoren* sind ausschließlich hocheffiziente Flachkollektoren in Gebrauch. Bei einer üblichen Arbeitstemperatur von 125 ... 130 °C im Kollektorkreis [3.3] ergeben sich Temperaturdifferenzen von ca. 100 °C. Jeder einfachere Kollektor hat bei dieser Temperaturdifferenz keinen ausreichenden Wirkungsgrad mehr (s. Abschnitt 2.1.2). Vakuumkollektoren mit selektiver Oberfläche weisen dagegen noch über 60 %, selektive Zweischeibenkollektoren noch über 40 % Wirkungsgrad auf. Letztere werden aus Kostengründen bevorzugt. Der Wirkungsgrad der Kollektoren nimmt also mit steigender Temperatur ab, der des thermodynamischen Prozesses dagegen zu. Daraus ergibt sich ein Wirkungsgradmaximum (Bild 3.3). Die für dieses System günstigste Arbeitstemperatur liegt bei ca. 123 °C — allerdings bei maximaler Einstrahlung. Bei geringerer Einstrahlintensität verringert sich der Wirkungsgrad des Kollektors etwas — das Maximum wird dadurch nach links verschoben. Die Arbeitstemperatur der derzeit geplanten und gebauten Flachkollektoranlagen liegt zwischen 95 °C und 130 °C.

Die Leistung der Anlage ist im hohen Maße vom Einstrahlwinkel auf die fest montierten Kollektoren abhängig. Die Intensitätskurve ergibt sich als Cosinuskurve, die Leistungskurve des Kollektors, die in Bild 3.4 zum Vergleich eingezeichnet ist, zeigt, daß ab 60° Einstrahlwinkel bzw. 16.00 Uhr nachmittags keine Leistung mehr entnommen werden kann. Dies liegt vor allem daran, daß neben den Intensitätsverlusten durch schrägen Einfall auf den Kollektor noch der Verlust durch den längeren Weg des Lichtes durch die Atmosphäre kommt. Die Licht-

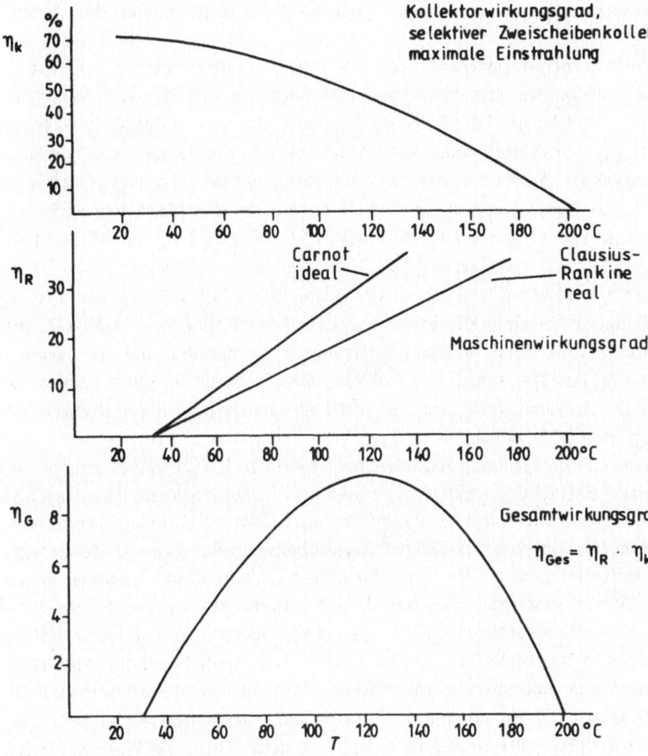

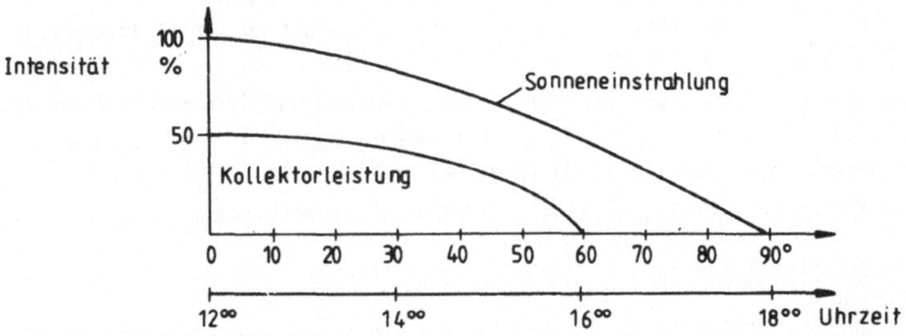

Bild 3.3 Kollektorwirkungsgrad, Maschinenwirkungsgrad und Gesamtwirkungsgrad [3.2]

Bild 3.4 Intensität der eingestrahlten Energie in Abhängigkeit vom Einstrahlwinkel [3.2]

intensität am Abend beträgt nur noch ein knappes Zehntel derjenigen des Mittags-
lichtes [3.2].

Am Vormittag benötigt die Anlage eine längere Aufheizzeit bis alle Systemteile die nötige Temperatur erreicht haben. Als nutzbare Arbeitszeit ergeben sich
4 Stunden von 12.00 Uhr bis 16.00 Uhr [3.3]. Der Gesamtwirkungsgrad erniedrigt
sich durch diese geringe Arbeitsdauer auf Werte um 4 %. Da bei geringerer Intensität, wie schon erwähnt, der Kollektorwirkungsgrad schlechter wird, ergibt sich auch
dadurch eine Verminderung von η_{Ges}. Nimmt man noch den Maschinenwirkungsgrad von 80 % und die Verluste am Wärmetauscher hinzu [3.2], so läßt sich ein
Wirkungsgrad von 1 ... 3 % abschätzen [3.2, 3.3].

Mit 1 m^2 Kollektorfläche lassen sich somit 30 ... 100 Wh Energie pro Tag
sammeln. Trotz dieser geringen Effektivität werden Flachkollektoranlagen z.Z. entwickelt und gebaut. Ihre Vorteile liegen in der einfachen Handhabung, der geringen
Störanfälligkeit und der Wartungsfreundlichkeit, aber auch darin, daß Flachkollektoren im Gegensatz zu Konzentratoren den diffusen Lichtanteil nutzen können, der
in manchen Regionen 50 % beträgt.

Ein Beispiel eines solchen Kraftwerkes ist eine 10 kW$_{el}$ Prototypanlage von
MBB, die bereits 1976 fertiggestellt wurde und nun in Indien in Betrieb ist [3.3].
Bei der Konstruktion wurden fast ausschließlich am Markt erhältliche Teile verwendet. Das Kollektorfeld besteht aus 336 m^2 Zweischeibenkollektoren, in denen Wasser auf 95 °C aufgeheizt wird. Im Wasserkreislauf ist ein 30 m^3 Speicher einge-
schlossen, mit dem 6 Nachtstunden bei 2,5 kW überbrückt werden können. Im
Wärmetauscher wird die Solarenergie auf Frigen R 114 übertragen. Die Umwandlung
von Wärmeenergie in mechanische Energie findet in einem Schraubenmotor statt,
der als rotierende Verdrängungsmaschine arbeitet. Das Frigen wird in diesem Arbeitsprozeß von 10 bar auf 3,6 bar entspannt. Um das bei organischen Medien üblicherweise geringe Enthalpiegefälle etwas zu heben, ist dem Motor ein Wärmetauscher
nachgeschaltet, der 15 % der Wärme zurückgewinnt und dem Frigen im Vorwärmer
wieder zuführt.

Ein wesentliches Ergebnis dieses Versuchsaufbaus war die Erkenntnis, daß
mit Kollektortemperaturen von 150 ... 170 °C weit bessere Wirkungsgrade zu erzielen wären und dafür geeignete Flachkollektoren entwickelt werden müssen. Alle
anderen Systemteile haben die Funktionstüchigkeit bewiesen [3.3].

Flachkollektoranlagen können auch zum Direktantrieb von Wasserpumpen
verwendet werden. Hierbei treibt das Frigen durch Volumenverdrängung unmittel-
bar Wasser aus einem Brunnen [3.3] (Flachmembranmotor). Zwar ist die Effektivität einer Solarpumpe mit 8 W/m^2 Kollektorfläche gering. Andererseits ergeben sich
geringe Herstellungs- und Wartungskosten, so daß sich dieses Konzept für eine
dezentrale Wasserversorgung in Entwicklungsländern anbietet [3.3].

3.3   Anlagen mit konzentrierenden Kollektoren

Konzentrierende Kollektoren nutzen vor allem die direkte Sonnenstrahlung, die in südlichen Regionen bis zu 80 % der Globalstrahlung ausmachen kann. Bei Konzentratorsystemen sind Linsen- und Spiegeleinrichtungen zu unterscheiden. Linsensysteme haben bisher wenig Bedeutung erlangt, sie sind in der Herstellung zu teuer. Bei Spiegelsystemen unterscheidet man Parabolreflektoren und sphärische Spiegel. Beide können entweder zylindrische oder rotationssymmetrische Form haben. Sie unterscheiden sich hinsichtlich des Konzentrationsverhältnisses erheblich voneinander. Das Konzentrationsverhältnis C ist als das Verhältnis von auffangender Spiegel- oder Linsenfläche zur Absorberfläche definiert:

	C
zylinderförmiger sphärischer Spiegel	1 ... 10
zylinderförmiger Parabolspiegel	10 ... 100
rotationssymmetrischer sphärischer Spiegel	100
rotationssymmetrischer Parabolspiegel	bis 10 000.

Die häufigste Verwendung findet der zylinderförmige Parabolspiegel, dessen Aufbau und Handhabung einfacher ist als beim an sich besser konzentrierenden runden Spiegel. Dieser läßt sich aus Gründen der Stabilität (Wind!) nur in Größen bis zu 3 m Durchmesser herstellen. Rotationssymmetrische Parabolspiegel sind von der Firma Kleinwächter in Lörrach entwickelt worden. Mit einem Aluminiumspiegel (Reflektionseffizient 70 %) von 2,4 m Durchmesser und einem Hohlraumabsorber im Zentrum konnten bei 900 W/m^2 Einstrahlung 1300 W Leistung erzeugt werden. Dies entspricht einem Wirkungsgrad von 40 %. Die Absorbertemperatur liegt bei 200 °C. Der Reflektor wird per Synchronmotor dem Sonnenstand nachgeführt und dreht sich in der Nacht selbsttätig wieder zurück. Zur Errichtung größerer Solaranlagen ist der Aufbau mehrerer solcher Reflektoren geplant [3.3]. Für Anlagen im kW-Bereich erscheinen die Systeme von Professor Kleinwächter als durchaus realisierbar.

Größere Anlagen bis 50 MW werden fast ausschließlich mit zylinderförmigen Parabolspiegeln gebaut. Deshalb soll im folgenden solch ein „Paraboltrog" als Beispiel für das Konzentratorprinzip näher beschrieben werden (Bild 3.5): Das Konzentrationsverhältnis C ist als das Verhältnis der Öffnungsfläche BB′ und der beleuchteten Absorberfläche definiert (in anderer Literatur manchmal die gesamte Absorberfläche [3.2].) Die Sonnenscheibe erscheint im Sommer unter einem Winkel von 32′, entsprechend $9{,}3 \cdot 10^{-3}$ rad. Im Brennpunkt hat sie den Durchmesser $9{,}3 \cdot 10^{-3} f$, mit f als Brennweite des Spiegels. Im Paraboltrog ergibt dies eine Brennfläche mit eben dieser Breite und der dem Spiegel entsprechenden Länge (bei senkrechtem Einfall). Zur Berechnung von C genügt daher die Betrachtung der Breitenausdehnung. Die Fläche des Absorbers sollte mindestens so groß wie

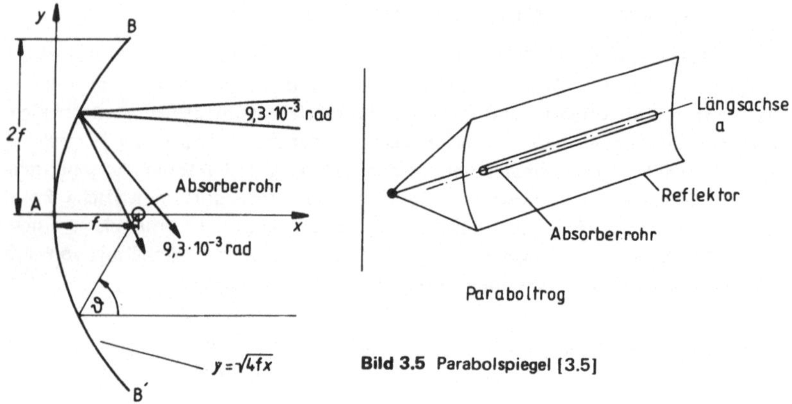

Bild 3.5 Parabolspiegel [3.5]

das Bild der Sonne sein, da auch die Randgebiete der Scheibe noch genügend Energie liefern [3.2].

Absorberdurchmesser bei kreisförmigem Röhrenabsorber

$$d_A = 9{,}3 \cdot 10^{-3}\, f.$$

Bestrahlt wird vom Absorber nur eine Hälfte (näherungsweise, in Wirklichkeit werden bedingt durch den Öffnungswinkel der Strahlen auch Teile der Rückseite beschienen):

beleuchteter Umfang: $u_{AB} = \dfrac{\pi}{2}\, 9{,}3 \cdot 10^{-3} \cdot f$.

Das Konzentrationsverhältnis $C = \dfrac{\text{Spiegelfläche}}{\text{Absorberfläche}}$ ist hier gleich dem Verhältnis der Strecke $\overline{BB'} = d_{sp}$ zum beleuchteten Umfang:

$$C = \frac{d_{sp}}{\dfrac{\pi}{2}\, 9{,}3 \cdot 10^{-3} \cdot f} \qquad \approx 68{,}5\, \frac{d_{sp}}{f} \qquad [3.5].$$

C hängt also weitgehend vom linearen Verhältnis $n = d_{sp}/f$ ab. Wird der Spiegeldurchmesser d_{sp} zu groß gewählt, so wird das Bild größer und leider durch Spiegelfehler auch diffuser, der Gewinn an Konzentration ist dann nur noch minimal. Übliche Werte für n sind 2 ... 2,3, wobei $f \approx 0{,}5$ m und $d_{sp} \approx 1$ ... 1,5 m sein kann. Bei $n = 2$ ergibt sich ein Konzentrationsfaktor $C = 137$ [3.5]. Andere Angaben, in denen mit elliptischen Absorbern (Achsenverhältnis 1:2) gerechnet wird, die allseitig genau in das Sonnenbild passen und ganzflächig beschienen werden, nennen als Konzentrationsverhältnis für $n = 2$ den Wert $C = 91$ [3.2]. Günstiger liegen die Verhältnisse für einen entsprechend breiten rechteckigen Absorber, der bei $n = 2$

ein C von 215 aufweist — der theoretische Maximalwert für den Paraboltrog [3.5].
(Zum Vergleich: Beim rotationssymmetrischen Parabolspiegel mit Kugelabsorber
gilt $C = 5{,}8 \cdot 10^3 \, (d_{sp}/f)^2$; bei $n = 2$ ist $C = 2{,}32 \cdot 10^4$) [3.2].

Um den Wirkungsgrad des Kollektors angeben zu können, soll nun die
nutzbare Leistung pro Flächeneinheit berechnet werden. Dabei wird angenommen,
daß der Absorber von einem Glasrohr umgeben ist, das ihn vor Konvektionsver-
lusten schützt [3.3]. Der Reflexionsgrad des Spiegels soll $\rho_{sp} = 0{,}9$ sein. Der auf
den Absorber reflektierte Strahlenfluß beträgt:

$$\phi_G = \rho_{sp} \cdot C \cdot \sin \psi.$$

ψ ist der Winkel zwischen der Einstrahlrichtung und der Spiegellängsachse a und
sollte durch Nachführeinrichtungen (s.u.) bei $90°$ gehalten werden. ϕ ist der ankommende Strahlenfluß. Der am Absorber ankommende Strahlungsfluß pro Flächeneinheit ist

$$\phi_A = \tau_G \cdot \frac{d}{d_A} \cdot \phi_G$$

wobei τ_G der Transmissionsgrad des Glases und d/d_A das Verhältnis der Durchmesser von Glasrohr und Absorber sind.

Vom Absorber wird schließlich der Anteil $\alpha_A \cdot \phi_A$ aufgenommen ($\alpha_A =$
Absorbtionskoeffizient). An Verlusten treten IR-Strahlung ψ_A und Konvektions-
und Wärmeverluste q_A auf:

$$\frac{\text{nutzbare Leistung}}{\text{Absorberflächeneinheit}} = Q = \alpha_A \cdot \phi_A - (q_A + \psi_A).$$

In Bild 3.6 sind Absorbertemperaturen von $300\,°C$, $600\,°C$ und $900\,°C$
angenommen. Als zusätzliche Parameter sind das α/ϵ-Verhältnis und die Beschaffenheit des Glasmantels (R = IR-reflektierende In_2O_3-Schicht) eingezeichnet. Da möglichst hohe Temperaturen wünschenswert sind, muß zur Erreichung eines hohen
Wirkungsgrades der Konzentrationsfaktor C recht hoch sein. Bei $600\,°C$ und Nor-
malabsorber sind für 60 % Wirkungsgrad C-Werte über 100 erforderlich, was teure
Spiegel voraussetzt. Bei besseren Absorbern mit $\alpha/\epsilon = 5$ genügen C-Werte bis 50,
um den gleichen Wirkungsgrad zu erreichen, d.h., es lohnt sich eher, billige Spiegel
und teurere Absorber zu verwenden. Will man bei $\eta = 60$ % höhere Absorbertemperaturen — so etwa $900\,°C$ erhalten, sind extrem gute und teure Spiegel notwendig,
da C-Werte über 150 erforderlich werden. Solche Temperaturen lassen sich besser in
Solar-Tower-Anlagen erzeugen. Für Paraboltrogkonzentratoren stellt die Absorbertemperatur von $600\,°C$ die obere Grenze dar, in der Praxis wird häufig mit mittleren
Temperaturen bis $300\,°C$ gearbeitet [3.5, 3.3]. Dies entspricht einem Carnot-Wir-
kungsgrad von fast 50 %, der Gesamtwirkungsgrad liegt bei 10 ... 15 %.

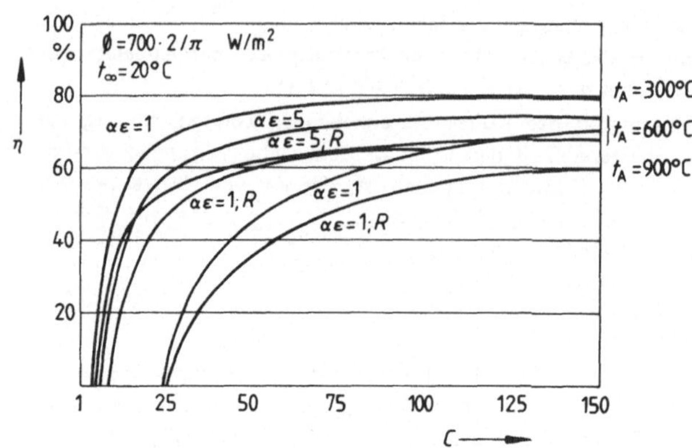

Bild 3.6 Wirkungsgrad η von Paraboltrogkonzentratoren [3.5]

Die konzentrierenden Kollektoren müssen dem Stand der Sonne nachgeführt werden. Meist geschieht die Aufstellung so, daß die Längsachse *a* des Troges in *Nord-Süd-Richtung* steht und gegen die Horizontale um einen Winkel aufgerichtet ist, der der geographischen Breite entspricht. Mit einer Nachführeinrichtung wird der Kollektor während 12 Stunden im Halbkreis um die Längsachse gedreht. Meistens wird dabei ein Synchronmotor verwendet, es gibt aber auch einfachere Konstruktionen mit Bimetallfedern [3.5]. Eine zusätzliche Ausrichtung der Flächennormalen des Kollektors nach der jahreszeitlichen Sonnenhöhe ist in der Regel zu kostspielig. Je nachdem, ob mehr Energie im Winter oder im Sommer benötigt wird, erhöht oder vermindert man die Schrägstellung um 20° [3.2].

Eine andere Möglichkeit ist die Aufstellung des Kollektors mit seiner Längsachse in *Ost-West-Richtung*. Die Drehung um diese Achse folgt dem Winkel, der durch die Einstrahlungsebene des Sonnenlichtes gegeben ist. Da keine Ausrichtung auf das Azimut erfolgt, ist die Einstrahlung im Mittel um $2/\pi$ geringer als bei einem vollständig ausgerichteten Kollektor [3.5]. Die Aufstellung in Ost-West-Richtung ist insgesamt etwas ungünstiger als die in Nord-Süd-Richtung. Zwischen 10.00 Uhr und 12.00 Uhr ist die Energieausbeute allerdings höher, so daß bei kürzerer Nutzungsdauer die Ost-West-Montierung vorzuziehen ist. Außerdem ist die Flächenausnutzung besser: Der Abstand von hintereinander aufgestellten Kollektoren kann ohne gegenseitige Abschattung 1 m betragen, bei Nord-Süd-Aufstellung sind 2,4 m Zwischenraum erforderlich.

Größere Anlagen mit Feldern aus konzentrierenden Kollektoren werden als *Solarfarmen* bezeichnet. Mehrere Reihen von Trogkollektoren sind hintereinander angeordnet und werden von Wasser durchströmt. Ein zweiter Arbeitskreislauf ist meist nicht nötig, das Wasser gelangt sofort zur Umwandlungseinheit. Bisher wurde hier als Maschine ein Hubkolbenmotor verwendet, in neuerer Zeit gibt es dazu einen Drehkolbenmotor (Schraubenexpansion) wie bei Flachkollektoranlagen [3.7]. Kondensator und Verdichter schließen den Kreislauf des Wassers. In Bild 3.7 ist das Schaltschema eines solchen Kraftwerkes zu sehen. Die hier gewählte Kollektornachführung auf einem gemeinsamen Drehkranz ist natürlich nur für relativ kleine Anlagen geeignet.

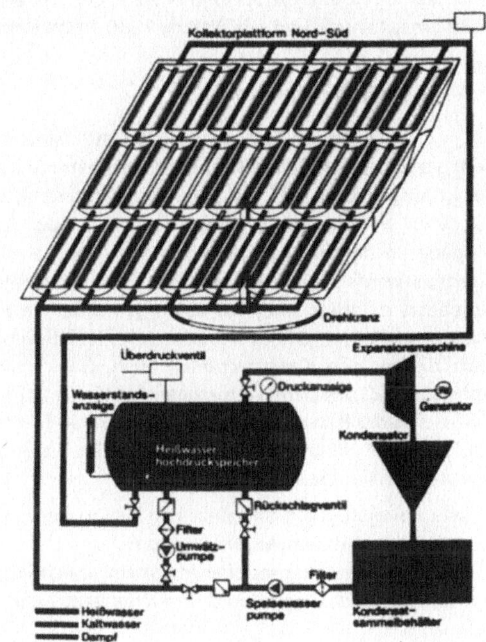

Bild 3.7
Solarfarmanlage
[3.7]

Kostenabschätzungen sind zur Zeit recht schwierig, da es nur Versuchskraftwerke gibt, die wegen der noch nicht angelaufenen Serienproduktion viel zu teuer sind. Bei einem sicherlich niedrig angesetzten Wirkungsgrad von 10 % sind pro kW 12,5 m^2 Kollektorfläche nötig (bei 800 W/m^2 Strahlung). Der m^2-Preis für Kollektoren dürfte sich um 250 DM bewegen (angenommene Serienfertigung) [3.2]. Nach einer Schätzung des Bundesministeriums für Forschung und Technologie (BMFT) aus dem Jahre 1975 [3.5] entstehen für ein 10-kW-Kraftwerk Anlagekosten von 7000 DM/kW. Dies entspräche bei einer Nutzung von 300 h/a einem kWh-Preis von 0,39 DM. Bei größeren Anlagen sinken die Kosten: Die spezifischen Anlagekosten für ein 500-kW$_{el}$-Kraftwerk werden mit 2000 DM/kW abgeschätzt [3.5], der kWh-Preis liegt (3000 h/a) bei 0,10 DM. Zu ähnlichen Ergebnissen (0,30 ... 0,10 DM) kommen auch andere Berechnungen [3.7]. Wenn diese Angaben auch noch unsicher sind, so ist doch festzustellen, daß gerade in sonnenbegünstigten Gegenden eine Stromerzeugung durch Sonnenenergie wirtschaftlich zu werden beginnt — in den nächsten Jahren wird sie es wegen der steigenden Energiepreise wohl auch hier werden. Beispiele für den Aufbau von Solarfarmen gibt es genügend. Hier seien nur das Kraftwerk der DFVLR in Almeria/Südspanien mit 500 kW$_{el}$ und das Pilot-Projekt Barstow in Californien mit 10 MW$_{el}$ erwähnt. Der Vollständigkeit halber sei noch auf das Demonstrationskraftwerk der EG auf Sizilien hingewiesen, das von MBB erbaut wurde und seit Anfang 1980 1 MW elektrische Energie liefert.

3.4   Solar-Tower-Anlagen

Solar-Tower-Anlagen beruhen auf dem Prinzip des Fresnel-Spiegels, bei dem verschiedene Spiegelsegmente oder -streifen auf einen gemeinsamen Brennpunkt ausgerichtet sind. Es gibt vielerlei Konstruktionsmöglichkeiten solcher Spiegel, etwa verschieden geneigte Kreisringe oder Spiegelstreifen unterschiedlicher Neigung, in deren Brennebene sich ein Absorberrohr befindet. Beim Solar-Tower-Konzept werden eine Vielzahl von Rechteckspiegeln (Heliostaten), die auf dem Erdboden montiert sind, auf einen gemeinsamen Punkt auf einem Turm in ihrer Mitte ausgerichtet. Dieses Konzept soll hier näher beschrieben werden. Zwar haben auch die anderen Konstruktionen noch Zukunftschancen, doch die Solar-Tower-Anlage ist z.Z. das erfolgversprechendste Konzept [3.9].

Bild 3.8 zeigt das Prinzip einer Solar-Tower-Anlage, zur Vereinfachung ist nur einer der Heliostaten eingezeichnet. Im Wesentlichen besteht die gesamte Anlage aus vier Komponenten:

1. dem Spiegelfeld mit den einzelnen Heliostaten,
2. dem Turm mit dem Absorbersystem,
3. dem Kurzzeitwärmespeicher (nicht eingezeichnet),
4. dem Umwandlungssystem thermische/elektrische Energie.

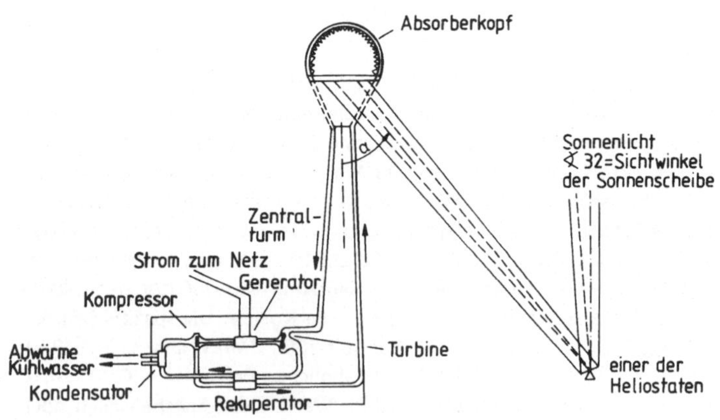

Bild 3.8 Solar-Tower-Anlage [3.2]

Das Feld der Heliostaten ist üblicherweise kreisförmig um den Turm angeordnet.
Die einzelnen Spiegel sind rechteckig und haben die Größe von 30 ... 40 m². Glas-
spiegel mit aufgedampftem Silber oder Aluminium reflektieren 82 ... 90 % [3.2] des
einfallenden Lichtes. Jeder einzelne Spiegel muß um zwei Achsen drehbar sein, um
genau der Sonne nachgeführt werden zu können. Er sitzt dazu auf einer Säule und
ist an seinem Mittelpunkt drehbar gelagert. An diese Konstruktion werden hohe
Anforderungen gestellt, da sich die Spiegel auch bei Wind um nicht mehr als 10′
verstellen dürfen [3.2]. Bei z.B. 500 m Entfernung vom Turm bedeuten 30′ Ver-
drehung bereits 5 m Abweichung vom Brennpunkt. Bei Sturm oder starkem Regen
werden die Spiegel aus dem Wind gedreht bzw. senkrecht gestellt. Die Steuerung der
ganzen Anlage übernimmt meist ein Rechner. Pro Spiegel ist eine Steuerleistung von
ca. 60 W erforderlich. Da die Anlage auch bei schrägem Lichteinfall arbeiten soll,
dürfen die Spiegel nicht allzu dicht zusammenstehen, da sonst zuviel Abschattungen
auftreten würden. Der „Flächennutzungsfaktor", d.h. die bei horizontal gestellten
Spiegeln von diesen bedeckte Fläche sollte nach Berechnungen nicht mehr als 2/3
der Gesamtfläche betragen [3.5].

Der Zentralturm trägt an seiner Spitze entweder einen halbkugelförmigen
Absorber [3.5], der von außen beschienen wird, oder einen unten offenen Hohlraumabsorber (Bild 3.8). Der Letztere soll hier näher betrachtet werden. Ein wichtiger Faktor für die Verlustberechnung ist die Größe der Absorberöffnung. Da der
Öffnungswinkel des Sonnenlichtes 32′ beträgt, läuft ein Lichtbündel auf 100 m
etwa 1 m auseinander. Steht nun der äußerste Spiegel 500 m vom Turm entfernt, so
ergeben sich 5 m Öffnungsweite. Die Absorberöffnung muß um diese 5 m größer
sein als der Spiegeldurchmesser. Dazu kommen noch Toleranzen in der Spiegel-
regelung, die eine Strahlverschiebung von 1 ... 2 m bewirken können. Das vom Spiegel kommende Licht fällt unter einem Winkel α auf den Absorber. Dadurch vergrößert sich dessen notwendiger Öffnungsdurchmesser um den Faktor $1/\cos\alpha$. Bei
6 m Spiegeldurchmesser, 500 m Entfernung und $\alpha = 60°$ ergibt sich so ein Durchmesser von 24 ... 26 m [3.2]. Mit Hilfe von konzentrierenden Heliostaten kann dieser Durchmesser stark verkleinert werden. Durch eine Erhöhung des Turmes kann
der Winkel α verringert werden, allerdings wird der Turm dadurch erheblich teurer.
Nach Berechnungen der Aerospace Corporation [3.6] besteht die optimale Lösung
aus einer kreisförmigen Spiegelfläche von 1,3 km² (Radius 640 m) mit einem
zentralen Turm von 260 m Höhe.

Das Konzentrationsverhältnis C ergibt sich wieder als Verhältnis der gesamten Spiegelfläche zur Absorberöffnungsfläche:

$$C = \frac{A_{\text{Spiegel}}}{A_{\text{Absorber}}} = \gamma \cdot \frac{r_{\text{Fl}}^2}{r_{\text{A}}^2}$$

mit γ Flächennutzungsfaktor

         r_{Fl} Radius der mit Spiegeln bedeckten Fläche

         r_{A} Absorberradius

Bei einem Radius des Spiegelfeldes $r_{FI} = 640\,\text{m}$, einem Flächennutzungsfaktor $\gamma = 0,66$ und einem Absorberradius $r_A = 16\,\text{m}$ (berechnet wie oben) ergibt sich ein C-Wert von 1056. Die praktisch erreichten Werte liegen mit $C = 1000 \ldots 2000$ eher höher. Dies liegt an einer spezielleren Formgebung der Absorberöffnung, die in dieser einfachen Rechnung nicht berücksichtigt werden konnte [3.2].

Durch die hohen Konzentrationsverhältnisse ergibt sich ein recht guter *Absorberwirkungsgrad* von bis zu 80 % (Bild 3.9). Die Absorbertemperatur von 600 °C erlaubt einen normalen Dampfprozeß. Höhere Absorbertemperaturen machen andere Arbeitsmittel erforderlich (z.B. Alkalimetalle), in der Praxis hat dies bisher wenig Bedeutung erlangt. Ein 5-MW-Kraftwerk der ERDA in Arizona/USA arbeitet allerdings mit Helium als Wärmeträger. Weitere Projekte in dieser Richtung sind nicht bekannt.

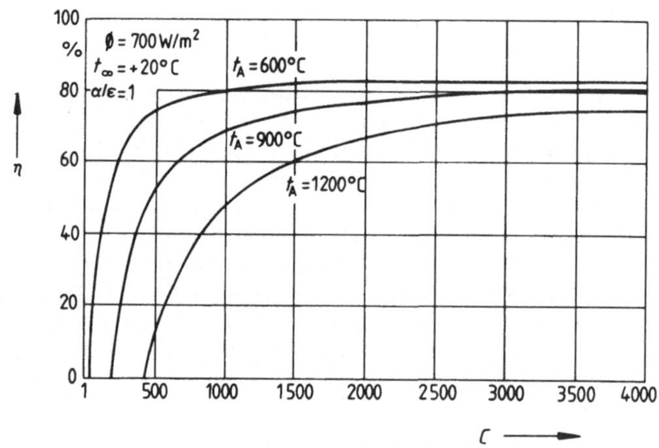

Bild 3.9 Wirkungsgrad von Solar-Tower-Absorbern [3.5]

Eine wichtige Systemkomponente ist der Zwischenspeicher für kurzzeitige Wärmespeicherung [3.2]. Obwohl verschiedene Materialien vorgeschlagen wurden (Salze, organische Materialien, Legierungen) ist dieses Problem noch nicht gelöst. Zur Zeit werden Kiesbettspeicher und eutektische Salze bevorzugt, aber in näherer Zukunft sind noch andere Lösungen zu erwarten (s. Kapitel 11 Speichertechniken). Zum kontinuierlichen Betrieb der Anlage ist jedenfalls ein Speicher unerläßlich, da — einmal ganz abgesehen von den Nachtzeiten — sonst jede vorübergehende Bewölkung die Anlage sofort zum Stillstand bringen würde.

Die Umwandlung der thermischen in elektrische Energie kann auf konventionelle Weise (Dampfmaschine, Dampfturbine) erfolgen. Der entspannte Dampf (s. Bild 3.8) wird im Rekuperator zur Vorlauferwärmung verwendet, ehe er im

Kondensator niedergeschlagen wird. Dazu ist eine Menge Kühlwasser notwendig, bei einer 100-MW-Anlage ca. 30 000 m^3/h [3.2], was den Standort solcher Solar-Tower-Anlagen in Wüsten unmöglich macht. Für dezentrale Kraftwerke in bewohnten Gebieten böte sich hier natürlich Kraft-Wärme-Kopplung an [3.6], wobei wegen des hohen Winterbedarfs und hohen Sommerangebotes noch Speicherprobleme zu lösen wären.

Der Gesamtwirkungsgrad einer Solar-Tower-Anlage setzt sich aus dem Spiegelwirkungsgrad ($\sim 80\,\%$), dem Absorberwirkungsgrad (80 %) und dem Umwandlungswirkungsgrad (der Wirkungsgrad der Dampfmaschine und des Generators kann analog zu Dampfkraftwerken mit 40 % angegeben werden), zusammen:

$$\eta_{\mathrm{Ges}} = 0{,}8 \cdot 0{,}8 \cdot 0{,}4 \approx 0{,}26.$$

Diese simple Rechnung wird durch Angaben zu neueren Kraftwerken in den USA bestätigt [3.8]. Andere, wesentlich niedrigere Angaben beziehen den Flächennutzungsfaktor mit in die Rechnung ein [3.3]. Die Wirkungsgradangabe geht außerdem von vollem senkrechten Sonnenschein aus. Wird die tageszeitliche Schwankung der Intensität pro Fläche durch schrägen Einfall berücksichtigt (cos-Abhängigkeit), so erniedrigt sich der Gesamtwirkungsgrad auf 13 % (ohne Flächennutzungsfaktor).

Eine Kostenabschätzung für dieses Solarkraftwerk ist schwierig, weil die Preise für die serienmäßig zu fertigenden Heliostate noch unbekannt sind. (In Einzelanfertigungen sind sie jedenfalls entschieden zu teuer.) Abschätzungen sprechen hier von m^2-Preisen von 50 ... 120 DM [3.5, 3.6] für einen 6×6-m^2-Heliostaten. Für die angesprochene 1,3-km^2-Anlage, die in unseren Breiten 50 MW elektrischer Leistung erbringen würde (bei vollem Sonnenschein) sind 15 400 solcher Spiegel erforderlich, die bei 100 DM/m^2 alleine Kosten von 55,4 Mio. DM verursachen. Begreiflicherweise gehen die Bemühungen dahin, den m^2-Preis für Heliostaten drastisch zu senken. Anlagenkosten insgesamt abzuschätzen ist zur Zeit kaum möglich. Eine einigermaßen realistische Angabe der Universität Berkeley [3.7] geht von Anlagekosten in der Höhe von 2300 \$/kW aus. Dabei handelt es sich um ein 30-MW-Kraftwerk mit Nachtspeicher (15 MW) und einem maximalen Gesamtwirkungsgrad von 26 %. Der Preis für die Kilowattstunde wird mit 11 Cents angegeben (1979).

Ältere Abschätzungen des BMFT (1975) kommen auf kWh-Preise von 0,10 DM. Auch hier scheinen Anlagen in sonnenreichen Ländern an der Schwelle zur Wirtschaftlichkeit zu stehen. Wie sehr der Standort in diese Berechnungen eingeht, zeigt sich an der Tatsache, daß ein für Deutschland konzipiertes 50-MW-Kraftwerk beispielsweise in New Mexiko 100 MW Leistung erbringt. Zur Zeit laufen eine Reihe größerer Versuchskraftwerke: in Almeria/Südspanien neben der Solarfarmanlage eine Solar-Tower-Anlage von 500 kW$_{\mathrm{el}}$, in New Mexiko eine 5-MW-Versuchsanlage, in Frankreich ein 3,5-MW-Kraftwerk in der Provence [3.6]. Würde die Entwicklung solcher Anlagen mit ähnlichem Aufwand wie bei der Kernenergieforschung vorangetrieben, so könnten viele südlich gelegene Länder in den nächsten 30 Jahren auf Kernkraftwerke verzichten.

3.5 Sonnenöfen

Sonnenöfen zeichnen sich durch die hohe Konzentration von Sonnenlicht und durch dabei erzielte hohe Temperaturen aus. Die maximal erreichbare Temperatur beträgt theoretisch 5700 °C — die mittlere Temperatur der Sonnenscheibe. Sonnenöfen erreichen derzeit Temperaturen von ca. 4000 °C. Diesen Rekord halten die Anlagen der US-Armee in Natuck/Massachusetts, die Leistungen von 2,5 ... 75 kW erbringen.

Die größte und bekannteste Anlage ist diejenige von Odeillo in den französischen Pyrenäen (Bild 3.10). Sie wurde 1972 mit einem Kostenaufwand von 25 Mio. Frs erbaut. 68 bewegliche Fangspiegel von 6 × 7,5 m^2, die aus 180 Einzelsegmenten bestehen, fangen auf insgesamt 2835 m^2 die Sonnenstrahlen auf und lenken sie auf einen 200 m^2 großen Parabolspiegel. Dieser Spiegel, mit einer Brennweite von 18,4 m, besteht aus 9500 Einzelsegmenten. Seine Achse steht genau nach Norden. Er konzentriert das Licht auf eine Fläche von 625 cm^2. Bei einer Einstrahlung von 800 W/m^2 treffen 2400 kW auf die Fangspiegel, nach der zweimaligen Reflexion gelangen ca. 1000 kW zum Zentrum. Dies entspricht auf den 625 cm^2 einer Leistungsdichte von 16 000 kW/m^2. Das Konzentrationsverhältnis C hat einen Wert von über 45 000. Die Temperatur im Zentrum beträgt mehr als 3000 °C.

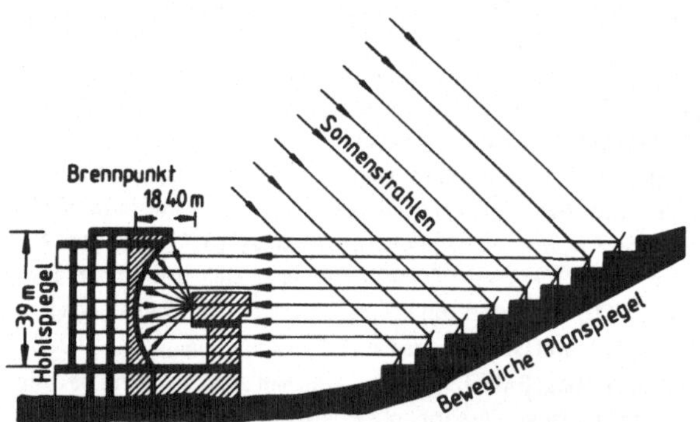

Bild 3.10 Sonnenofen von Odeillo (Franz. Pyrenäen) [3.6]

Mit diesem Sonnenofen wird nur „nebenbei" in einem Kraftwerk elektrische Energie erzeugt [3.6]. Hauptsächlich dient er zur Bereitstellung von Prozeßwärme, etwa zur Herstellung hochreiner Legierungen im Vakuum. Sonnenöfen haben nur für Spezialanwendungen Bedeutung. Für die Energieerzeugung leisten sie keinen Betrag.

Literatur

[3.1] *Schmidt, E.:* Technische Thermodynamik, Springer Verlag, Berlin [11]1975.

[3.2] *Palz, W.:* Solar electricity, Butterworth, London 1978.

[3.3] *BMFT:* Forschung aktuell, Sonnenenergie II, Umschau Verlag, Frankfurt/M. 1977.

[3.4] *Rummich, E.:* Nichtkonventionelle Energienutzung, Springer Verlag, Wien 1978.

[3.5] *BMFT:* Energiequellen für morgen? Teil II, Nutzung der solaren Strahlungsenergie.

[3.6] *Bruckmann, G.:* Sonnenkraft statt Atomenergie, Verlag Molden, Wien 1978.

[3.7] *Simon, M.:* Die Zukunft solarthermischer Kraftwerke, ASE Veranstaltung, 4.2.77, Essen.

[3.8] *Dajan, L.:* Berkeley University, Evaluation for a heat storage prozeß for a steam solar electric plant, Berkeley CA, Juli 1979.

[3.9] *Tallerico, L. N.* (Hrsg.): A Description and Assessment of Large Solar Power Systems Technology. Report of the United States Department of Energy, DE-AC04-76DP 00789/ 1979.

4 Solarzellen

4.1 Einführung

Die Umwandlung von Licht in elektrischen Strom wurde bereits 1839 von Alexander E. Bequerel vorgenommen. Er fand heraus, daß eine belichtete Selenplatte gegenüber einer unbelichteten Platte in ein und demselben Elektrolyten eine Spannungsdifferenz aufweist. Der eigentliche lichtelektrische Effekt wurde 1876 von Adams und Day an Selen entdeckt. In der weiteren Entwicklung wurde der äußere Photoeffekt, bei dem Photonen Elektronen aus einem Material herausschlagen, zu einem Aufhänger für die Quantentheorie. Erst 1930 kam es durch Schottky zu den ersten Theorien über den inneren Photoeffekt, die Photo-Anregung von Elektronen innerhalb eines Halbleiters (Cu_2O). 1954 kamen die ersten Si-Solarzellen auf den Markt. Gleichzeitig wurde der Photoeffekt in GaAs entdeckt.

Von dieser Zeit an ging, besonders beschleunigt durch die Raumfahrtprogramme, die Entwicklung sehr schnell weiter. Bereits 1958 arbeiteten die ersten Solarzellen im Weltraum (Vanguard I). Die Bedürfnisse der Weltraumfahrt diktierten die weitere Arbeit für über 10 Jahre. Noch 1973 war die Solarzellenherstellung für terrestrische Zwecke praktisch gleich Null, während für die Raumfahrt ca. 150 kW/a gefertigt wurden (etwa 1 Mio. 2 $\times$ 2-cm-Zellen). Erst 1975 reichte die terrestrische Produktion an diesen Wert heran.

Heute sind diese Zahlen längst überholt, die Produktion von Solarzellen hat sich enorm ausgeweitet, die Preise sind in den letzten 4 Jahren von 250 DM/W auf 25 DM/W, also auf 1/10, gefallen (Si-Einkristall-Zelle). Diese Entwicklung macht die Solarzelle als Energiealternative für die Zukunft höchst interessant, darum soll ihr hier breiterer Raum eingeräumt werden.

Die zugrunde liegende Halbleitertechnologie wird hier nicht vorausgesetzt, sie wird daher so kurz wie möglich erklärt, weil ohne sie die Probleme um die Solarzelle nicht zu begreifen sind.

Ein eigener größerer Abschnitt über Anwendungen findet sich in den folgenden Betrachtungen nicht, da sich alle bisherigen Anwendungen entweder auf besondere Situationen beziehen (Weltraum, unzugängliche Gebiete) oder aber Versuchsaufbauten sind. Eine wirklich konkurrenzfähige allgemeine Anwendung in einer Solarfarm läßt noch auf sich warten.

4.2 Grundsätzliches über Halbleiter

4.2.1 Bändermodell

Aus der Anwendung der Schrödinger-Gleichung auf den periodischen Potentialverlauf des Kristallgitters folgt, daß sich Elektronen nur in bestimmten Energiezuständen befinden können. Diese Zustände bilden im Energietermschema dicht belegte Bänder, zwischen denen sich sogenannte verbotene Zonen erstrecken, in denen die Aufenthaltswahrscheinlichkeit gleich Null ist. Das oberste voll besetzte Band wird Valenzband, das darüber liegende leere oder teilweise gefüllte Band wird Leitungsband genannt (Bild 4.1). Je nachdem ob Leiter, Halbleiter oder Isolatoren betrachtet werden, findet man verschieden große verbotene Zonen und verschiedene Elektronendichten im Leitungsband.

Leiter besitzen keine oder eine nur sehr kleine Energielücke, im Leitungsband sind ständig Elektronen zu finden (10. ... 90 % Besetzung). Bei Isolatoren ist die verbotene Zone mit etwa 8 eV zu groß, um von Elektronen übersprungen werden zu können, im Leitungsband sind demzufolge keine Elektronen zu finden. Die Halbleiter haben mittlere Energielücken, von etwa 1 eV, das Leitungsband ist sehr dünn besetzt.

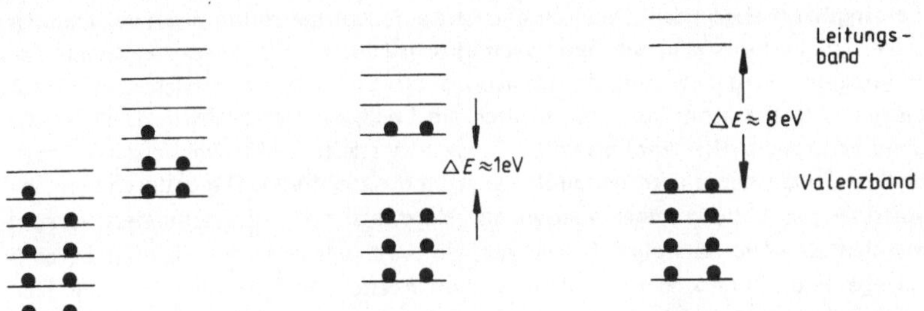

Leiter: In den oberen, teilweise gefüllten Bändern sind die Elektronen gut beweglich, darum gute Leitfähigkeit.

Halbleiter: Lücke von ca. 1 eV zwischen Valenz- und Leitungsband, Elektronen müssen mit ca. 1 eV angeregt werden, um ins Leitungsband zu gelangen, dort deshalb wenig Elektronen, geringe Leitfähigkeit.

Nichtleiter: große Lücke zwischen Valenz- und Leitungsband: kein Elektron kann die 8.eV Lücke überspringen, Leitungsband bleibt leer, keine Leitfähigkeit.

Bild 4.1 Vereinfachte Darstellung der Energiebänder: ● Besetzter Elektronenzustand — Unbesetzter Elektronenzustand [4.13]

4.2.2   Eigenleitung reiner Halbleiter

Bei Halbleitern können Elektronen durch thermische Anregung ins Leitungsband gelangen. Dort bleiben sie eine gewisse Zeit und fallen dann unter Wärmeabgabe ins Valenzband zurück. Im Leitungsband tragen Elektronen zu einer Leitfähigkeit bei, die als *n-Leitung* bezeichnet wird. Das Elektron hat im Valenzband ein Loch hinterlassen, das von einem anderen Elektron, das nun seinerseits ein Loch hinterläßt, ausgefüllt werden kann. Auf diese Weise wandern die Löcher — als Defektelektronen bezeichnet — im Valenzband: dies wird *p-Leitung* genannt. Die gesamte, nur aufgrund thermischer Anregung entstehende Leitung, heißt Eigenleitung des Halbleiters. Sie ist recht niedrig, natürlich direkt temperaturabhängig und durch die Lebensdauer der Ladungsträger begrenzt, da diese nach einer gewissen Zeit wieder rekombinieren.

4.2.3   Störstellenleitung

Zur Erhöhung der Leitfähigkeit eines Halbleiters werden in seinem Kristallgitter einige Atome durch Fremdatome ersetzt (Dotierung, Bild 4.2). Die Fremdatome haben entweder ein Elektron mehr oder eines weniger in der äußersten Elektronenschale. Bei den ersteren ist das überzählige Elektron (im Vergleich zum Halbleiteratom) sehr leicht ionisierbar, d.h., es wird unter Normalbedingungen an das Leitungsband abgegeben. Dadurch entsteht eine Konzentration negativer Ladungsträger im Leitungsband und eine verstärkte *n-Leitung*. Im zweiten Fall fehlt dem Fremdatom, verglichen mit der Umgebung, ein Elektron, das es sich vom benachbarten Halbleiteratom holt und dadurch ein Loch, ein Defektelektron, im Valenzband verursacht. Hier wird also die *p-Leitung* verstärkt. Elektronenliefernde Atome heißen *Donatoren*, elektronenbindende Atome *Akzeptoren*. Die dadurch vermehrt auftretenden Ladungsträger werden als *Majoritätsträger*, die vermindert vorkommenden als *Minoritätsträger* bezeichnet. So wird beispielsweise Silizium durch 5-wertige Phosphoratome als Donatoren zum n-leitenden Silizium (n-Si), die Elektronen sind in ihm Majoritätsträger, die Defektelektronen Minoritätsträger. Umgekehrt verhält es sich, wenn Silizium mit 3-wertigem Bor als Akzeptor dotiert wird. Die so entstehende Fremdleitung übersteigt die Eigenleitung bei weitem.

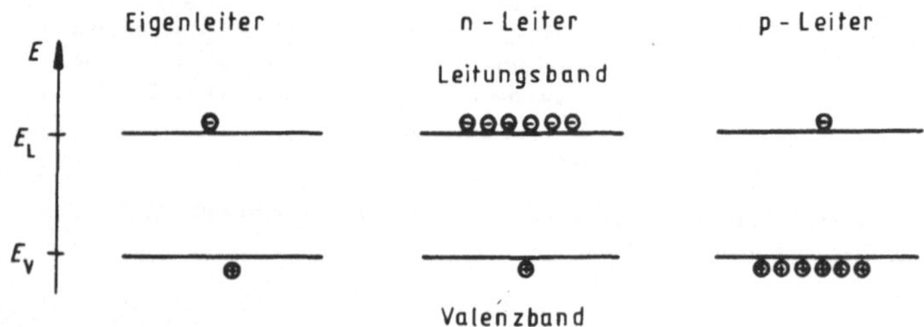

Bild 4.2 Energiebandmodell: Dotierung [4.13]

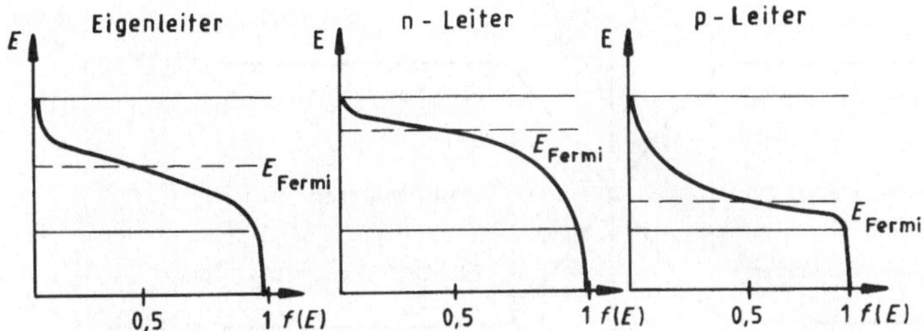

Bild 4.3 Besetzungswahrscheinlichkeit [4.13]

Im Bild 4.3 bezeichnet E_V die Energie an der Oberkante des Valenzbandes, E_L diejenige an der Unterkante des Leitungsbandes. Die Fermigrenze E_{Fermi} gibt auf der Energieachse den Punkt an, bei dem man mit der Wahrscheinlichkeit 0,5 ein Elektron antrifft. Beim Eigenleiter liegt sie wegen der Gleichverteilung der Ladungsträger etwa in der Mitte der verbotenen Zone, bei dotierten Halbleitern ist sie entsprechend verschoben.

4.3   p/n-Übergänge

4.3.1   Stromloser p/n-Kontakt

Bei p/n-Übergängen unterscheidet man Homo- und Heterokontakte, je nachdem, ob die beiden Leiter aus demselben oder aus unterschiedlichem Material bestehen. Hier soll zunächst nur der Fall eines Homokontaktes behandelt werden, bei dem die jeweilige Störstellenkonzentration gleich sein soll. Außerdem wird vorausgesetzt, daß sich auf der n-Seite nur Donatoren, auf der p-Seite nur Akzeptoren befinden. Die Dichte der Elektronen im n-Bereich (n_n) ist weitgehend gleich der der Donatoren n_D, also $n_n = n_D$, umgekehrt ist die Dichte p der Defektelektronen im p-Bereich (p_p) gleich der der Akzeptoren dort: $p_p = n_A$ (d.h., thermische Ladungsträger fallen kaum ins Gewicht (Bild 4.4). Beim Kontakt von n- und p-Leiter diffundieren die jeweiligen Majoritätsträger zur Gegenseite und rekombinieren miteinander. Dadurch entsteht eine ladungsträgerarme Zone um die Kontaktstelle herum. Den dort befindlichen ortsfesten Donator- und Akzeptoratomen fehlt nun die Ladungskompensierung durch die Majoritätsträger, beim n-Leiter sind dies positiv geladene, beim p-Leiter negativ geladene Atome. Dadurch wird in der Übergangszone eine Raumladung aufgebaut, die um so größer wird, je mehr Majoritätsträger rekombinieren. Den Fluß der Majoritätsträger in die Raumladungszone nennt man *Diffusionsstrom*. Die Raumladung bewirkt nun, daß mehr und mehr Majoritätsladungsträger an der gleichnamig geladenen Raumladungshalbzone reflektiert werden und zurückfließen. Dieser *Driftstrom* wird schließlich genauso groß wie der Diffusionsstrom, es ist ein stationärer Zustand erreicht. An dem p/n-Kontakt hat sich eine geladene Sperrschicht ausgebildet, in der sehr wenige Ladungsträger sind.

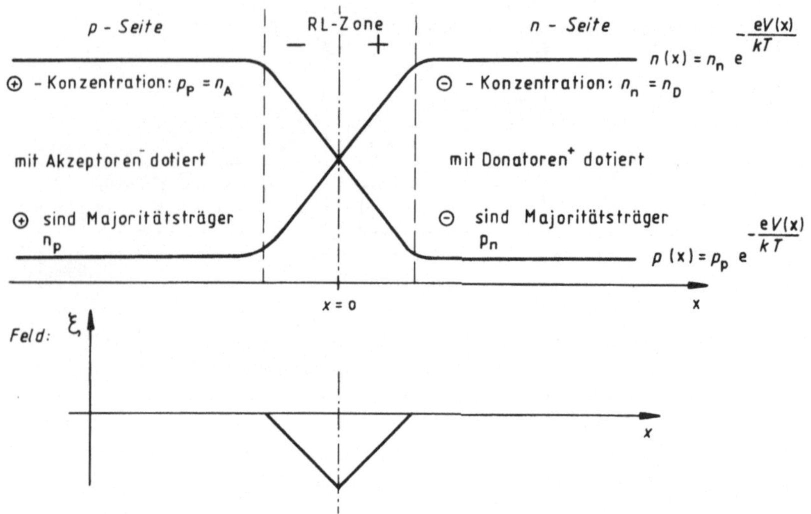

Bild 4.4 Der p/n-Übergang [4.11]

Nach außen hin ist der p/n-Übergang jedoch vollkommen neutral, da sich die Ladungen der Sperrzone ja gerade aufheben.

Im stationären Zustand muß die Ladungsträgerdichtefunktion am Übergang gleich sein. Damit müssen auch die Besetzungswahrscheinlichkeiten den gleichen Wert haben. Dies bedeutet aber, daß sich die Ferminiveaus aneinander angeglichen haben.

Da es sich bei dem Übergang um einen Homokontakt handelt, waren die ursprünglichen Energielücken ΔE gleich. Bedingt durch die Dotierungen hat die Fermigrenze im p-Leiter den Abstand δp von der Valenzbandoberkante, im n-Leiter den Abstand δn von der Leitungsbandunterkante (Bild 4.5). Die Energiedifferenz von p- und n-Leiter nach dem Ausgleich der Ferminiveaus beträgt

$$q\,U_D = \Delta E - \delta p - \delta n,$$

wobei U_D die am Übergang entstehende Diffusionsspannung ist.

Die Abstände δp und δn der Ferminiveaus sind von der Stärke der Dotierungen abhängig. U_D läßt sich als Funktion der Dotierungskonzentration angeben:

$$U_D = \frac{kT}{q} \ln \frac{p_n}{p_p} = \frac{kT}{q} \ln \frac{n_n}{n_p} \quad [4.11],$$

mit p_p Defektelektronendichte im p-Bereich gleich Akzeptorendichte dort,

          p_n Defektelektronendichte im n-Bereich, Dichte der thermischen Ladungsträger,

          n_n Elektronendichte im n-Bereich gleich Donatorendichte dort,

          n_p Elektronendichte im p-Bereich, Dichte der thermischen Ladungsträger.

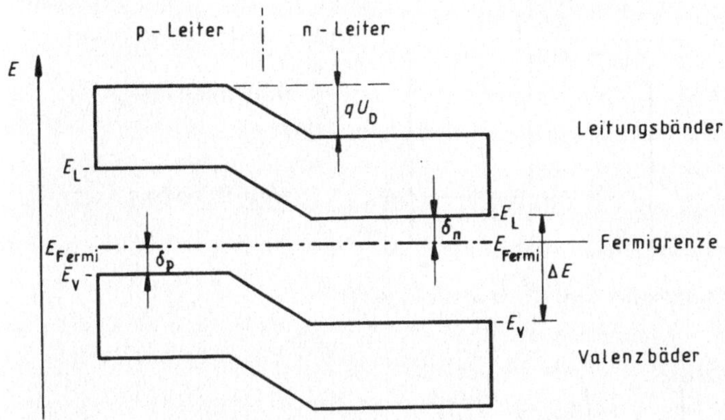

Bild 4.5 Bändermodell des p/n-Überganges [4.13]

Neben der Abhängigkeit von der Störstellenkonzentration beschreibt die Formel auch die Temperaturabhängigkeit von U_D, und zwar explizit durch den Faktor kT, implizit durch die Ladungsträgerdichten n_p und p_n, die weitgehend gleich den Dichten der thermischen Ladungsträger sind. Bei starker Dotierung werden δp und δn klein und es gilt näherungsweise:

$$U_D = \frac{\Delta E}{e} \quad [4.4].$$

4.3.2 p/n-Übergang mit Vorspannung

4.3.2.1 $U > 0$ (Bild 4.6)

Die angelegte Vorspannung treibt die ihr gegenüber gleichnamig geladenen Majoritätsladungsträger in die RL-Zone und darüber hinweg. Da die Dichte dieser Ladungsträger hoch ist, entsteht ein kräftiger Strom. Anders ausgedrückt: Nun überwiegt der Diffusionsstrom den Driftstrom bei weitem, die RL-Zone wird durch die Wanderung der Ladungsträger zugleich kleiner, da die Majoritätsladungsträger die ortsfesten Ladungen nun zum Teil wieder kompensieren. Am p/n-Übergang fällt die Spannung $U_D - U$ ab.

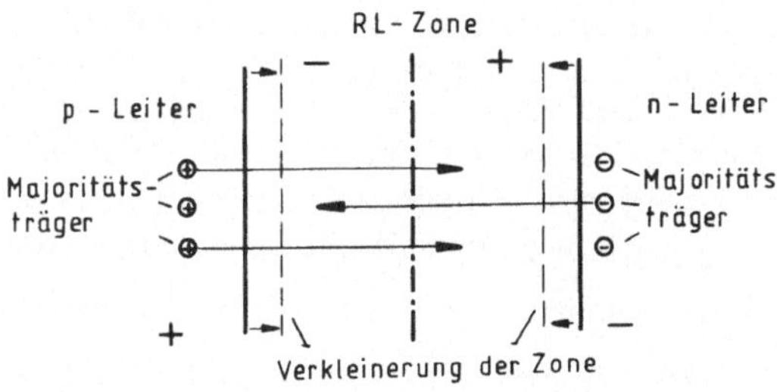

Bild 4.6
p/n-Übergang mit positiver
Vorspannung [4.11]

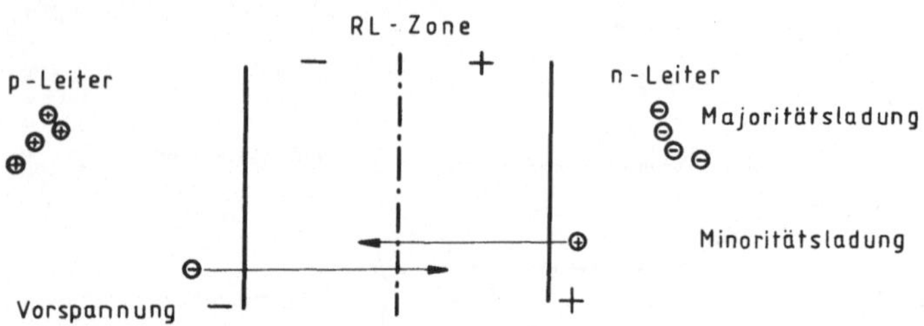

Bild 4.7 p/n-Übergang mit negativer Vorspannung [4.11]

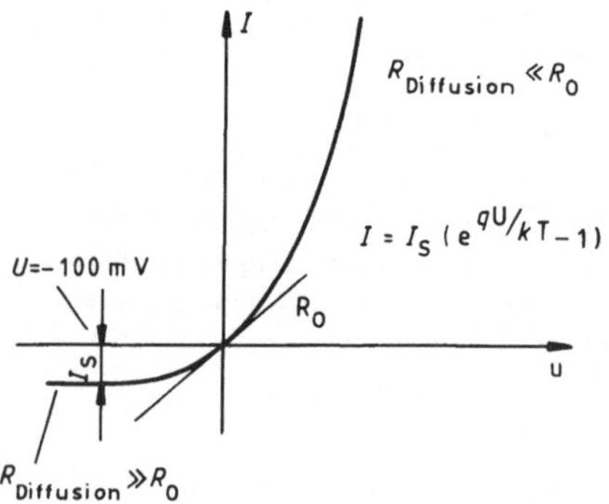

Bild 4.8
Strom-Spannungs-Charakteristik
[4.11]

4.3.2.2 $U < 0$ (Bild 4.7)

Nun verhindert die negative Vorspannung den Übergang von Majoritäts-
ladungsträgern in die RL-Zone, dagegen treibt sie nun Minoritätsladungsträger auf
die jeweils andere Seite. Da deren Konzentration gering ist, ergibt sich ein sehr
kleiner Strom. Erhöht man die Vorspannung, so wächst der Strom solange an, bis
die Neubildungsrate der „Minors" gleich der Abflußrate ist. Somit ergibt sich ein
Höchstwert für den Strom, der für das verwendete Material charakteristisch ist.

Dieser *Sperrspannungssättigungsstrom* I_s hat auch für die Solarzelle einige
Bedeutung. Der p/n-Übergang findet in der Technik als Halbleiterdiode, als „p/n-
Gleichrichter" Verwendung. Insgesamt ergibt sich für den p/n-Übergang die Strom-
Spannung-Charakteristik des Bildes 4.8. R_0 ist der Nullwiderstand, der sich bei
$I = U = 0$ ergibt; bei positiver Vorspannung wird der Widerstand kleiner, bei nega-
tiver Vorspannung größer: Die RL-Zone wird schmaler bzw. breiter.

4.4   Die Solarzelle

4.4.1 Grundsätzliche Wirkungsweise

Trifft elektromagnetische Strahlung – z.B. Sonnenlicht – auf ein Halbleitermaterial, so kann sie Elektronen aus dem Valenzband in das Leitungsband heben. Die dazu nötige Energie liefern die einzelnen Photonen, von denen in der Regel jeweils eines ein Elektron anregt. Um die Lücke zwischen Valenz- und Leitungsband überspringen zu können, brauchen die Elektronen mindestens die Energie $\Delta E_i = E_L - E_V$. Die Photonen müssen diese Energie liefern:

$$\boxed{h\nu \geqslant \Delta E_i.}$$

Photonen geringerer Energie tragen nur zur Aufwärmung des Halbleiters bei, Photonen höherer Energie als ΔE_i bringen Elektronen in höhere Zustände des Leitungsbandes, von wo diese dann unter Abgabe thermischer Energie an die Unterkante des Leitungsbandes zurückfallen.

Energetisch am günstigsten sind also solche Photonen, deren Energie gerade der Energielücke des verwendeten Halbleiters entspricht. Anders ausgedrückt: Jedes Halbleitermaterial hat „seine" günstigste Wellenlänge.

Durch die Photoanregung entstehen im Halbleiter *Überschußladungsträger*. Diese würden, sich selbst überlassen, nach einiger Zeit wieder verschwinden, d.h., Elektronen und Defektelektronen würden rekombinieren (Lebensdauer $\tau = 10^{-7} - 10^{-2}$ s). Besteht aber im Halbleiter ein p/n-Übergang und somit ein inneres elektrisches Feld, so werden die Ladungsträger vor der Rekombination getrennt. Bei der Betrachtung der Vorgänge im einzelnen kann man sich auf die jeweiligen Minoritätsträger beschränken, die hohe Konzentration der Majoritätsträger wird durch die Lichtanregung kaum verändert. Entsteht also etwa in der p-Zone ein Elektron-Defektelektronen-Paar, so erhöht das Elektron die Minoritätsladungsträgerdichte spürbar, das Defektelektron die Majoritätsladungsträgerdichte kaum. Das Elektron wandert nun zum stromlosen p/n-Übergang, weil die Konzentration der Elektronen in dieser Richtung abnimmt, also ein „Gefälle" besteht. Entscheidend für das Erreichen der RL-Zone ist, daß die „Diffusionslänge", die sich aus Lebensdauer und Geschwindigkeit ergibt, länger oder gleich dem Abstand zur Zone ist (bei Si: ca. 200 μm). Bei der Konstruktion der Zelle wird also darauf zu achten sein, daß die Ladungsträger nicht allzuweit von der RL-Zone entfernt erzeugt werden. Eine Erzeugung in der RL-Zone wäre am günstigsten, ist aber wegen ihrer geringen Ausdehnung (ca. 0,1 μm) sehr unwahrscheinlich (jedenfalls bei Si). Ist das Elektron bis zur RL-Zone gelangt, wird es unter der Wirkung der Spannung U_D über den Übergang gezogen und wird auf der n-Seite zum *Majoritätsträger*. Als solcher hat es nun eine quasi unbegrenzte Lebensdauer. Umgekehrt geschieht auf der n-Seite das gleiche: Defektelektronen als Minoritätsladungsträger diffundieren zum Übergang und werden auf der p-Seite zu Majoritätsträgern. Dadurch entsteht insgesamt ein Strom, der dem Diffusionsstrom entgegen gerichtet ist, also in gleicher Richtung

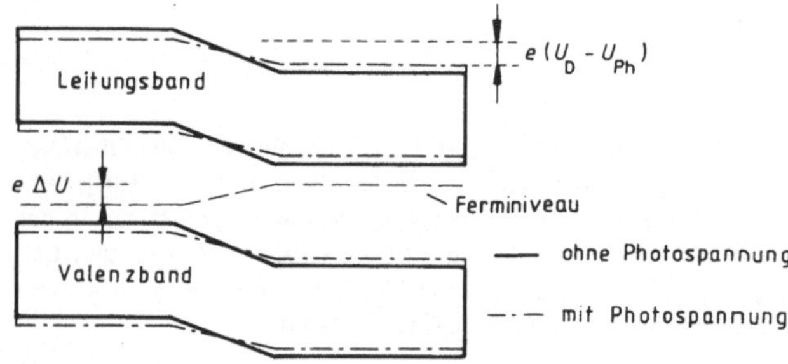

Bild 4.9 Photospannung im Energiebändermodell [4.10]

wie der Driftstrom fließt: Der *Photostrom* I_k. Die Spannung am Kontakt verringert sich um den Betrag der *Photospannung* U_{ph}, die außen abgreifbar ist (Bild 4.9).

Im *Kurzschlußfall*, wenn also ein weiterer ohmscher Kontakt zwischen n und p besteht, ist der nun fließende Kurzschlußstrom = *Photostrom* allein durch die Anzahl der einfallenden Photonen bestimmt (Idealfall ohne Rekombinationseffekte). Im Leerlauffall „stauen" sich die jeweiligen Majoritätsladungsträger, es bildet sich eine positive Vorspannung aus, die U_D erniedrigt und den Diffusionsstrom verstärkt. Im Gleichgewicht ist schließlich der Diffusionsstrom gleich der Summe aus Driftstrom und Photostrom, die Kontaktspannung U_k ist verschwunden.

Die Photospannung $U_{ph} = U_l$ (Leerlaufspannung) wäre in diesem Fall gleich der Diffusionsspannung U_D, größer als diese kann sie ja nicht werden. Wie U_D ist also auch U_{ph} durch die Größe der Energielücke begrenzt. Bei genauerer Rechnung ergibt sich, daß die Spannung am Kontakt und damit U_{ph} auch noch von der Erzeugung thermischer Ladungsträger begrenzt wird:

$$U_l = U_{ph} = U_D - \frac{kT}{q}\,\ln\frac{I_s}{I_k}$$

mit I_s Sperrspannungsättigungsstrom, I_k Photostrom [4.10]. U_{ph} kann also für endliches T nicht den Wert von U_D erreichen. Die wichtige Abhängigkeit von der Temperatur ergibt sich aus der exponentiellen Abhängigkeit der Gleichgewichtsverteilungen n_{n_0} und p_{p_0} von der Temperatur (Boltzmann-Verteilung).

Anschaulicher ausgedrückt heißt das: Durch eine Temperatursteigerung steigt die Ladungsträgerkonzentration im n- und p-Leiter gleichmäßig an bis schließlich das Material seine spezielle Dotierung „vergißt". Die Ferminiveaus sind in die Mittellage zurückgegangen, der p/n-Übergang ist nicht mehr vorhanden. Damit ist natürlich auch der Photoeffekt verschwunden (bei Si ab ca. 400 °C). U_l ist bei guten Zellen und normalen Temperaturen etwas größer als 1/2 U_D [4.10].

Bisher sind die *Rekombinationseffekte* unerwähnt geblieben. Sie spielen aber in der Praxis eine große Rolle, insbesondere was die Herstellung von Zellen anbelangt. Die lichterzeugten Ladungsträger müssen eine bestimmte mittlere Diffusionslänge besitzen, um den p/n-Übergang zu erreichen (s.o.). Dabei setzen nun Gitterfehler und Störstellen ihre Lebensdauer erheblich herab, da sie sogenannte „Rekombinationszentren" sind, die die Vereinigungen der verschiedenen Ladungsträger katalysieren. Solche Zentren sind zum einen die Donator- und Akzeptoratome, zum anderen Gitterfehler wie Korngrenzen, Bruchstellen und Verunreinigungen. Um eine möglichst hohe Lebensdauer der Ladungsträger zu erreichen, müssen bei der Herstellung Gitterfehler vermieden werden und muß die Dotierung des Halbleiters möglichst schwach sein.

Die Strom-Spannung-Charakteristik einer Solarzelle ergibt sich aus der Gleichung:

$$I = I_s \left(e^{qU/kT} - 1\right) - I_k \qquad [4.10],$$

ist also eine Diodenkennlinie, die um den Wert von I_k nach unten verschoben ist (Bild 4.10).

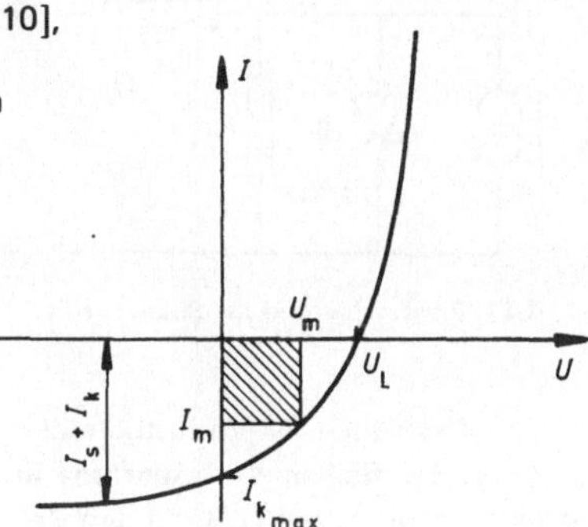

Bild 4.10
Strom-Spannung-Charakteristik einer
Solarzelle [4.10]

4.4.2 Leistung und Wirkungsgrad

Die *maximale Leistung* einer Zelle ergibt sich als das Maximum des Rechteckes unter der Kurve:

$$P = U_m \cdot I_m.$$

Der *Füllfaktor F* ist das Verhältnis dieser Leistung zum Produkt $I_k \cdot U_L$

$$F = \frac{U_m \cdot I_m}{U_L \cdot I_k}.$$

Er hat üblicherweise Werte von 0,7 ... 0,8.

Der *Wirkungsgrad* ist definiert als der Quotient aus maximal entnehmbarer Leistung und der auftreffenden Strahlungsleistung

$$\eta = \frac{I_m \cdot U_m}{P_{Licht}}.$$

Setzt man darin F ein, so erhält man

$$\eta = \frac{I_k \cdot U_L}{P_{Licht}} \, F,$$

d.h., η ist direkt proportional zu F.

Der Füllfaktor F wiederum ist desto größer, je rechtwinkliger die I-U-Kurve verläuft. Die Form der Kurve ist in der Praxis zusätzlich in erheblichem Maße von inneren Widerständen in der Zelle abhängig. Zur Verdeutlichung dessen sei ein Ersatzschaltbild der Zelle gezeigt (Bild 4.11).

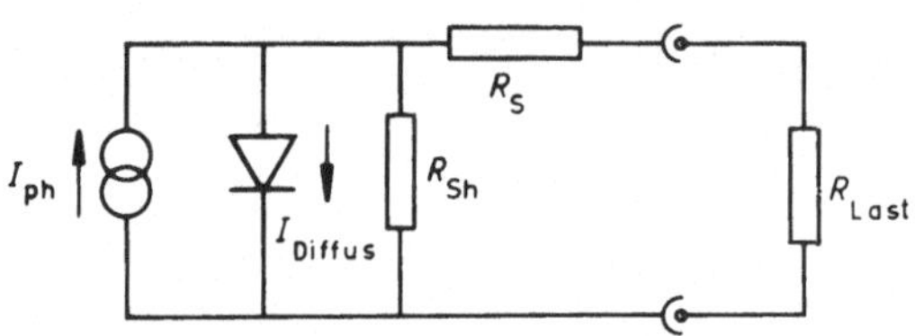

Bild 4.11 Ersatzschaltbild der Solarzelle [4.11]

Wesentlich für Verlustbetrachtungen sind die beiden Widerstände R_{sh} und R_s: Über R_{sh} fließen Verlustströme im Inneren, sog. Leckströme, die die innere Spannung herabsetzen (z.B. an den Zellenwänden). R_{sh} sollte möglichst groß sein. R_s symbolisiert Widerstände, die den Photostrom erniedrigen, also in Serie zum p/n-Übergang liegen. Dies können z.B. ohmsche Widerstände im Material, an den Metallkontakten und am Übergang vom Halbleiter zum Kontakt sein. R_s sollte möglichst klein sein. (Innere Zellenwiderstände liegen — je nach Dotierung — etwa zwischen 0,1 ... 10 Ω/cm.)

Diese beiden Forderungen sind bei der Konstruktion der Solarzelle zu beachten. Zur Optimierung einer Zelle müssen aber noch einige weitere Forderungen gestellt werden, die sich leider teilweise ausschließen — sie sind eine Zusammenfassung des bisher Gesagten.

4.4.3 Grundlegende Anforderungen

Forderung

Grund

Die Energielücke ΔE sollte möglichst groß sein.

Durch großes ΔE wird U_D groß und damit U_{ph} und die Leistung der Zelle. Außerdem wird der Einfluß thermischer Ladungsträger verringert.

Die Energielücke ΔE sollte möglichst klein sein.

Bei kleinem ΔE gibt es viele Photonen, die eine ausreichende Energie $h\nu$ haben, um Elektronen über die Lücke zu heben. (Es ist besser, viele Photonen schlecht zu nutzen, als wenige gut.)

Der Sperrspannungssättigungsstrom I_s muß gering sein, d.h. die Dotierung möglichst hoch.

Je kleiner $I_s = I_{s_0}\exp(E/kT)$, desto weniger anfällig ist die Zelle für Temperatureinflüsse, desto höher ist U_{ph}. Eine hohe Dotierung „fängt" die Minoritätsladungsträger ein und senkt I_s.

Möglichst schwache Dotierung, um große Diffusionslängen zu erreichen.

Die Diffusionslänge ist direkt von der Anzahl der Gitter-Störstellen abhängig, diese wiederum von der Anzahl der Dotieratome. Je größer die Diffusionslänge, desto geringer ist die Rekombination.

Wie leicht zu sehen ist, muß zwischen diesen Forderungen ein Kompromiß gefunden werden: eine Aufgabe, die die Forschung noch längere Zeit beschäftigen wird.

4.4.4 Verlustbetrachtungen

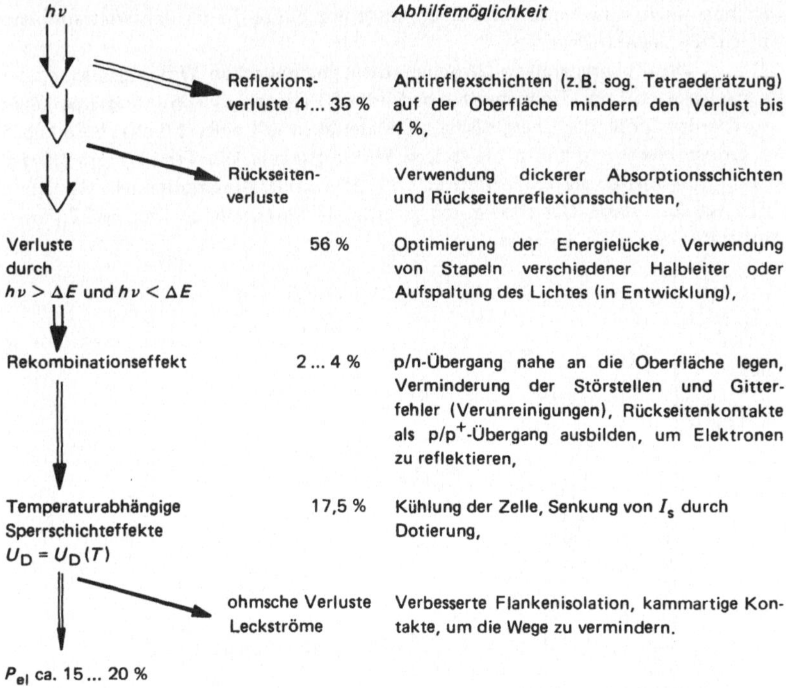

Antireflexschichten (z.B. sog. Tetraederätzung) auf der Oberfläche mindern den Verlust bis 4 %,

Verwendung dickerer Absorptionsschichten und Rückseitenreflexionsschichten,

Optimierung der Energielücke, Verwendung von Stapeln verschiedener Halbleiter oder Aufspaltung des Lichtes (in Entwicklung),

p/n-Übergang nahe an die Oberfläche legen, Verminderung der Störstellen und Gitterfehler (Verunreinigungen), Rückseitenkontakte als p/p$^+$-Übergang ausbilden, um Elektronen zu reflektieren,

Kühlung der Zelle, Senkung von I_s durch Dotierung,

Verbesserte Flankenisolation, kammartige Kontakte, um die Wege zu vermindern.

4.5   Vergleich verschiedener Halbleitermaterialien

Der folgende Vergleich verschiedener Materialien erfolgt hinsichtlich ihrer Energielücke und ihres thermischen Wirkungsgrades. Andere Eigenschaften, z.B. der recht unterschiedliche Absorptionskoeffizient, sind nicht berücksichtigt. Gerade der Absorptionskoeffizient muß jedoch mindestens am Rande erwähnt werden. Der am meisten verwendete Halbleiter Silizium ist ein sogenannter indirekter Halbleiter, d.h., er kann nur dann Photonen aufnehmen, wenn gleichzeitig ein gewisser Prozentsatz Energie in ein Phonon umgewandelt werden kann. Da dies nicht überall im Gitter der Fall ist, vermindert diese Eigenschaft den Absorptionskoeffizienten erheblich. Dadurch benötigt man bei normalem Licht Si-Schichten von 200 ... 300 μm zu dessen Absorption, während beim direkten Halbleiter GaAs 1 ... 3 μm genügen.

Bild 4.12 zeigt die Strahlungsintensität des Sonnenlichtes in Abhängigkeit von der Wellenlänge λ in μm bzw. von der Photonenenergie $h\nu$ in eV im Weltraum (AM 0) und in Meereshöhe (AM 1). Darunter sind die Energielücken verschiedener Solarzellenmaterialien aufgetragen. Die Wirkungsgrade der meisten Solarzellen sind bei AM 1 um ca. 3 % höher als bei AM 0, da der bei AM 1 fehlende Violettanteil von ihnen nicht ausgenützt wird. Eine Ausnahme bildet die für den Weltraum entwickelte Si-,,Violett-Zelle''.

Den Zusammenhang zwischen dem theoretischen Wirkungsgrad η, der Energielücke und der Temperatur gibt Bild 4.13 wieder. Der Wirkungsgrad hängt also von der Größe der Energielücke ab. Materialien mit einer 1,3 eV-Lücke haben für terrestische Verhältnisse die besten Wirkungsgrade. Die Temperaturabhängigkeit ist verschieden stark, Ge und Si sind sehr temperaturempfindlich, GaAs und CdTe weniger stark. Der theoretisch erreichbare Wirkungsgrad liegt bei Zimmertemperatur bei ca. 28 % (GaAs).

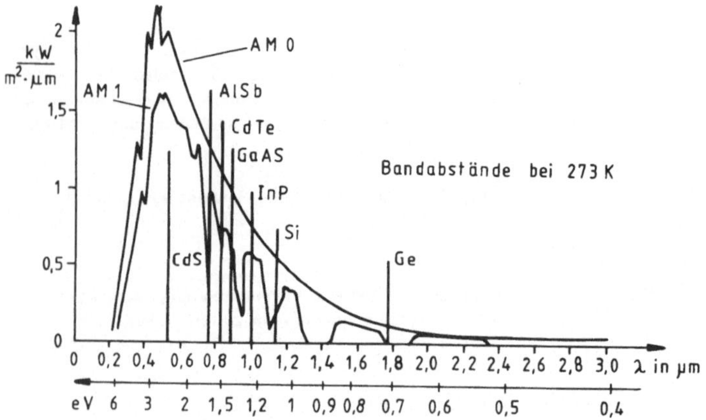

Bild 4.12 Spektrale Verteilung des Sonnenlichtes und Energielücken [4.5]

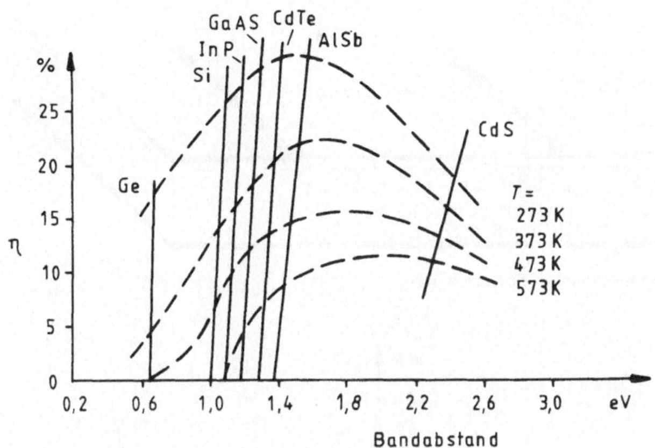

Bild 4.13 Wirkungsgrade verschiedener Solarzellen [4.12]

4.6 Praktische Ausführungen von Solarzellen

4.6.1 Solarzellen mit dicken Schichten

Im Unterschied zu den sogenannten Dünnschichtsolarzellen, die Schichtdicken unter 30 μm aufweisen, soll hier zunächst von Zellen gesprochen werden, die einige 100 μm dick sind. In Betracht kommen dabei Homokontaktzellen aus Si und aus GaAs sowie Heterokontaktzellen aus Si und SnO_2 bzw. In_2O_3.

4.6.1.1 Homokontakt-Siliziumzellen

Einkristall-Zellen

Die am meisten eingesetzte Solarzelle ist bisher — trotz aller Neuentwicklungen — die einkristalline Siliziumsolarzelle. Die Herstellung solcher Zellen ist heute kein technisches Problem mehr. Das Silizium wird zunächst als polykristallines Material aus Quarzsand gewonnen. Durch verschiedene Reinigungsverfahren wird ein Reinheitsgrad von 99,999 % erreicht. Das polykristalline Material wird anschließend aufgeschmolzen und mit Bor zu p-Silizium dotiert. Aus der Schmelze wird ein einkristalliner Stab von ca. 10 cm Durchmesser gezogen (Zonenschmelzverfahren). Die Ziehgeschwindigkeit beträgt üblicherweise einige cm/h.

Der erkaltete Stab wird in Scheiben von ca. 300 μm gesägt, wobei Verluste von 50 % auftreten. Anschließend werden die Scheiben an einer Oberfläche leicht angeätzt, wodurch eine pyramidenartige Struktur entsteht, die stark reflexionsmindernd wirkt [4.1].

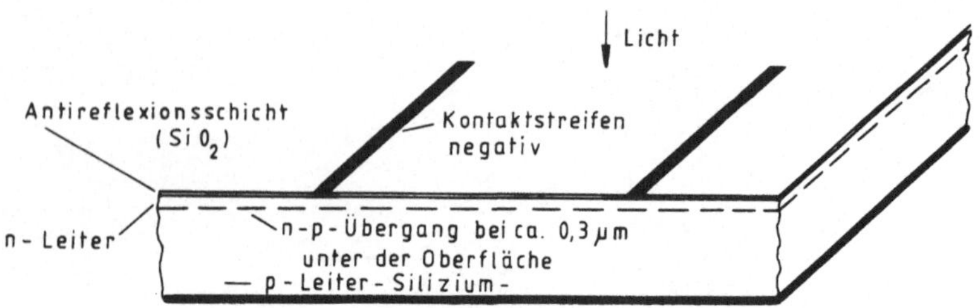

Bild 4.14 Konventionelle Silizium-Solarzelle [4.5]

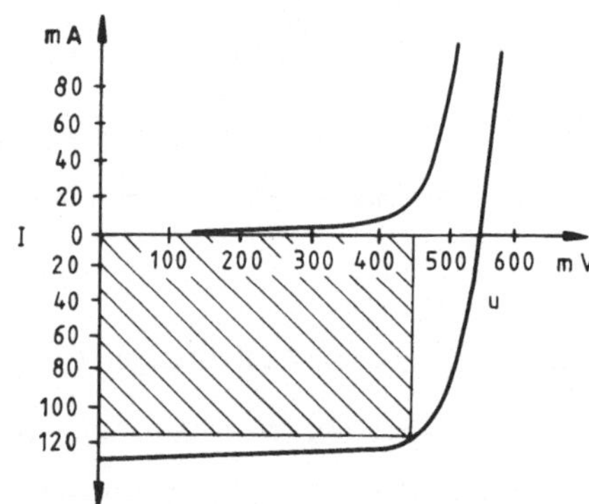

Bild 4.15

Kennlinie einer 2 × 2 cm Si-Solarzelle [4.5]

Die n-Dotierung erfolgt an der Oberfläche mit Phosphorsäure, es entsteht eine lediglich 0,2 ... 0,3 μm dicke n-leitende Zone und ein oberflächennaher p/n-Übergang. Zur weiteren Reflexionsminderung dient eine $\lambda/4$-Schicht aus Ta_2O_5 [4.1] oder SiO_2. Auf die *Vorderseite* des Deckglases ist ein kammartiger Kontakt aus Ti, Pd und Ag aufgedampft. Die *Rückseite* der Zelle erhält einen ganzflächigen Kontakt aus denselben Materialien (Bilder 4.14 und 4.15).

Die Leerlaufspannung solcher Zellen liegt bei maximal 0,63 V [4.2], der Kurzschlußstrom bei $30\,mA/cm^2$, der Widerstand des p-Si-Basismaterials beträgt 0,1 ... 10 Ω/cm. Der Füllfaktor F hat Werte zwischen 0,7 und 0,82. Der Wirkungsgrad handelsüblicher Zellen ist durchschnittlich 10 ... 12 %, Laborzellen erreichen 15 ... 18 % [4.1] (bei AM 1). Anfang 1980 lagen die Preise für solche Zellen (10-cm-Rundzelle) bei ca. 30 DM/W.

Für die terrestrische Anwendung ist nicht so sehr der Wirkungsgrad als der Preis das entscheidende Kriterium. Deshalb wird in der Forschung versucht, weniger kostenaufwendige und zeitraubende Herstellungsverfahren zu entwickeln, die zu Zellen mit mittleren Wirkungsgraden führen. Auf dem Gebiet der Si-Einkristallzelle geht es vor allem darum, das zeitraubende Kristallziehen zu beschleunigen. In einem Verfahren wird versucht, aus einer Si-Schmelze (ca. 1410 °C) einkristalline Bänder

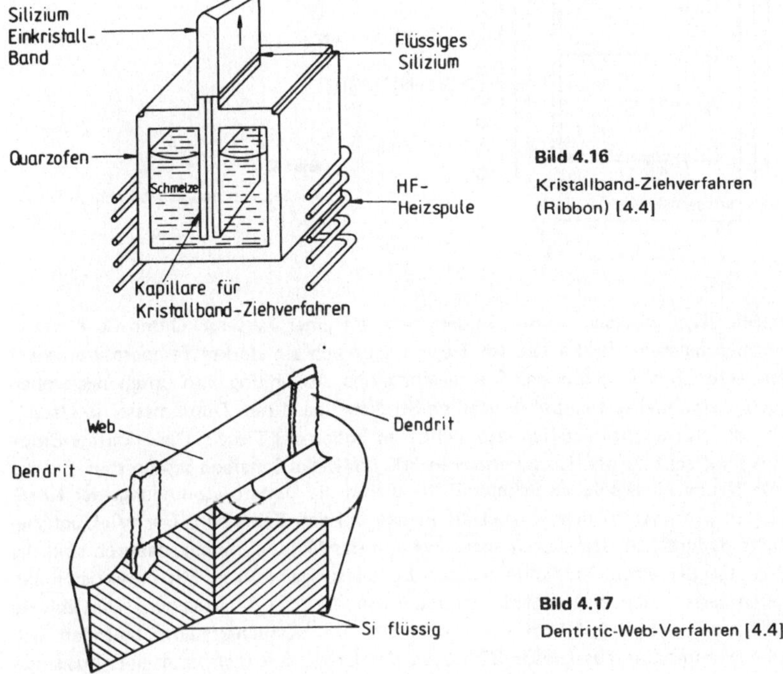

Bild 4.16
Kristallband-Ziehverfahren
(Ribbon) [4.4]

Bild 4.17
Dentritic-Web-Verfahren [4.4]

aus Si zu ziehen (Bild 4.16). Durch eine Kapillare, die von Si benetzt ist, wird dabei ein Kristallband von 10 cm Breite und einigen Metern Länge mit einer Dicke von mehreren 100 μm gezogen. Bisher sind Ziehgeschwindigkeiten von 10 cm/min möglich [4.3]. Da die Kapillare aus Graphit besteht, bildet sich während des Ziehens SiC, außerdem ergeben sich vom Rand ausgehende Kristallversetzungen. Dennoch wurden bei Zellen, die nach diesem Verfahren hergestellt wurden, Wirkungsgrade von über 10 % gemessen [4.4].

Um die Verschmutzung des Materials mit SiC zu vermeiden, wurde das sogenannte *Dentritic-Web-Verfahren* entwickelt (Bild 4.17). Dabei werden zwei Dendriten (nadelförmige Einkristalle) zwischen denen sich ein dünner Film aus flüssigem Si ausbildet, aus der Schmelze gezogen. Dadurch findet keinerlei Berührung mit Fremdstoffen statt. Allerdings gibt es auch hier Versetzungslinien im Si-Band. Erreichte Wirkungsgrade liegen bei 10 ... 12 % [4.4].

Polykristalline Siliziumzellen

Um die kostspieligen Ziehverfahren überhaupt zu umgehen, ist besonders in Deutschland (AEG, Wacker) versucht worden, Zellen aus polykristallinem Material herzustellen. Dazu wird flüssiges p-Silizium von 1500 °C in einen geheizten

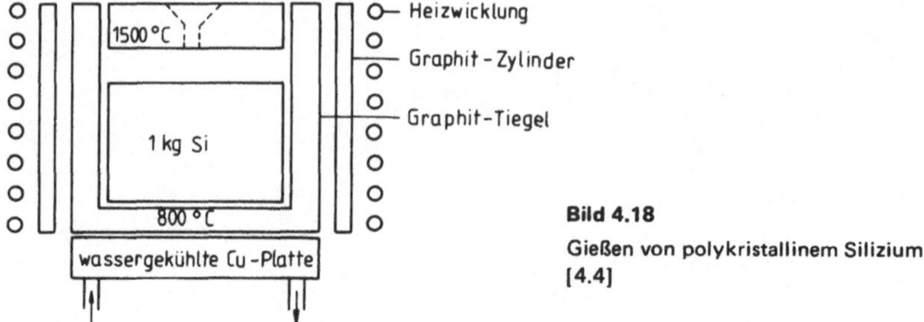

Bild 4.18
Gießen von polykristallinem Silizium
[4.4]

Graphittiegel gegossen, dessen Bodenplatte mit einer wassergekühlten Cu-Platte in Verbindung steht (Bild 4.18). Im Tiegel ergibt sich ein starker Temperaturgradient senkrecht zum Tiegelboden. Die gleichmäßige Abkühlung von unten nach oben erzeugt eine nadelartige polykristalline Struktur (ca. 1 mm Durchmesser je Nadel), d.h., die Korngrenzen stehen senkrecht zum Boden des Tiegels. Der erkaltete Block wird senkrecht zu den Korngrenzen in 300 μm dicke Scheiben geschnitten. Bei der n-Dotierung einer solchen Scheibe diffundieren die Donatoratome längs der Korngrenzen schneller in den Kristall als in den übrigen Bereichen. Der p/n-Übergang reicht dadurch an den Korngrenzen weit in das Material hinein, dadurch sind die Wege für die einzelnen lichterzeugten Ladungsträger kürzer. Mit polykristallinen Zellen lassen sich heute Wirkungsgrade von 10 ... 11 % erreichen. Die übliche Zellengröße ist 10 × 10 cm oder 5 × 5 cm. Im Versuchsstadium befinden sich Solarzellenmodule aus jeweils 32 Zellen der Größe 5 × 5 cm, die eine Ausgangsleistung (bei AM 1) von 8 W haben.

Die weitere Forschungsarbeit auf dem Gebiet polykristalliner Zellen richtet sich darauf, den materialaufwendigen Sägevorgang zu umgehen. Die einfachste Lösung scheint das Gießen fertiger Platten von 300 μm Dicke zu sein, allerdings gibt es noch ungelöste technologische Probleme.

Es wird erwartet, daß bei großtechnischer Herstellung der Preis polykristalliner Zellen im Vergleich zu herkömmlichen Si-Zellen auf 1/10 gesenkt werden kann [4.5].

4.6.1.2 GaAs-Zellen

Eine andere Möglichkeit der Herstellung von Homokontaktzellen ist die Verwendung von einkristallinem GaAs. Dieses hat einen für Solarzellen beinahe optimalen Bandabstand von 1,35 eV und ist außerdem ein direkter Halbleiter mit großem Absorptionskoeffizienten, so daß Schichtdicken von 2 μm für die wirksame Schicht genügen.

Trägermaterial für die Zelle ist n-GaAs, das durch ein Ziehverfahren aus einer Schmelze gewonnen wird. Auf diesem einkristallinen Basismaterial wird in einer mit GaAs gesättigten Schmelze aus Ga, der Al und Zn beigesetzt ist, bei 900 °C eine 0,5 ... 3 μm dicke Schicht aus GaAlAs niedergeschlagen, die einen

Bandabstand bis zu 2,8 eV besitzt (Flüssigphasenepitaxie). Das in der Schmelze befindliche Zn (Akzeptor) diffundiert schneller in den Kristall als Al, so daß der entstehende p/n-Übergang als Homokontakt im Kristallinneren liegt. Die GaAlAs-Schicht dient mit ihrer breiten Bandlücke als Fenster, durch das das Sonnenlicht ungehindert hinduchtritt. Zwischen dieser Schicht und dem p-GaAs besteht ein elektrisches Potential, an dem die entstehenden Minoritätsträger (Elektronen) reflektiert werden. Dadurch wird die sonst starke Oberflächenrekombination entscheidend gemindert.

GaAs/GaAlAs-Solarzellen erreichen heute Wirkungsgrade von 18 % für kleine Zellen, bzw. 16,7 % für 4×4-cm-Zellen (b. AM 0). Der große Vorteil von GaAs-Zellen liegt in der Unempfindlichkeit gegen höhere Temperaturen. Bei 200 °C Zellentemperatur beträgt der Wirkungsgrad noch 14 % [4.2]. Daher bietet sich die Verwendung dieser Zellen in Konzentratoren an. Nachteilig sind die hohen Kosten bei der Herstellung. Die Rohmaterialkosten für hochreines Ga betrugen 1977 schon 5 $ pro Gramm [4.5]. Insgesamt ist die Zelle 50 ... 100mal teurer als eine herkömmliche Si-Zelle gleicher Größe. Außerdem stehen die technologischen Schwierigkeiten des Kristallziehens und der Flüssigphasenepitaxie einer großtechnischen Herstellung entgegen, so daß die Preise in Zukunft wenig sinken werden.

4.6.1.3 Heterogene Zellen auf Si-Basis

Solarzellen mit heterogenen Übergängen sind in der Regel Dünnschichtzellen. Ausnahmen davon sind Zellen auf Si-Basismaterial. Auf die Besonderheiten heterogener Übergänge wird im Rahmen der Dünnschichtzellen eingegangen werden. Bei heterogenen Si-Zellen wird als zweite Komponente ein Material mit einer weiten Energielücke verwendet, dies sind Stoffe wie SnO_2, In_2O_3 oder GaP. Diese wirken als Fenster für Sonnenlicht, das fast ungehindert in das n- oder p-Silizium gelangt und dort Ladungsträger freisetzt. Eine gängige Version ist die Kombination von SnO_2 und n-Si-Einkristallmaterial, die gemessene Effektivität einer solchen Zelle liegt bei 10 % [4.1].

Zellen mit In_2O_3 auf Si-Substratmaterial erreichen Wirkungsgrade von 11,7 % [4.1]. Da der reine heterogene Übergang von In_2O_3 zu Si ungünstig ist, muß zwischen beiden noch eine dünne Schicht SnO_2 eingebracht werden. Die Entwicklung solcher Zellen ist noch nicht allzuweit vorangeschritten, Angaben über mögliche Wirkungsgrade liegen nicht vor.

4.6.2 Dünnschichtsolarzellen

4.6.2.1 Allgemeiner Aufbau

Dünnschichtzellen sind — wie der Name sagt — Zellen mit dünnen Schichten meist unter 10 μm. Üblicherweise wird ein Substrat-(Träger-)material aus Glas, Plastik, Graphit oder Metall (s. Schottky-Kontakt) verwendet, also Materialien, die billig und leicht herstellbar sind. Durch ein Epitaxie- oder Aufdampfverfahren wird auf diesen Träger eine dünne Schicht des teuren Halbleitermaterials abgeschieden, z.B. Si, GaAs, InP, CdTe, CdS oder ein organisches Material. Die Schichtdicke richtet sich nach zwei Kriterien: Einmal muß die Absorptionslänge etwas kleiner als die Schichtdicke sein, zum anderen sollte die Diffusionslänge der Ladungsträger größer als die Schichtdicke sein. Dünnschichtzellen gibt es im Bereich der Forschung sowohl als Homokontakt- wie als Heterokontaktzellen. Da die Heterokontakt-Dünnschichtzellen z.Z. die besseren Zukunftsaussichten zu haben scheinen, sollen sie allein hier dargestellt werden. Die Tabelle 4.1 gibt einen kleinen Überblick über die in der Forschung übliche Materialkombinationen. Es gibt deren Hunderte bis hin zu den Vielkomponentenstoffen des amerikanischen Erfinders Ovshinsky (,,Ovonics'', s. [4.6]).

Tabelle 4.1 Heterokontakt-Dünnschichtzellen [4.1]

Material	Träger	Dicke	Übergang	Wirkungsgrad
GaAs	Al	15 μm	Cu_2Se	4,6 %
InP	Kohle/GaAs	10 μm	CdS	5,7 %
CdS	Glas	2 μm	Cu_2S	5,2 %
CdTe	Glas	10 μm	Cu_2Te	6,0 %
aSi	Stahl	2–3 μm	Pt	5,5 %

All diese Zellen sind bisher nur im Kleinstmaßstab hergestellt worden. Die einzige Ausnahme bildet z.Z. die CdS/Cu_2S-Dünnschichtzelle, von der schon größere Paneele existieren. Diese Zelle soll deshalb hier stellvertretend für alle anderen beschrieben werden.

4.6.2.2 Die CdS-Cu_2S-Dünnschichtzelle

Heteroübergänge (Bild 4.19)

Ein Heteroübergang, wie er in dieser Zelle vorliegt, bietet einige spezielle Probleme durch die Verwendung unterschiedlicher Materialien für p- und n-Schicht. Insbesondere die Unterschiede in der *Elektronenaffinität*, im *Bandabstand* und in der *Gitterkonstante* fallen hier ins Gewicht.

Die Bandabstände sollten so abgestimmt sein, daß eine Schicht mit weitem Bandabstand als Fenster, die andere mit einer Lücke von ca. 1,5 eV als Absorber

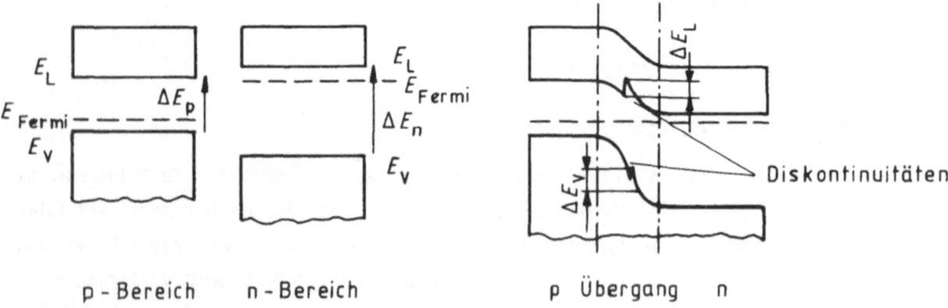

Bild 4.19 Bandmodell des Heteroübergangs [4.10]

dient. Da bei einem „harten" Übergang die Gitterfehlanpassung problematisch ist, d.h. weitere Zustände in der verbotenen Zone entstehen (Rekombinationszentren), versucht man diese Minderung des Photostromes durch einen allmählichen Übergang zu vermeiden.

Die Unterschiede in den Gitterkonstanten dürfen allerdings dabei nicht allzu groß sein. Weiterhin sollte die jeweilige Elektronenaffinität etwa gleich sein, da sich sonst das effektive Diffusionspotential erniedrigt. Diese Bedingungen schränken die Möglichkeiten, Stoffe zu kombinieren, von vorneherein ein.

Herstellung einer CdS-Cu$_2$S-Zelle

Die Herstellung einer CdS-Cu$_2$S-Dünnschichtzelle kann auf zwei Wegen erfolgen, durch Aufdampftechnik und durch eine Spraytechnik.

Aufdampftechnik. Auf ein normales Tafelglas wird zunächst ein 1 μm dicker Cr-Ag-Kontakt im Hochvakuum aufgedampft (Bild 4.20). Das Ag bildet Keime für das n-leitende CdS. Bei einer Substrattemperatur von 200 °C wird dieses ebenfalls aufgedampft, wobei sich eine ca. 30 μm dicke Schicht aus senkrecht zum Substratboden stehenden Kristallkörnern der Größe 2...5 μm ergibt (Bild 4.21). Durch eine Ätzung mit verdünnter Salzsäure erhält diese Schicht zur Reflexionsminderung eine pyramidenförmige Ätzstruktur. Für 5...10 s wird die Oberfläche mit einer Cu$_2$Cl$_2$-Lösung benetzt. Bei diesem Verfahren, das den Namen „Topotaxie" trägt, werden Cd-Atome von den Cu-Atomen aus den Gitterplätzen ver-

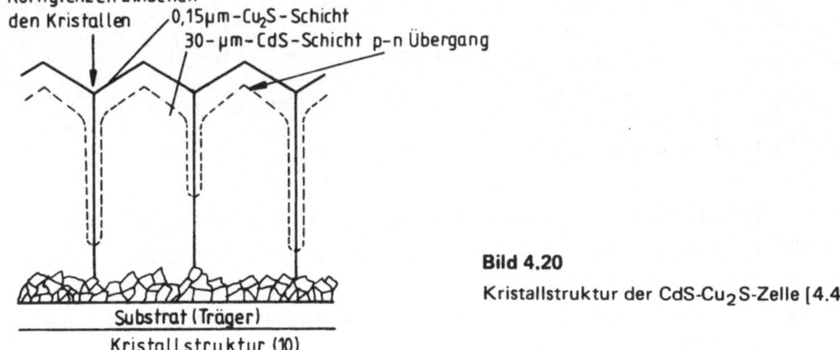

Bild 4.20

Kristallstruktur der CdS-Cu$_2$S-Zelle [4.4]

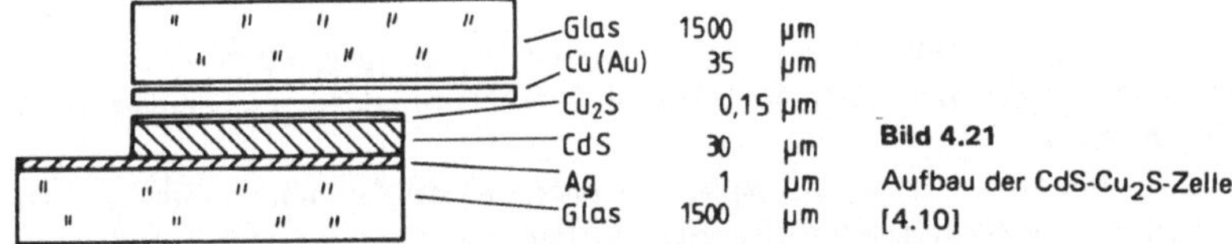

Bild 4.21

Aufbau der CdS-Cu$_2$S-Zelle [4.10]

drängt, ohne daß sich die Kristallstruktur ändert. So entsteht eine Schicht von p-leitendem Cu_2S mit ca. $0,15\ \mu m$ Dicke. Wegen der Kristallstruktur des CdS reicht auch hier der p/n-Übergang an den Korngrenzen weit in den Kristall hinein. Die Zelle braucht wegen des hohen Widerstandes von Cu_2S einen engmaschigen Frontkontakt, der photochemisch aus 35-μm-Cu-Folie hergestellt und dann aufgeklebt wird. Die fertige Zelle wird mit Glas verkapselt, um eine Zerstörung des Cu_2S durch Wasserstoff oder Sauerstoff zu vermeiden.

Wirkungsgrade solcher Zellen liegen bei 7 % für die Einzelzelle und bei ca. 5 % für größere Module [4.7] (Bild 4.22). Die anfangs befürchtete Instabilität solcher Zellen ist bisher kaum beobachtet worden. CdS-Cu_2S-Zellen der Universität Stuttgart wiesen nach 600 Tagen Freilufttest noch mehr als 95 % ihrer ursprünglichen Leistung auf. Die nach der Aufdampftechnik hergestellte CdS-Cu_2S-Dünnschichtzelle erweist sich damit als wirtschaftliche Alternative zur herkömmlichen Si-Zelle (s.a. Abschnitt 4.8 Kosten und Wirtschaftlichkeit).

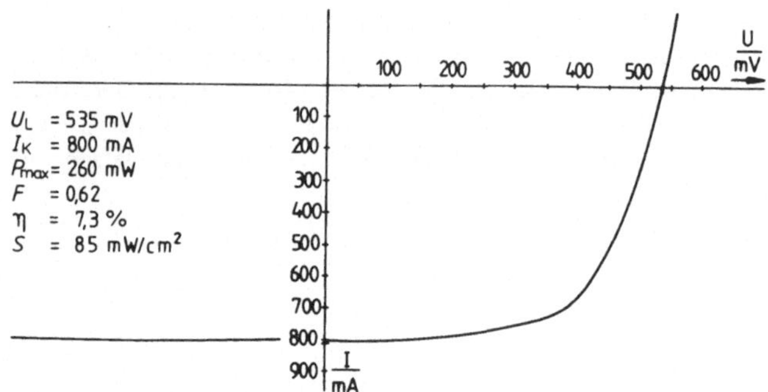

Bild 4.22 Strom-Spannungs-Kennlinie [4.4]

Spraytechnik. Durch ein Gastransportverfahren wird bei 350 °C ein SnO_2-Kontakt auf Glas aufgebracht. Darauf wird — bei gleicher Temperatur — eine Lösung aus $CdCl_2$ und Thioharnstoff gesprüht, die sich zersetzt und dabei CdS bildet. Die weiteren Arbeitsgänge entsprechen den bei der Aufdampftechnik geschilderten. Das Sprayverfahren ist zwar noch in der Entwicklung, könnte aber später für die großtechnische Herstellung von Zellen Bedeutung erlangen.

4.6.3 Schottky-Kontakt-Zellen

Ein Schottky-Kontakt entsteht an einem Übergang zwischen Halbleiter und Metall. Die Potentialverhältnisse sind dabei etwas anders als beim normalen p/n-Übergang.

Ein Metall ist dadurch gekennzeichnet, daß das Ferminiveau im Leitungsband liegt (Bild 4.23). Die Austrittsarbeit der Elektronen aus dem Metall muß größer

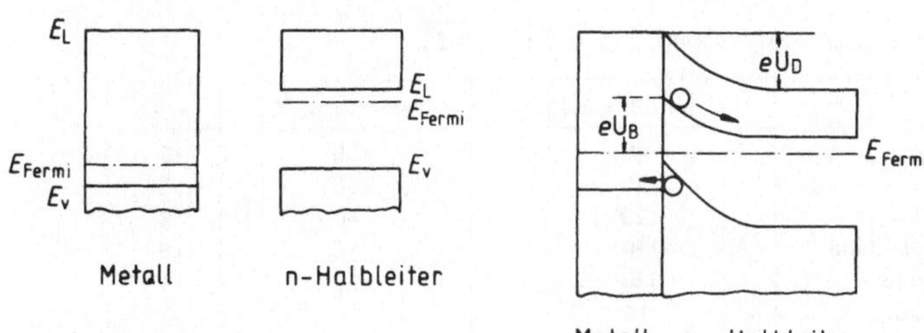

Bild 4.23 Bändermodell [4.10]

sein als die aus dem verwendeten Halbleiter, der hier n-dotiert ist. Damit liegt das Ferminiveau des Halbleiters höher als das des Metalls, so daß bei Kontakt die Elektronen aus dem Halbleiter ins Metall wandern und im Halbleiter eine positive Raumladung zurückbleibt. Dadurch werden die Energiebänder im Halbleitermaterial an der Kontaktstelle nach oben gewölbt. Nun können aber wieder Elektronen aus dem Metall ins Valenzband des Halbleiters fließen und die positive Raumladung teilweise kompensieren. Dadurch wird die Barrierenhöhe wieder vermindert und damit die erreichbare Photospannung.

Wird zwischen Metall und Halbleiter eine weniger als 20 μm dicke Oxidschicht eingelagert, so erhöht sich die Spannung der Zelle bei Verminderung des Dunkelstromes. Über den Grund für diesen Effekt gibt es verschiedene Theorien [4.1], auf die aber hier nicht eingegangen werden kann. Eine gängige Art solcher Zellen ist die a-Si-Zelle, wobei a für amorph steht. Amorphes Silizium hat einen sehr günstigen Bandabstand von 1,6 eV. Sein Absorptionskoeffizient ist um 1 ... 2 Größenordnungen höher als der des einkristallinen Materials, so daß Schichten von 1 μm Dicke ausreichen. Eine Al-Oxid/p-Silizium-Zelle erreicht bei AM 1 einen Wirkungsgrad von 8 %.

4.6.4 Spezielle Konstruktionen

Einige spezielle Konstruktionen und Entwicklungen der Forschung sollen hier noch kurz erwähnt werden.

4.6.4.1 Konzentratorzellen

Unter Konzentratorzellen sind solche Solarzellen zu verstehen, die bei mehrfach gebündeltem Sonnenlicht (durch Parabolspiegel, Linsen usw.) noch vertretbare Wirkungsgrade aufweisen.

Neben den bereits erwähnten GaAs-Zellen werden auch andere Zellen in Konzentratoren eingesetzt. Als kurzfristige Lösung sind etwa Si-Zellen denkbar, die mit 5 ... 10facher Sonnenbestrahlung noch vertretbare Wirkungsgrade haben. Für die weitere Zukunft sind aber höher konzentrierte Bestrahlungen geplant (Tablle 4.2).

Tabelle 4.2 Konzentratorzellen, Stand 1976 [4.1]

Zelle	Konzentrator-Faktor	Temperatur °C	η %
Si normal	40	100	10
Si normal	25	200	3
Si normal	120	40	8
Si, spezielle Zelle	220	15	16
Si, Vielschicht	620	56	11,1
GaAs/GaAlAs	10	25	23
GaAs/GaAlAs	1735	60	19,1
GaAs/GaAlAs	270	200	14

Viele dieser Zellen existieren nur in winzigen Flächen im Laborversuch, Aussagen über die technische Verwendbarkeit können z.Z. noch nicht gemacht werden. Wie in Tabelle 4.2 zu sehen ist, differieren die Angaben bzw. Voraussagen noch erheblich.

4.6.4.2 Multijunction-Zelle

Eine Multijunction-Zelle besteht aus mehreren Schichten p- und n-Silizium mit jeweils zwischengelagerter Al-Folie (Bild 4.24) [4.1, 4.5]. Das Sonnenlicht fällt parallel zu den Schichten ein. Solche Zellen lassen sich in Konzentratoren verwenden. Erwartete Wirkungsgrade liegen bei 16 ... 20 %. Eine andere Möglichkeit ist das abwechselnde Aufbringen von Schichten aus p- und n-Silizium ohne Metallzwischenlagen auf höher dotiertes n^+-Si-Substrat, das als Ladungsträgerreflektor wirkt. Diese Vielschichtzelle erreicht bei 620facher Konzentration und 56 °C 11 % Wirkungsgrad. Werden für die Schichten verschiedene Halbleiter verwendet (Stapelzelle), die das gesamte Spektrum ausnützen, so können theoretisch 60 ... 70 % Wirkungsgrad erzielt werden. In konzentrierenden Anordnungen wurden Werte von 27 % bereits erreicht, 30 % und mehr sind zu erwarten [4.4].

4.6.4.3 Fluoreszenzkollektoren

Am Institut für angewandte Festkörperphysik der Fraunhofer Gesellschaft wird ein Kollektor entwickelt, der aufgrund seiner Fluoreszenzeigenschaften direktes und diffuses Sonnenlicht sammelt [4.8]. Der Kollektor besteht aus einer ca. 6 mm dicken Platte aus transparentem Grundmaterial mit eingelagerten organischen Molekülen, die durch Photonen zur Fluoreszenz angeregt werden.

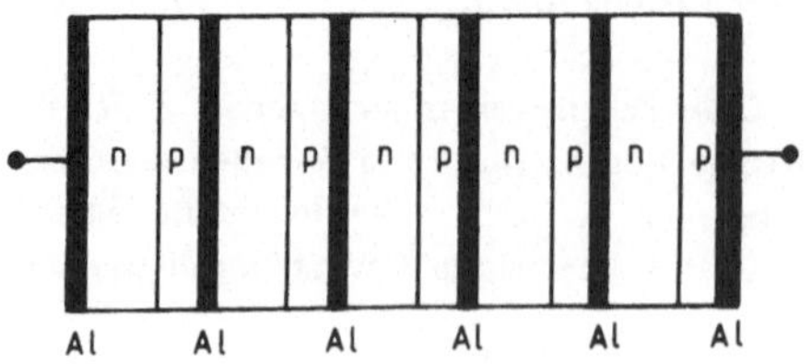

Bild 4.24
Multijunction-Zelle [4.4]

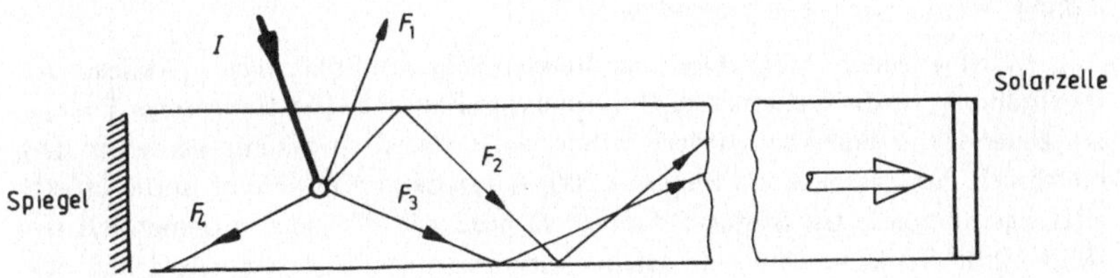

Bild 4.25 Wirkungsweise eines Fluoreszenzkonzentrators [4.8]

Das einfallende Licht I wird von einem Fluoreszenzmolekül absorbiert und als länger welliges Licht wieder emittiert (Bild 4.25). Die Anteile $F_2{-}F_4$ werden an der Oberfläche total reflektiert und zu den Kanten weitergeleitet. Nur der Anteil F_1 — das zu steil auftreffende Licht — kann den Kollektor wieder verlassen. Die Größe dieses Anteils ist vom Brechungsindex n abhängig:

$$F_1 = \frac{1 - (n^2 - 1)^{1/2}}{n}.$$

Bei $n = 2$ verlassen nur noch 13 % des einfallenden Lichtes den Kollektor! Die Totalreflexion an den Oberflächen ist nahezu verlustfrei. Dagegen treten bei der Rückreflexion am hinteren Spiegel Verluste auf.

Bei einer einfachen Anordnung von Fluoreszenzkollektor und Si-Solarzelle liegt der Gesamtwirkungsgrad nur bei 4,5 %. Die große Möglichkeit dieser Konzentratoren besteht aber in der Verwendung verschiedener Floureszenzmaterialien: Jeder fluoreszierende Stoff spricht nämlich nur auf einen relativ engen Wellenlängenbereich an. Durch die Verwendung verschiedener ausgewählter Fluoreszenzstoffe kann fast das gesamte Spektrum des Sonnenlichtes ausgenützt werden. Dazu kommt, daß nun die der jeweiligen Fluoreszenzwellenlänge angepaßte Solarzelle verwendet werden kann. Praktisch läßt sich dies mit Stapeln von Fluoreszenzplatten erreichen, in denen die verschiedenen Stoffe eingelagert sind. Bei der Anwendung solcher verschiedener Platten und vier verschiedener Halbleitermaterialien (genutzte Spektrumsbreite $\Delta\tilde{\nu} = 4000\ \mathrm{cm}^{-1}$) ergibt sich ein *theoretischer Wirkungsgrad* um 32 %.

Daneben bieten sich solche Kollektoren auch für die gleichzeitige Erzeugung thermischer und elektrischer Energie an. Die großen Vorteile liegen einmal in der einfachen Gestaltung der Kollektoren, die als Dach- oder Fassadenabdeckungen fungieren könnten, zum anderen in der interessanten Eigenschaft, daß sie selbst diffuses Licht (bei uns 60 % des Gesamtlichtes) konzentrieren können. Auch der Preis erscheint günstig: Das Kollektormaterial kostet ca. 20 DM/m^2; bei vergleichbarer Leistung ist nur noch ca. 1/4 der Solarzellenfläche notwendig [4.8].

4.6.4.4 Kombinierte Energiegewinnung

Eine weitere Möglichkeit der Verwendung von Solarzellen in konzentrierter Strahlung ist die gleichzeitige Gewinnung thermischer und elektrischer Energie. Da Zellen unter hochkonzentriertem Sonnenlicht sowieso gekühlt werden sollten, bietet sich dies geradezu an. Bei etwa 200 °C Temperatur des Fluids ist die Effektivität des kombinierten Systems doppelt so groß wie die jedes einzelnen Systems (Bild 4.26). Denkbar wäre eine solche Anordnung mit GaAs/GaAlAs-Zellen oder mit Multijunction-Zellen.

Eine ganz andere Möglichkeit der Kombination von elektrischer und thermischer Energie ist die Regelung einer Sonnenkollektoranlage mit Solarzellen [4.4]. Dabei treibt der Sonnenstrom die Umwälzpumpe des Kollektorsystems direkt an. Bei richtiger Dimensionierung erübrigt sich u.U. jede andere Regelung, da ja beide Komponenten die gleiche Sonneneinstrahlung erfahren.

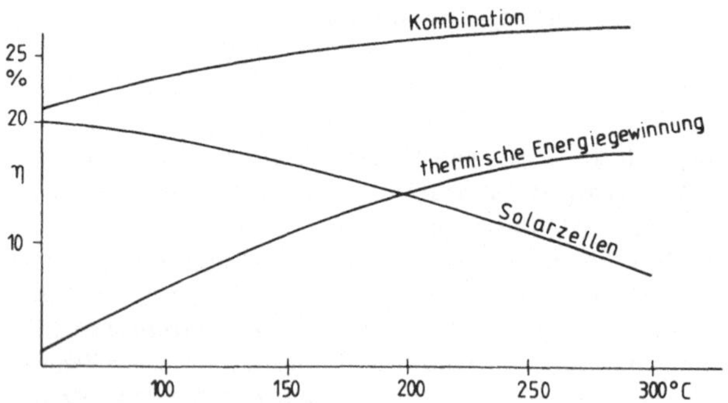

Bild 4.26 Kombination thermisch/elektrisch bei 1000-facher Konzentration [4.5]

4.7 Anwendungen

Da eine einzelne Solarzelle nur kleine Ströme oder Spannungen erzeugt, faßt man sie zu größeren Einheiten, den *Modulen*, zusammen. Mehrere Module ergeben ein *Paneel*. Dabei werden die Zellen, je nachdem ob man hohe Ströme oder hohe Spannungen haben möchte, parallel oder in Reihe geschaltet.

Probleme sind dabei vor allem die mögliche unterschiedliche Beleuchtung (plötzlicher Schatten) auf Teilen der Anlage und der mögliche Ausfall einer Zelle. Beides darf nicht zur Zerstörung des ganzen Paneels führen. Die Parallelschaltung einzelner Zellgruppen erfolgt deshalb immer unter Hinzuschaltung sogenannter Blockdioden, die Ströme in falsche Richtung verhindern. Die Anzahl der Paneele pro Kraftwerk richtet sich nach der benötigten Leistung. Pro kW Spitzenleistung sind bei 10 % Wirkungsgrad 10 m² Solarfläche nötig. Der Preis für elektrische Energie aus Solarkraftwerken ist damit von der Größe der Anlage ziemlich unabhängig, kleine Kraftwerke können ebenso wirtschaftlich sein wie große, so daß eventuell auch eine dezentrale Stromversorung denkbar wäre. Dabei ergäben sich natürlich Speicherprobleme, die bei weitem noch nicht gelöst sind.

In der Weltraumfahrt wird die Solarzelle seit 1958 (Vanguard I) erfolgreich verwendet. Dort gelten natürlich ganz andere Kriterien als auf der Erde, so daß die Kosten eine untergeordnete Rolle spielen. Ehrgeizige Pläne, ganze Sonnenzellenkraftwerke in den Weltraum zu verfrachten, sind heute wieder etwas in den Hintergrund getreten. Eher denkt man an terrestrische Großkraftwerke in entlegenen sonnenreichen Gebieten. Dort könnte Wasserstoff als Primärenergieträger per Elektrolyse erzeugt werden, der direkt als Ölersatz denkbar wäre. Doch dies alles ist Zukunftsmusik, z.Z. begnügt man sich mit der Stromversorgung entlegener Leuchtbojen, Navigationslichter oder Füllsender (Lasal, Eiffel, 350 W). Im Bau befinden sich Generatoren bis 30 kW für solche Zwecke. Das gegenwärtig größte Solarkraftwerk mit rund 60 kW Spitzenleistung steht bei San Diego/Kalifornien [4.9]. In Ländern der 3. Welt werden solarzellenbetriebene Wasserpumpen verwendet, Pumpleistungen von 10 m^3/d aus 10 m Tiefe bei 4 m^2 Solarzellenfläche sind dabei die Regel. Von einer großtechnischen Anwendung kann aber noch nirgendwo gesprochen werden.

4.8   Kosten

An diesem letzten Punkt entscheidet sich die Zukunft der ganzen Solarzellentechnik: Gelingt es nicht, die Kosten für Solarzellen drastisch zu senken, ist an ihren Einsatz in größerem Maße nicht zu denken.

Bei Kostenberechnungen muß zwischen dem Preis für Einzelzellen und den Kosten eines fertig installierten Kraftwerkes unterschieden werden. Ist eine Angabe von kW-Preisen für die ersteren noch möglich, so gibt es bei den letzteren z.Z. nur grobe Schätzungen für die zukünftigen Kosten.

Am gesichertsten sind noch die Preise für normale Si-Solarzellen (Einkristallzellen). Die Angebote einzelner Firmen für die 100-mm-Rundzelle (ca. 1 W bei voller Sonne) schwanken zwischen 30 DM und 35 DM (Transfer-Electric KG (1979)). Fertig verdrahtete Paneele werden in den USA (Edmund Scientific) um 30 \$/W Spitzenleistung angeboten. Der Industriepreis für Si-Solarzellen lag Anfang 1980 bei etwa 25 DM/W [4.9]. Die Kosten für eine installierte Solaranlage würden sich z.Z. auf etwa 50 DM/W belaufen, also indiskutabel hoch sein. Erst bei einem Preis von 0,50 DM/W Zellenpreis wäre eine Solaranlage konkurrenzfähig. Das zukünftige Preisgefälle hängt vom technologischen Fortschritt, aber auch von den Produktionszahlen ab. 1975 lag die weltweite Produktion terrrestrischer Solarzellen bei 100 kW [4.5], viel zu wenig für eine industrielle Großserienfertigung.

Eine Möglichkeit der Kosteneinsparung bei der Herstellung von *Silizium* ist die Verwendung billigeren Ausgangsmaterials. Bis heute wird das gleiche Material verarbeitet, das auch zur Herstellung von Halbleiterschalterelementen dient und 60 \$/kg (1978) kostet. Allein dieser Preis kann bei Massenproduktion u.U. bis auf

6 $/kg gesenkt werden. Es ist aber auch möglich, Si-Rohmaterial mit ca. 2 % Verunreinigungen zu verwenden, das nur 1 $/kg (1978) kosten würde [4.5]. Zellen mit diesem Material erzielten Wirkungsgrade von 5 %. Immerhin ließen sich damit die Kosten der Zelle um 1/4 senken. In der Technik des Einkristallbandziehens (ribbon) ist eine Beschleunigung des Ziehprozesses (bis 17 cm/h) denkbar, ebenso das Ziehen breiterer Bänder (15 cm), die zu mehreren gleichzeitig produziert werden könnten: Statt 450 cm^2/h könnten so 100 000 cm^2/h Zellenfläche entstehen. Nach optimistischen Schätzungen würde die Anwendung solcher Techniken zu Zellenkosten von 10 ... 30 Cents/W führen [4.5].

Über die Kosten polykristalliner Zellen ist leider zu wenig bekannt, ein einziger Hinweis [4.5] spricht von Kostensenkungen um den Faktor 10 gegenüber herkömmlichen Zellen. So gerechnet, würden polykristalline Zellen z.Z. etwa 2 ... 3 DM/Watt kosten.

Etwas anders ist die Situation bei den CdS-Dünnschichtzellen. Die Preisangaben schwanken z.Z. zwischen 0,5 $/W und mehreren $/W Spitzenleistungen, sind also von vorneherein sehr viel niedriger als bei Si-Zellen. Die weitere Entwicklung der Kosten hängt hier sehr stark vom technologischen Fortschritt ab: Gelingt es, CdS-Zellen etwa in Spraytechnik auf dem Fließband herzustellen, können die Kosten bis auf 6 ... 20 Cents/W Spitzenleistung fallen [4.5]. Diese oft zu lesende Angabe ist allerdings eine reine Schätzung (1974 J. F. Jourdan), die mit Vorsicht zu genießen ist. Mehr Information gibt die Kurve in Bild 4.27. Die durchgezogene Linie ist die Kostenprojektion für Solarzellen pro Watt abgegebener Spitzenleistung, Technologiefortschritt und ansteigender Absatz eingerechnet. Die gestrichelt gezeichnete Linie stellt wirklich gezahlte Preise bei größeren Käufen dar. Diese sind der Projektion z.Z. um 1 Jahr voraus. Es ist also zu erwarten, daß am Ende dieses Jahrzehnts wirtschaftlich arbeitende Zellen erhältlich sind.

Damit ist für die Installationskosten eines Kraftwerkes noch nicht allzuviel ausgesagt. Bei ihm kommen noch folgende Kosten hinzu:

1. Installation und Verdrahtung,
2. Speicherkosten,
3. Stromumwandlungskosten (Gleichstrom/Wechselstrom).

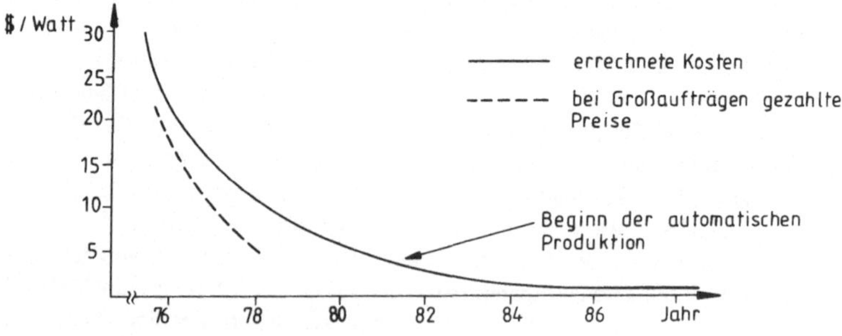

Bild 4.27 Kosten von Solarzellen [4.9]

Bei der folgenden Aufstellung sind einige — allerdings optimistische — Annahmen für ein Kraftwerk in abgelegener, sonnenreicher Gegend gemacht [4.5]:

1. Es gibt Solarzellen, die bei $\eta = 6\,\%$ 5 \$/m^2 kosten.
2. Der Gesamtwirkungsgrad des Kraftwerkes betrage 4,5 %.
3. Der Speicher soll 400 \$/kW kosten und 20 h überbrücken.
4. Die durchschnittliche eingestrahlte Energie betrage 250 W/(cm$^2 \cdot$ h), gemittelt über das ganze Jahr.
5. Die Installationskosten sollen sich auf 10 \$/m^2 Zellenfläche belaufen.

Mit diesen Annahmen läßt sich ein Wert von 1750 \$ pro kW installierter Leistung für ein völlig unabhängiges Kraftwerk errechnen. Andere Kraftwerke, die ohne Speicherung und zusätzliche Verdrahtungen und Installationen am Verbund hängen kommen auf ca. 900 ... 1000 \$/kW bei 4400 h/a Betrieb mit durchschnittlich 500 W/m^2. Aus der letzteren Angabe ergibt sich ein kWh-Preis von 3,2 Cents.

Wenn dies auch heute noch eher utopisch klingt, so ist doch in Zukunft mit dem Bau größerer Solarkraftwerke zu rechnen.

Literatur

[4.1] *Hovel, H.:* Solar cells, where are we? Chem. tech. March 1979, S. 191 f.

[4.2] *Hovel, H.:* Solar cells ... Vol. 11, A. C. Beer and R. K. Williardsen, Eds. Academic Press, New York 1976, zitiert bei [4.1].

[4.3] *Schwuttke, G. H.:* Conf. Proc. Photovoltaic Solar Energy Conf., Berlin 1979, zitiert bei [4.4].

[4.4] *Hewig, G. H.:* Solarzellen, Atomenergie und Kerntechnik, Bd. 34, 1979.

[4.5] *Palz, W.:* Solar Electricity, Butterworths/Unesco, London 1978.

[4.6] *Stoy, B.:* Wunschenergie Sonne, Essen 1978.

[4.7] *Arndt/Bilger/Bloss/Hewig:* Cu$_2$S-CdS thin film solar cells, Universität Stuttgart.

[4.8] *Goetzberger, A., Schirmer, O.:* Second Stage Concentration with Taper for Fluorescent Solar Collectors, Applied Physics 19, 1979, (s.a. Sonnenenergie und Wärmepumpe 4/1979).

[4.9] *Strunk, H.:* Solarzellen, Funkschau 1980, Heft 6, S. 91 ff.

[4.10] *Blache/Stiefelmaier:* Solarzellen, Vortrag zum Seminar Alternativenergien, FB Physik, Prof. Mühleisen und Wahl, Tübingen 1980.

[4.11] *Behringer, U.:* Phänomenologie der Photozelle, Diplomarbeit, Tübingen 1976.

[4.12] *Matthöfer, H.* (Hrsg.): Energiequellen für morgen, Teil II, Nutzung der solaren Strahlungsenergie, Umschau Verlag, Frankfurt 1976.

[4.13] *Bergmann-Schäfer:* Experimentalphysik, Band IV, Teil 1, Aufbau der Materie, Berlin 1980^2.

[4.14] *Bloss, W. H.:* Dünnschicht-Solarzellen, in Physikalische Blätter, Nr. 7, 36/1980.

5 Windenergiekonverter

5.1 Einführung

Die Windenergie wird wie kaum eine andere Energieform als exotisch angesehen, als ein Betätigungsfeld für naturverbundene Alternative und Träumer, die der Windmühlenidylle des 19. Jahrhunderts nachtrauern. Dabei wird leicht übersehen, daß die Technik der Windenergienutzung seither große Fortschritte gemacht hat. Die beim Flugzeugbau gewonnenen Erkenntnisse der Aerodynamik sind schon in den 20er Jahren auf Windkonverter übertragen worden, in neuerer Zeit haben die Kenntnisse über hochfeste und leichte Werkstoffe zu völlig neuen Konstruktionen geführt. Windkraftanlagen sind ein gutes Beispiel dafür, daß einfache oder mittlere Technologie keineswegs simpel und primitiv sein muß, sondern höchste Anforderungen an die Kreativität des Technikers stellt. Die komplexe Theorie der Windenergienutzung kann hier nur in groben Zügen dargestellt werden. Insbesondere die Berechnung einzelner Größen muß aus Platzgründen unterbleiben. Die Praxis der Windkonverter soll an einigen Beispielen erläutert werden. Auch dies ist nur ein schmaler Ausschnitt aus Hunderten von Konzepten und Konstruktionen.

Wie viele andere alternative Technologien hat die Windenergienutzung eine lange Entwicklungsgeschichte. Bereits im Altertum baute man primitive Windräder, die meistens nach dem Widerstandsprinzip arbeiteten, also ganz ähnlich wie unterschlächtige Wasserräder konstruiert waren. Im Laufe der Jahrhunderte wurde die Windmühle immer weiter entwickelt und verbessert. Bereits im 18. Jahrhundert gab es Mühlen, deren Kopfteil in den Wind gedreht werden konnte (Holländer-Mühle) und deren Flügel ähnlich wie Propeller geformt waren. Zur Regelung besaßen die Flügel eine Vielzahl kleiner Klappen, die von Federn im Wind gehalten wurden. Bei zu starkem Wind drückte dieser die Klappen zur Seite und verringerte somit die effektive Flügelfläche. Im 19. Jahrhundert gab es in Europa einige 100 000 solcher Mühlen [5.1], das Aufkommen des Verbrennungsmotors und des Elektromotors hat praktisch ihnen allen innerhalb von 50 Jahren ein Ende bereitet. Die weitere Entwicklung ging eher im Stillen vor sich. Dabei zeigten sich zwei Linien, die auch heute noch von Bedeutung sind: zum einen die Windmühle als dezentrale Energiequelle beim Verbraucher, zum anderen der Windenergiekonverter größeren Ausmaßes für die Stromerzeugung in Windkraftwerken. Zur ersteren Entwicklungslinie gehören beispielsweise die Farmwindräder in den USA, mit denen zumeist Wasserpumpen betrieben werden. Heute sind von diesen Anlagen noch ca. 150 000 in Betrieb. Nachdem es um solche kleinen Räder längere Zeit still geworden war, denkt man heute wieder über die dezentrale Windenergienutzung nach. So ließe sich etwa eine Wärmepumpe mit Windenergie betreiben oder mit einer Wasserwirbelbremse Wärme aus Wind erzeugen. Die zweite Linie, die der großen Windräder, ist besonders in den 20er und 30er Jahren in Deutschland vorangetrieben worden. Stellvertretend für andere sei hier der Ingenieur Honnef genannt, der eine gigantische Anlage mit bis zu 160 m großen gegenläufigen Turbinenrädern entwarf. Die aufkommende Ölschwemme hat seine und viele andere Konstruktionen sehr schnell unrentabel werden lassen. In der Folgezeit führte die Windenergienutzung ein Schattendasein. Einer der wenigen Forscher, die sich weiter damit beschäftigten, war Prof. U. Hütter. Er baute 1958 eine 100-kW-Anlage mit 34 m Rotordurchmesser (Zweiblattrotor) in Stötten auf der Schwäbischen Alb. Dieser Windkonverter lief 10 Jahre lang. Die dort gewonnenen Erfahrungen werden heute zur Planung und Konstruktion von ähnlichen Windrädern in aller Welt genutzt. Mittlerweile ist die Entwicklung von Windkraftanlagen infolge der Ölpreisexplosion überall wieder aufgegriffen worden. Die Bundesrepublik Deutschland und die USA sind hier z.Z. führend. In den USA wird seit einigen Jahren ein 200-kW-Konverter betrieben, dazu kam Mitte 1979 eine 2-MW-Anlage. Für 1980 war die Inbetriebnahme eines 2,5-MW-Kraftwerkes geplant. In Deutschland wird ein 3-MW-Konverter (Growian I) gebaut, der 1982 in Betrieb genommen werden soll. Ein zweiter mit 5 MW (Growian II) ist in Planung.

5.2 Das Windenergieangebot

Der Wind in der Lufthülle der Erde entsteht als Luftausgleichsbewegung zwischen Gebieten verschieden starker Sonneneinstrahlung. Windenergie ist also eine Folge der auf die Erde treffenden Sonnenenergie. Über die Größe des Windenergieangebotes liegen nur grobe Schätzungen vor, sie bewegen sich alle um 1,5 ... 2,5 % [5.2] der gesamten Sonnenenergieeinstrahlung. Dies entspricht einem Energieangebot von 2,3 ... 3,8 · 10^{12} kWh/a oder einer Leistung von 2,6 ... 4,3 · 10^{12} kW [5.2], eine Leistung, die diejenige aller auf der Erde installierten Kraftwerke etwa um das 400-fache übersteigt (1973). Entscheidend ist allerdings die Größe des real nutzbaren Potentials. Man unterscheidet allgemein Bodenwinde im Bereich bis ca. 1000 m über Grund und Höhenwinde oder geostrophische Winde. Letztere sind von der Bodenreibung weitgehend unabhängig und haben weitaus größere Energieinhalte als bodennahe Winde. Eine Nutzung dieser Strömungen ist technisch nicht möglich. So beschränkt sich das Potential auf bodennahe Winde, bei denen die Reibung des Bodens, also seine Oberflächenbeschaffenheit und die Geländeformationen, entscheidenden Einfluß haben. Dieses Potential wird auf 3 % der gesamten Windleistung geschätzt. Die mittleren Windgeschwindigkeiten über dem offenen Meer sind mit 9 ... 10 m/s relativ hoch (Bild 5.1), während sie über dem Land mit fortschreitendem Abstand vom Meer abnehmen. Im tieferen Binnenland weisen nur noch einzelne hochgelegene Orte gute mittlere Windgeschwindigkeiten von 5 ... 6 m/s auf. Deshalb wird sich eine Windenergienutzung größeren Stils vor allem auf die Küstenregionen konzentrieren müssen. In Europa sind alle Länder mit längeren Atlantikküsten bevorzugte „Windenergiebesitzer''. Für Westeuropa ergeben sich unter Berücksichtigung der technischen Gesichtspunkte nutzbare Windenergiemengen von 6,2 · 10^{11} kWh pro Jahr [5.2]. Für Deutschland liegen die Verhältnisse

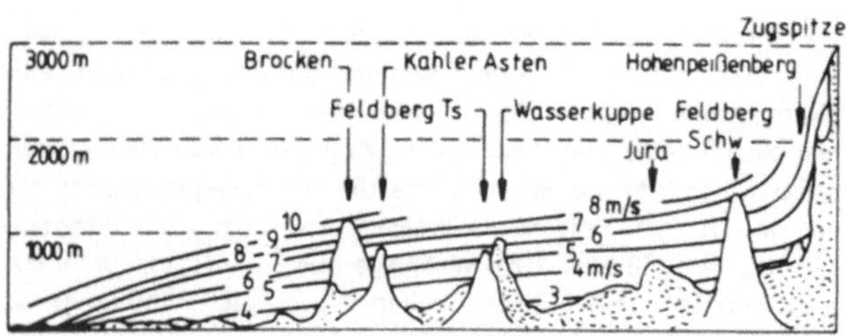

Bild 5.1 Isoventen im Nord-Süd-Querschnitt Deutschlands [5.2]

wegen der relativ kurzen Küstenlinie ungünstiger. Nur in Schleswig-Holstein und im nördlichen Niedersachsen sind größere Flächen mit höheren mittleren Windgeschwindigkeiten (über 4 m/s) nutzbar (Bild 5.2). Dieselben Geschwindigkeiten finden sich in den Höhenlagen einiger Mittelgebirge und in den Gipfelregionen der Alpen. Das nutzbare Potential Westdeutschlands ist mit $220 \cdot 10^9$ kWh pro Jahr eher gering, verglichen mit dem Verbrauch an elektrischer Energie 1976 mit $2{,}7 \cdot 10^{11}$ kWh aber doch eine gewichtige Größe.

Die genannten Windgeschwindigkeiten geben das Jahresmittel an. Über die Verteilung des Windangebotes ist damit noch nichts gesagt. In nördlichen Breiten ist die Windenergie im Winter größer als im Sommer. Diese Schwankung entspricht der Schwankung des Energiebedarfes. Genauso verhält es sich mit der täglichen Schwankung, das Maximum des Windangebotes liegt normalerweise in der Mittagszeit. Leider ergeben sich daneben wetterbedingte unvorhersehbare Schwankungen, etwa tagelange Flauten mitten in Spitzenstromzeiten. Damit ist wieder das Problem der Energiespeicherung gegeben, ein effektiver Einsatz von Windenergieanlagen größeren Stils ist ohne die Lösung dieses Problems nicht denkbar.

5.3   Theorie der Windenergienutzung

Die theoretischen Überlegungen zur Windenergienutzung beziehen sich auf die grundlegenden Arbeiten von A. Betz [5.3].

5.3.1 Nutzbare Windleistung des freien Windrades

Der Energieinhalt bewegter Luft beträgt wie bei jedem bewegten Körper

$$E = \frac{1}{2} m v^2 .$$

1 m³ Luft hat eine Masse von 1,29 kg (0 °C, 1 bar), bei $v = 5$ m/s beträgt der Energieinhalt 16,13 N · m, bei 10 m/s bereits 64,5 N · m. Diese Energiemengen könnten entzogen werden, wenn die Geschwindigkeit nach der Entnahme gleich Null wäre.

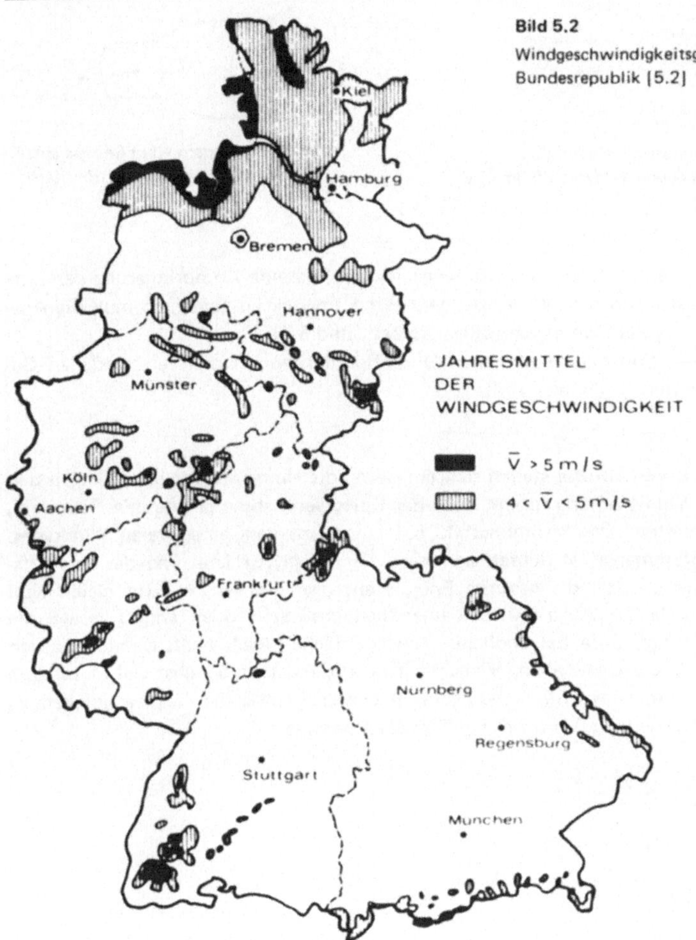

Bild 5.2
Windgeschwindigkeitsgebiete der
Bundesrepublik [5.2]

Ein zylindrisches Rohr mit der Querschnittsfläche A, das mit Wind von der Geschwindigkeit v_1 durchströmt wird, soll als Energieentnahmesystem dienen (Bild 5.3). Die Windenergie wird in der Rohrmitte in einer zunächst nicht näher beschriebenen Weise entnommen. Die sekundliche Durchflußmenge beträgt:

$$\dot{V}_1 = A \cdot v_1.$$

Jede Energieentnahme bewirkt eine Verlangsamung der Windströmung auf $v_2 < v_1$. Die sekundlich austretende Luftmenge

$$\dot{V}_2 = A \cdot v_2$$

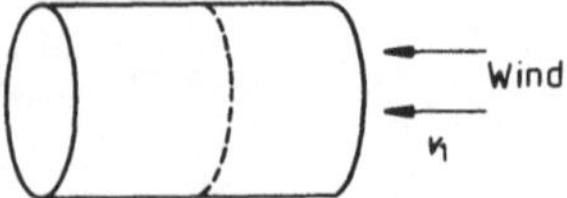

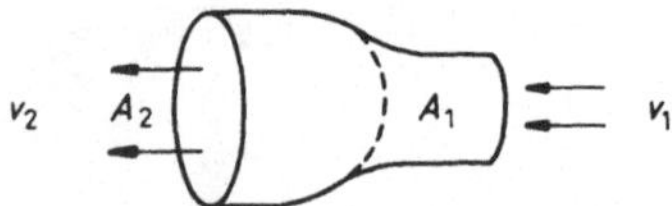

Bild 5.3 Zylindrisches Rohr zur
Veranschaulichung der Durchflußmenge

Bild 5.4 Wird dem Wind Energie entzogen, vergrößert sich die Austrittsfläche

muß gleich der eintretenden Luftmenge $\dot{V}_1$ sein, da eine Komprimierung der Luft
ausgeschlossen sein soll. Wird also dem Wind Energie entzogen, so muß die Austrittsfläche A_2 des Rohres vergrößert werden (Bild 5.4).

Nun sind die sekundlichen Durchflußmengen bei den verschiedenen Geschwindigkeiten gleich, wenn gilt:

$$A_1 v_1 = A_2 v_2$$

Genau diese Verhältnisse stellen sich ein, wenn die Ummantelung ganz fortgelassen
wird. Die Windströmung nimmt nach der Energieentnahme gerade den Raum ein,
den sie benötigt. Das Strömungsbild 5.4 entspricht dem eines freien Windrades.
Die Durchflußmenge $\dot{V}$ richtet sich nach der Austrittsfläche und der Austritts-
geschwindigkeit. Soll die gesamte Energie entzogen werden, v_2 also gleich Null
werden, müßte die Austrittsfläche unendlich groß sein, oder, anders gesagt, die
Durchflußmenge wäre bei endlicher Austrittsfläche gleich Null. Damit läßt sich
also keine Energie gewinnen. Versucht man umgekehrt, möglichst viel Masse zum
Durchtritt durch das Entnahmesystem zu bewegen, muß die Geschwindigkeit v_2
groß gehalten werden. Von der ursprünglichen Energie

$$E_1 = \frac{m}{2} v_1^2$$

geht die Energie

$$E_2 = \frac{m}{2} v_2^2$$

der ausströmenden Luft verloren. Nur der Differenzbetrag

$$E_1 - E_2 = \frac{m}{2} (v_1^2 - v_2^2)$$

läßt sich als Energie gewinnen. Wird v_2 groß gemacht, so kann im Extremfall
$v_2 = v_1$ dem Wind gar keine Energie mehr entzogen werden. Zwischen beiden
Extremen liegt das Maximum dessen, was ein frei umströmtes Windrad überhaupt
an Windenergie aufnehmen kann.

Bezogen auf die Durchflußmenge von $1\,m^3$ beträgt die entnehmbare Energie (ρ = Dichte der Luft):

$$E_{ent} = \frac{\rho}{2}\,(v_1^2 - v_2^2).$$

Die Leistung eines Windkonverters ist damit

$$P = \dot{V}\,\frac{\rho}{2}\,(v_1^2 - v_2^2).$$

Der Windkonverter sei nun als Scheibe gedacht, die auf ihrer gesamten Fläche Energie entziehen kann. Bei bekannter Fläche A läßt sich nun die Leistung in Abhängigkeit der Fläche angeben. Um die Durchflußmenge $\dot{V}$ in der Formel berechnen zu können, muß man die wahre Durchflußgeschwindigkeit v' kennen. Der Übergang von v_1 zu v_2 muß am Windrad stetig sein. Die Luft wird vor der Scheibe abgebremst, es entsteht ein Stau mit etwas erhöhtem Druck (Bild 5.5). Hinter der Scheibe herrscht leichter Unterdruck, die Geschwindigkeit der Luft ist noch etwas höher als v_2. Die Energieentnahme entspricht einer Druckverminderung. In einem sehr kleinen Bereich um die Scheibe strömt die Luft annähernd gleichmäßig mit v'. Durch Anwendung des Impulssatzes [5.1] läßt sich zeigen, daß

$$v' = \frac{v_1 + v_2}{2}$$

gilt. Da die Durchflußmenge $\dot{V} = A \cdot v'$ ist, läßt sich die Leistungsformel umschreiben in

$$P = A \cdot \frac{\rho}{2} \cdot v'\,(v_1^2 - v_2^2).$$

Mit $v' = (v_1 + v_2)/2$ ergibt sich

$$P = \frac{1}{4}\,A \cdot \rho\,(v_1^2 - v_2^2)\,(v_1 + v_2).$$

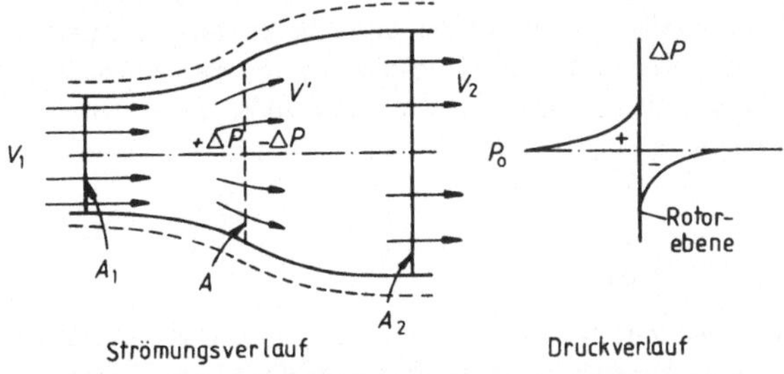

Bild 5.5 Strömungs- und Druckverlauf im freien Windrad [5.1]

Die Leistung P wird mit dem Leistungsinhalt $P_0 = \rho/2\,v_1^2\,\dot{V}$ eines Luftvolumens der Geschwindigkeit v_1 verglichen, indem man den Quotienten P/P_0 bildet:

$$\frac{P}{P_0} = \frac{1}{2}\left[1 - \left(\frac{v_2}{v_1}\right)^2\right]\left[1 + \left(\frac{v_2}{v_1}\right)\right].$$

Die mögliche Leistung erhält man, wenn man den Quotienten P/P_0 maximiert. Durch Ausrechnung dieser Maximalwertaufgabe ergibt sich

$$\frac{v_2}{v_1} = \frac{1}{3}$$

und

$$\frac{P}{P_0} = \frac{16}{27} = 0{,}5926 = c_p.$$

Der Quotient P/P_0 wird üblicherweise als *Leistungsbeiwert* c_p bezeichnet. Damit ergibt sich als maximale Leistung:

$$\boxed{\; P_{max} = \frac{16}{27} \cdot \frac{\rho}{2} \cdot v_1^3 \cdot \frac{d^2\pi}{4} \;\; \text{in}\; \frac{\text{N} \cdot \text{m}}{\text{s}}, \;}$$

wobei d der Durchmesser des Windrades ist. Ob diese maximale Leistung erreicht wird, hängt entscheidend von den Windgeschwindigkeiten vor und hinter dem Rad ab, also von der Abbremsung der Luft. Ein sehr dichtes Rad, das viele breitflächige Flügel aufweist, kann deshalb sehr viel ungünstiger sein als ein Zwei- oder Einflügler. Bei einem zu dicht mit Flügeln belegten Rad strömt nämlich der Hauptanteil der Luft um das Rad herum, nur ein geringer Teil kann überhaupt hindurchtreten.

Der Wirkungsgrad η gibt das Verhältnis der Nutzleistung zur maximal entziehbaren Leistung an:

$$\eta = \frac{P_n}{P_{max}} = \frac{P_n}{\rho/2 \cdot c_p\,v_1^3\,A} \qquad [5.1].$$

Da bei der Berechnung der maximal möglichen Leistung von einer frei umströmten Turbine ausgegangen wurde, bei der keine Drall- und Reibungskräfte berücksichtigt und nur axiale Kräfte angenommen werden, ist die wirkliche Leistung P_n natürlich erheblich geringer. Der Leistungsbeiwert c_p ist unabhängig von der Art des Leistungsentzuges als Maximalwert berechnet worden. Wie nun zu zeigen sein wird, ist er für reale Windräder kleiner und ändert sich je nach Art und Anordnung der Flügel.

5.3.2 Die Gestaltung der Flügel

Die Leistungsentnahme mittels eines Windkonverters kann nach dem Widerstands- und nach dem Auftriebsprinzip erfolgen. Das einfachere aber uneffektive Widerstandsprinzip beruht darauf, daß eine senkrecht zum Wind stehende Fläche diesem einen Widerstand entgegensetzt, die Fläche im Wind also eine Kraft erfährt. Diese Luftkraft $\vec{F}_R$ ergibt sich betragsmäßig zu

$$F_R = \frac{\rho}{2} \cdot A \cdot v^2$$

mit A als zum Wind senkrechte Fläche und v als Windgeschwindigkeit.

Die Luftkraft $|\vec{F}_R|$ wird als Normgröße verwendet, um Verhältnisse mit der Widerstandskraft $|\vec{F}_W|$ und der Auftriebskraft $|\vec{F}_A|$ (s.u.) zu bilden: Diese Quotienten heißen Widerstandsziffer c_W und Auftriebsziffer c_a

$$\frac{|\vec{F}_W|}{|\vec{F}_R|} = c_W; \qquad \frac{|\vec{F}_A|}{|\vec{F}_R|} = c_a.$$

Geometrisch ähnliche Körper besitzen dieselben Beiwerte [5.3].

Bei einem Widerstandsrad ist die Rotorgeschwindigkeit mit in die Rechnung einzubeziehen, da die Widerstandskraft durch die Mitbewegung der Flächen im Wind sinkt (Bild 5.6). Die Widerstandskraft $\vec{F}_W$ ist hier betragsmäßig

$$F_W = \frac{\rho}{2} \cdot c_W \cdot F_R \cdot (v - v')^2,$$

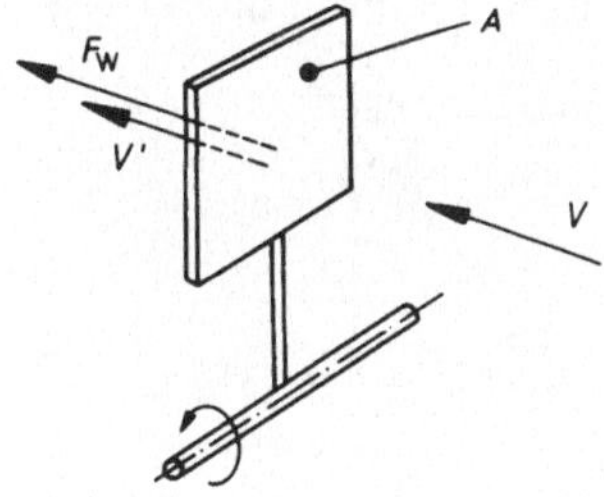

Bild 5.6 Widerstandsrad [5.1]

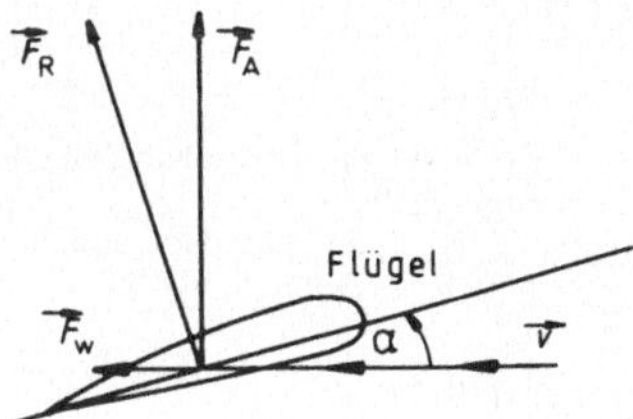

Bild 5.7 Kräfte am Windradflügel [5.3]

wobei v' nun die mittlere Umlaufgeschwindigkeit ist. Mit diesem Ausdruck läßt sich die günstigste Geschwindigkeit und die maximale Leistung berechnen. Mit einem c_W von 1,3 [5.4] ergibt sich ein Leistungsbeiwert c_p von 5,2/27 = 0,1926. Aufgrund dieses geringen Wertes ist die Leistungsbilanz solcher Räder sehr schlecht, sie haben sich auch in der Praxis nicht bewährt.

Bei Windkonvertern, die nach dem Auftriebsprinzip arbeiten, bewegen sich die Flügel stets senkrecht zur Windrichtung (Bild 5.7). Der von rechts mit $\vec{v}$ anströmende Wind übt auf den Flügel eine Kraft $\vec{F}_R$ aus, die sich in Widerstandskraft $\vec{F}_W$ und Auftriebskraft $\vec{F}_A$ zerlegen läßt. $\vec{F}_W$ vermindert die Geschwindigkeit des Windes, was zu einem Verlust an Energie führt. $\vec{F}_A$ dagegen steht senkrecht auf der Anströmrichtung und verzögert die Luftgeschwindigkeit nicht, sondern bewirkt eine Änderung der Stromrichtung. Um möglichst viel Energie gewinnen zu können, muß die Widerstandskraft im Verhältnis zur Auftriebskraft möglichst klein gehalten werden. Der Quotient

$$\frac{|\vec{F}_A|}{|\vec{F}_W|} = \frac{c_a}{c_W} = \epsilon$$

heißt *Gleitzahl*. ϵ sollte also möglichst groß sein. Neben der Flügelform ist der sogenannte Anstellwinkel α, der Winkel zwischen Flügel und Windrichtung, die mitentscheidende Größe, die ϵ bestimmt. Bei einem sich drehenden Flügelrad kommt der Wind nun scheinbar aus einer anderen Richtung als eben dargestellt. Durch die Drehung erfährt jeder Flügel im rotierenden System betrachtet eine Luftbewegung, die senkrecht zur Anströmrichtung steht. Sie ergibt sich als

$$\vec{u} = -\vec{r} \times \vec{\omega},$$

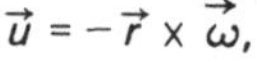

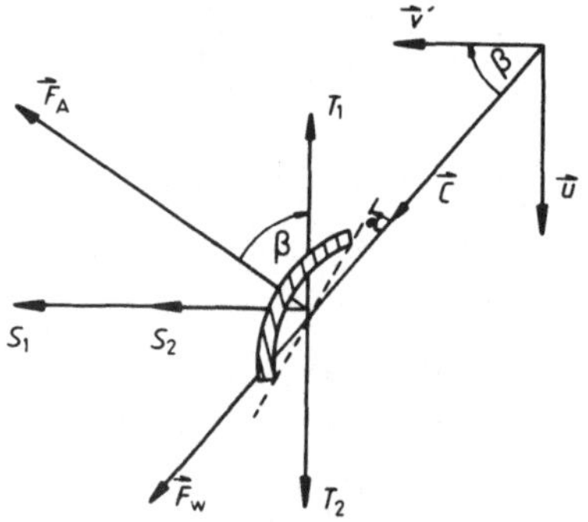

Bild 5.8

Geschwindigkeit und Kräfte an einem Flügel [5.3]

wobei $|\vec{r}|$ der Radius des Angriffspunktes ist und $\vec{\omega}$ die Winkelgeschwindigkeit. Aus dieser Geschwindigkeit und der Durchtrittsgeschwindigkeit des axialen Windes $\vec{v}'$, die ja ca. 2/3 der herrschenden Windgeschwindigkeit ist, ergibt sich die scheinbare Windrichtung $\vec{c}$ am Rad als Resultierende, die mit der wirklichen Windrichtung den Winkel β einschließt (Bild 5.8). Zu dieser Richtung hat nun der Flügel den Anstellwinkel α. Durch den Ausdruck $\vec{u} = -\vec{r} \times \vec{\omega}$ hängen $|\vec{c}|$ und β aber vom Radius ab. Jede Stelle des Flügels hat ihre relative Geschwindigkeitsrichtung. Um trotzdem überall den gleichen Anstellwinkel α und damit eine gleich gute Gleitzahl zu erhalten, wird der Flügel in sich gedreht konstruiert.

   In der Darstellung der wirksamen Kräfte stehen Auftriebskraft $\vec{F}_A$ und Widerstandskraft $\vec{F}_W$ wie oben senkrecht aufeinander und $\vec{F}_A$ senkrecht auf der Richtung von $\vec{c}$. Die Auftriebskraft läßt sich nun in eine Triebkraft $\vec{T}_1$ senkrecht zu $\vec{v}$, die das Windrad antreibt, und eine axiale Kraft $\vec{S}_1$, die lediglich das Rad in seine Lager drückt, zerlegen. Ähnlich läßt sich $\vec{F}_W$ zerlegen, wobei die Kraft $\vec{T}_2$ der Treibkraft $\vec{T}_1$ gerade entgegengesetzt gerichtet ist. Die Kraft, die die Flügel antreibt, ist die Differenz beider Kräfte:

$$T = |\vec{T}_1| - |\vec{T}_2| = |\vec{F}_A| \cos\beta - |\vec{F}_W| \sin\beta.$$

Mit diesen Kräften und den Bedingungen für maximalen Leistungsentzug läßt sich die optimale Flügelbreite t herleiten [5.3]. Hier soll nur das Ergebnis genannt werden, für die Berechnung sei auf die Literatur verwiesen.

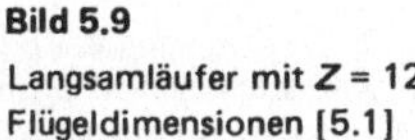

$$t_{opt} = \frac{2r\pi}{Z} \cdot \frac{8}{9c_a} \cdot \frac{v^2}{uc},$$

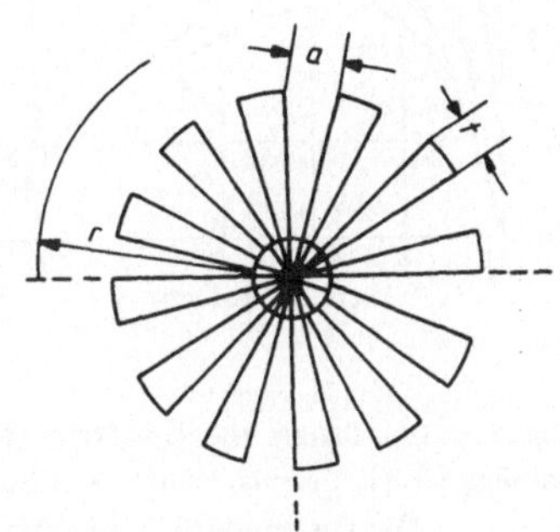

Bild 5.9

Langsamläufer mit $Z = 12$
Flügeldimensionen [5.1]

mit $u = |\vec{u}|$, $v = |\vec{v}|$ und $c = |\vec{c}|$. Der erste Ausdruck auf der rechten Seite gibt den Abstand a der Flügel auf einem Kreis mit Radius r auf dem Windrad an, Z ist die Anzahl der Flügel am Rad. Die Flügelbreite t ist also dem Abstand a proportional (Bild 5.9). Mit größerem Radius r müssen optimale Flügel breiter werden, um überall die Durchtrittsgeschwindigkeit $\vec{v}'$ zu gewährleisten. Der Wert für diese gleichmäßige „Flügeldichte" ist durch den Rest des Ausdruckes gegeben. Die Flügel müssen um so schmaler sein, je größer die Auftriebsziffer c_a ist. Der Quotient v^2/uc beschreibt das Verhältnis des Quadrats der Windgeschwindigkeit zur Umlaufgeschwindigkeit u und der resultierenden Geschwindigkeit c. Das reziproke Verhältnis u/v wird als *Schnellaufzahl* λ bezeichnet. Läuft das Windrad schnell, so sind v/u und v/c klein. Solche „Schnelläufer" müssen daher wenige und schmale Flügel besitzen. Dagegen sind bei „Langsamläufern" die Geschwindigkeitsquotienten groß. Zur Optimierung der Leistung müssen sie daher viele oder relativ breite Flügel haben. Typische Werte sind bei einer Windgeschwindigkeit von 5 m/s und einem wirksamen Rotordurchmesser von 22,7 m Flügelspitzengeschwindigkeiten von $u = 6$ m/s für den Langsamläufer und 30 m/s für den Schnelläufer, entsprechend einer Schnellaufzahl von 1,2 bzw. 6 (theoretische Werte ohne Korrekturterme [5.3]). Bei der Gestaltung der Flügel ist, wie schon erwähnt, die Gleitzahl ϵ als Verhältnis von Auftrieb zu Widerstand wesentlich. Dieses Verhältnis ist beim auftriebnutzenden Windrad aber durch die scheinbare Geschwindigkeit c und damit durch die Umlaufgeschwindigkeit mitbestimmt. Bei Schnelläufern muß sehr viel mehr Sorgfalt auf die Gestaltung der Profile gelegt werden als bei Langsamläufern,

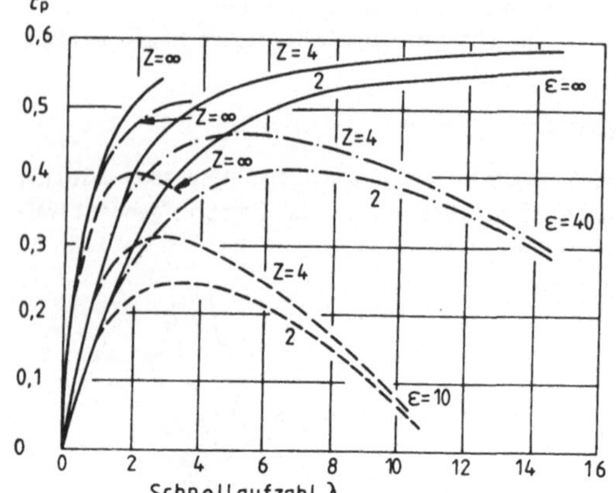

Bild 5.10

Einfluß von Gleitzahl ϵ, Blattzahl Z und Schnelllaufzahl λ auf den Leistungsbeiwert c_p [5.1]

da sich bei ihnen die Gleitzahl sehr viel stärker im Gesamtwirkungsgrad niederschlägt [5.3]. Langsamläufer können dagegen sehr einfache, billige Profile besitzen.

Die Geschwindigkeitsabhängigkeit von ϵ wirkt sich besonders an den Flügelspitzen aus. Berechnungen in diesem Bereich sind schwierig, da die Geschwindigkeitsverzögerung des Windes zum Rand hin allmählich abnimmt. Der effektive Raddurchmesser ist daher etwas kleiner als der wirkliche Durchmesser.

Bild 5.10 verdeutlicht die Zusammenhänge noch einmal. Darin sind die Kurven für den Zweiblatt- und Vierblattrotor eingezeichnet. Die Grenzkurve für $Z = \infty$ beschreibt das Verhalten eines Langsamläufers mit unendlich vielen Blättern, der keine großen Schnellaufzahlen erreicht. Bei einer Gleitzahl $\epsilon = 10$ sind Räder hoher Blattzahl den anderen Rotoren deutlich überlegen. Die optimale Schnellaufzahl liegt für den Langsamläufer unter $\lambda = 2$. Bei $\epsilon = \infty$ sind die Zwei- und Vierblatträder infolge ihrer hohen Schnellaufzahlen wesentlich besser. Da Gleitzahlwerte über 100 durchaus realistisch sind [5.3], lohnt sich für eine große Windkraftanlage die Herstellung zweier teurer Spezialflügel statt einer Vielzahl billigerer Flügel durchaus.

5.4   Windenergiekonverter in der Praxis

5.4.1   *Windräder mit horizontaler Achse*

Windräder mit horizontaler Achse sind wohl die üblichsten und am weitesten entwickelten Windenergiekonverter. Unter ihnen haben insbesondere die zwei- und dreiflügligen Schnelläufer die besten Zukunftschancen, da sie sich für die Stromerzeugung in größerem Maßstab eignen. Ob solch eine zentrale Windenergienutzung wirklich günstig ist, bleibt abzuwarten. Kleinere Langsamläufer können in Zukunft in günstigen Lagen durchaus wirtschaftlich sein.

5.4.1.1 Steuerung der Horizontalachsenräder

Ein gemeinsames praktisches Problem aller Horizontalkonvertoren ist die Steuerung bei unterschiedlich starkem Wind und wechselnden Richtungen. Alle Windräder sind so konzipiert, daß sie ihre Nennleistung bei relativ niedrigen und damit häufigen Windgeschwindigkeiten erreichen. Bei größeren Geschwindigkeiten muß die Drehzahl begrenzt oder das Rad aus dem Wind gedreht werden. Eine einfache Windfahnensteuerung regelt dieses Herausdrehen und stellt das Rad zugleich in die jeweilige Windrichtung. Leider ist diese Steuerung nur bis zu einigen Kilowatt Radleistung möglich. Bild 5.11 verdeutlicht ihre Wirkungsweise. Eine große Windfahne F_1 übernimmt die Richtungssteuerung und dreht das Rad um die Achse A_1 in den Wind. Das Windrad ist zusätzlich um die Achse A_2 drehbar gelagert. Wird der Wind zu stark, so bewirkt der Druck auf die querstehende Fahne F_2 eine Drehung um A_2, dabei schwenkt das Rad aus dem Wind. Die Feder Z ist nun stark gedehnt. Bei nachlassendem Wind dreht sie das Rad in die Ausgangsstellung zurück.

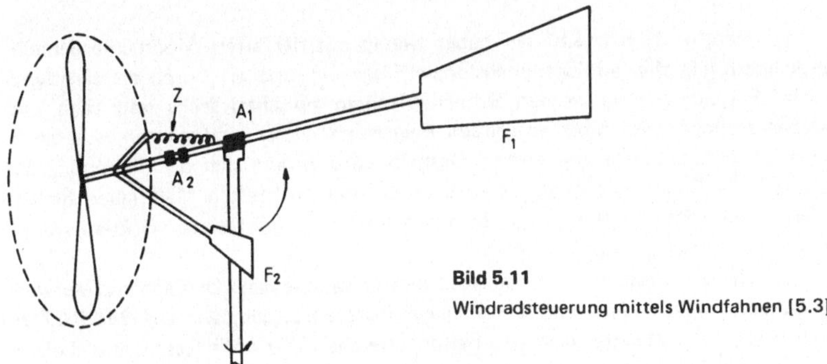

Bild 5.11

Windradsteuerung mittels Windfahnen [5.3]

Bei größeren Anlagen wird die Richtungssteuerung von elektrischen oder hydraulischen Vorrichtungen übernommen. Wo sich dies wegen der dazu benötigten Energie nicht lohnt, kann ein senkrecht zum Rotor angebrachtes Seitenwindrad die Steuerung ausüben. Bei stromerzeugenden Rotoren wird ein windfahnegesteuerter Stellmotor vorgezogen.

Die Begrenzung der Drehzahl erfolgt bei einigen Anlagen über einen einfachen Fliehkraftregler. Bei Schnelläufern verstellt dieser je nach den Windverhältnissen den Blattwinkel und begrenzt die Drehzahl auf ihren Maximalwert.

5.4.1.2 Schnelläufer

Einer der ältesten Schnelläufer ist die bereits erwähnte Windmühle der Holländer. Sie erbrachte bei einem Rotordurchmesser von 25 m und gutem Wind eine Leistung um ca. 25 ... 30 kW [5.1]. Der Leistungsbeiwert lag bei $c_p = 0{,}28$, die Schnellaufzahl λ betrug ca. 2,5.

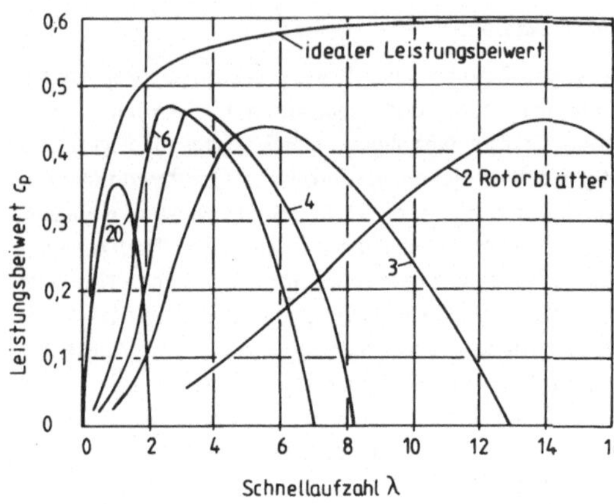

Bild 5.12
Leistungsbeiwerte verschiedener Turbinen [5.1]

Heutige Konstruktionen haben wenig mit der alten Windmühle gemein, sie erinnern viel eher an überdimensionale Flugzeugpropeller. Durch die aerodynamische Flügelgestaltung werden Schnellaufzahlen zwischen sechs und zehn und darüber erreicht. Dies führt zu großen Flügelspitzengeschwindigkeiten, aus denen große Zentrifugalkräfte resultieren. Deshalb konzentriert sich die Forschung zur Zeit auf die Suche nach geeigneten leichten und hochfesten Materialien für die Flügel. Neben Stahlblättern sind vor allem solche aus glasfaserverstärktem Kunststoff in der Entwicklung.

Die günstigste Anzahl der Rotorblätter kann je nach Ortslage und Verwendungszweck verschieden sein. Zweiflüglige Rotoren zeigen, wie aus Bild 5.12 zu ersehen ist, ein schlechtes Anlaufverhalten, erreichen aber hohe Geschwindigkeiten, was z.B. zur Stromerzeugung wichtig ist. Das schlechte Anfahren ergibt sich aus der geringen Flächendichte der Rotorblätter. Da sich zudem bei geringen Flügelgeschwindigkeiten eine ungünstige Luftanströmrichtung ergibt, brauchen Zweiflügler eine kontinuierlich arbeitende Blattverstellung, die den jeweils günstigsten Anstellwinkel des Flügels einregelt.

Weltweit gibt es z.Z. eine größere Anzahl von Schnelläuferanlagen und -projekten. Einige von ihnen sind in Tabelle 5.1 zusammengestellt.

Besondere Beachtung verdient das Projekt „Große Windkraftanlage" (Growian I) der Firma Messerschmitt-Bölkow-Blohm. Ein Prototyp dieser Anlage wird z.Z. an der norddeutschen Küste gebaut. Mit einer Gesamthöhe von 150 m und einer elektrischen Leistung von 3 MW ist Growian die augenblicklich größte Anlage (s. Größenvergleich in Bild 5.13). Die beiden 50 m langen Flügel sind Stahlholmblätter mit einer Profilierung aus GFK-Kunststoffverbund. Sie sind in einem Pendelrahmen gelagert (Bild 5.14), der ein Ausweichen des einzelnen Blattes bei ungleichmäßigem Windaufschlag ermöglicht. Diese Blattbewegung bewirkt über einen Hebel eine automatische Regelung des Anstellwinkels.

Tabelle 5.1 Windenergiekonverter: Fertige Anlagen und Projekte [5.1]

Name	Rotor $\varnothing$ in m	Leistung kW$_{el}$	Drehzahl U/min	Blattzahl	Nenn-c_p bei λ	Max. c_p bei λ	Naben- höhe in m
Tvind, Dänemark	54	2200		3			54
STGW 100 Hütter	34	100	34	2	0,21 $\lambda = 6,3$	0,36 $\lambda = 13$	23
MOD-O NASA/ERDA	38,1	100	40	2	0,36 $\lambda = 10,9$		30
MOD-1 NASA/ERDA	61	2000	35	2			43
MOD-2 NASA/ERDA	91,4	2500	17,5	2	0,32 $\lambda = 6,7$		61
Growian* Deutschland	100	3000	18,5	2	0,36 $\lambda = 8,1$	0,45	100
SAAB/SCANIA* Schweden	100	4000	18	2			100
Voith* Deutschland	52	270	37	2	0,40 $\lambda = 12,6$		30
Growian II* Deutschland	145	5000	16...18	1			120

* Projekte

Rotorregelungen, Getriebe, Generator und Hilfsmaschinen sind in einem begehbaren Maschinenhaus an der Turmspitze untergebracht. Dieser Maschinenblock wird aktiv dem Wind nachgeführt. Als Turm dient eine Stahlrundkonstruktion von 3,5 m Durchmesser und 96,5 m Höhe. Der erzeugte Drehstrom wird direkt ins Netz eingespeist, wobei Drehzahlschwankungen von $\pm 15\,\%$ durch Regelung ausgeglichen werden.

Ein noch gigantischeres Projekt ist die Windkraftanlage Growian II von MBB (Bild 5.15). Hier wurde ein Einblattsystem gewählt, da der Preis des Rotorblattes ein entscheidender Faktor in der Wirtschaftlichkeitsrechnung ist. Bei Einblattrotoren können wegen fehlender Symmetrieanforderungen einfachere Blätter verwendet werden, außerdem läßt sich der Rotorkopf wesentlich einfacher gestalten. Allerdings ist zur Vermeidung von Unwuchten ein schweres Gegengewicht notwendig.

Erwähnenswert sind neben diesen Großanlagen noch kleinere Windräder mit bis zu 6 m Rotordurchmesser. Mehrere Firmen haben sich auf den Bau und Vertrieb solcher Windgeneratoren spezialisiert. So bietet etwa die Firma Elektro GmbH in Winterthur/Schweiz Windenergiekonvertoren von 0,5 ... 10 kW an [5.6]. Sie bestehen aus einer Windrad-Generatoreinheit mit 2 bis 3 Flügeln, die sich automatisch je nach Wind verstellen. Die Generatoren liefern meist Wechselspannungen

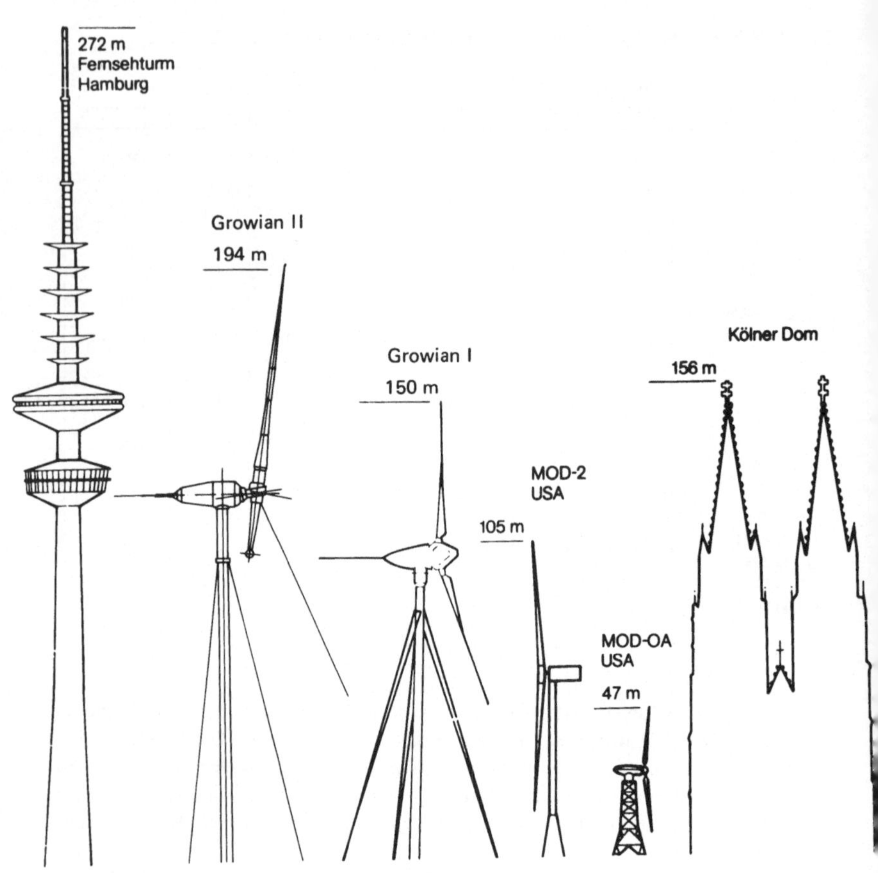

Bild 5.13 Größenvergleich einiger moderner Windkonverter [5.4]

von 110 V. Zur kompletten elektrischen Ausrüstung gehören Gleichrichter und Bleibatterien mit einer Speicherkapazität von ca. 12 Stunden, d.h., diese Zeit kann bei mittlerer durchschnittlicher Leistung durch Batteriestrom überbrückt werden. Der Preis für eine 5-kW-Komplettanlage mit Mast und Aufbauten ohne Montage lag 1980 bei 50 000 DM. Ob solche Kosten wirtschaftlich vertretbar sind, wird weiter unten noch untersucht. Ein Preis von fast 4000 DM für einen 500-W-Windgenerator mit zwei Flügeln von 1,25 m Länge und einem einfachen Gleichstromgenerator, wie er von einer Firma angeboten wird, scheint uns doch wesentlich zu hoch zu liegen.

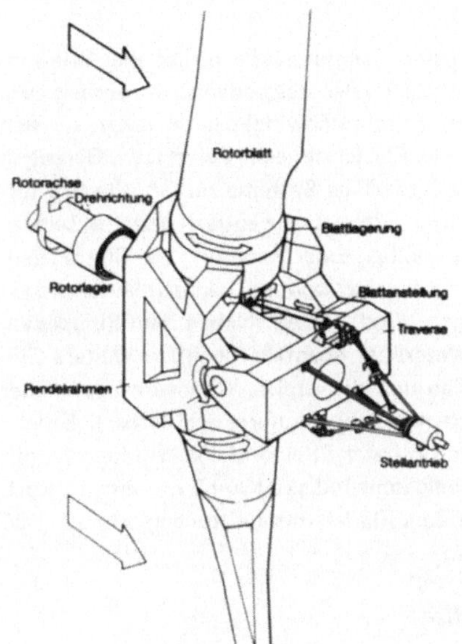

Bild 5.14 Flügelmechanik des Growian [5.4]

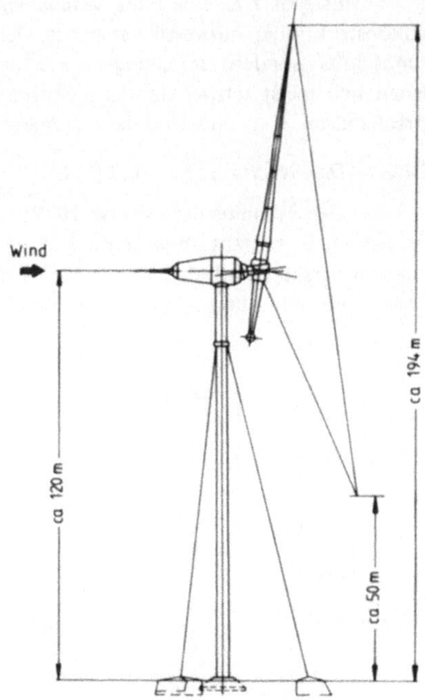

Bild 5.15

Growian II der Firma MBB [5.4]

5.4.1.3 Langsamläufer

In der industriellen Entwicklung sind Langsamläufer bisher eher Stiefkinder geblieben. Sie haben jedoch gerade angesichts der steigenden Energiepreise gute Zukunftschancen. Aufgrund der geringen Rotorgeschwindigkeiten lassen sie sich direkt zum Antrieb von Kolbenpumpen und Förderschnecken einsetzen. Gerade in den Ländern der 3. Welt werden einfache und billige Systeme zur Grundwasserförderung benötigt. Die Profile der Rotorblätter können sehr einfach gestaltet sein, in der Regel genügen gebogene Blechstreifen völlig. Eine Steuerung des Blattanstellwinkels erübrigt sich ebenfalls. Wie schon gezeigt, können Langsamläufer wegen ihres guten Anlaufverhaltens auch geringen Wind nutzen. Neben dem Pumpenantrieb ist Stromerzeugung durch solche Windräder ebenfalls denkbar. Weitere Einsatzbereiche sind der Wärmepumpenantrieb und die direkte Wärmeerzeugung über eine Wasserwirbelbremse (beides ist auch mit Schnelläufern realisierbar). Etliche Firmen bieten kleine Vielblattrotoren an. So hat z.B. eine kleine Windpumpe mit Förderleistungen von 200 ℓ/h bei einer Windgeschwindigkeit von 5 m/s einen Selbstmontagepreis von ca. 700 DM [5.5]. Größere Räder mit Leistungen von 10 ... 30 m³/h sind für 7000 ... 10 000 DM zu haben.

5.4.2 Windräder mit vertikaler Achse

Es gibt z.Z. eine Fülle seltener und zum Teil exotisch anmutender Windradkonstruktionen mit vertikaler Achse. Dabei handelt es sich meist nicht um Widerstandsläufer, sondern um gebogene Flächen oder senkrecht angeordnete Flügel, bei denen sich meist schwer deutbare Strömungsbilder ergeben. Die beiden erfolgversprechendsten Konzepte sind der Savoniusrotor und der Darrieusrotor.

5.4.2.1 Der Savoniusrotor (Bild 5.16)

Der Savoniusrotor wurde 1929 von dem schwedischen Ingenieur Savonius entwickelt. Er besteht im wesentlichen aus zwei Halbzylinderflächen, die so gegeneinander versetzt sind, daß sich in der Draufsicht fast eine S-Form ergibt. Zwischen ihnen bleibt ein schmaler Luftspalt frei. Die senkrecht zur Windrichtung stehenden

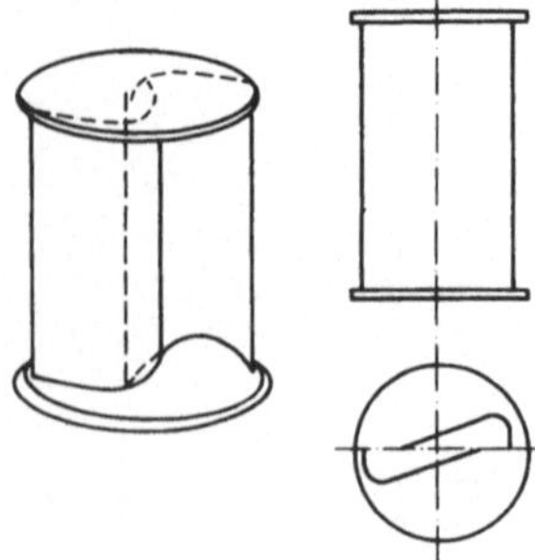

Bild 5.16 Savoniusrotor [5.7]

Flächen lassen zunächst eine Windenergienutzung nach dem Widerstandsprinzip vermuten. Durch die geschwungenen Flächen ergibt sich jedoch eine komplizierte Zirkularströmung, die dem Rotor eine Schnellaufzahl über 1 verleiht [5.7]. Der Leistungsbeiwert kann in der Praxis bei $c_p = 0{,}23$ liegen. Der Savoniusrotor ist dennoch ein Langsamläufer. Die Gestaltung der Rundflächen erfordert keinen großen Aufwand. Zumindest für kleinere Leistungen ist der Savoniusrotor ein ausgesprochenes Billiggerät. Ein Eigenbau mit 125 cm Durchmesser und 2,5 m Höhe auf einem 6 m hohen Rundholzturm erfordert 600 ... 800 DM an Material-kosten [5.5].

5.4.2.2 Der Darrieusrotor (Bild 5.17)

Der Darrieusrotor ist eine Erfindung des Franzosen Darrieus aus dem Jahre 1925. Der Windkonverter besteht aus zwei oder mehreren schmalen Flügeln, die an beiden Enden an einer vertikalen Achse befesitgt sind. Die Wölbung nach außen entspricht der Form einer Kettenlinie. Dadurch ergeben sich bei der Rotation der Blätter längsgerichtete Zugkräfte zur Kompensation der Fliehkräfte. Durch die Rotation der starren Flügel ändert sich deren Anstellwinkel ständig. Bei den Stellungen $0°$ und $180°$ des Umlaufwinkels ψ ist der Auftrieb und die Energieentnahme gleich Null, bei $90°$ wird sie maximal (Bild 5.18). Läuft das Blatt auf der windabgewandten Seite, also im Bereich von $180° ... 360°$, so erfährt es eine bereits vom vorderen Blatt abgeminderte Windgeschwindigkeit $\vec{v}'$, wird also deutlich weniger zum Energieentzug beitragen. Die theoretischen Leistungsbeiwerte liegen bei

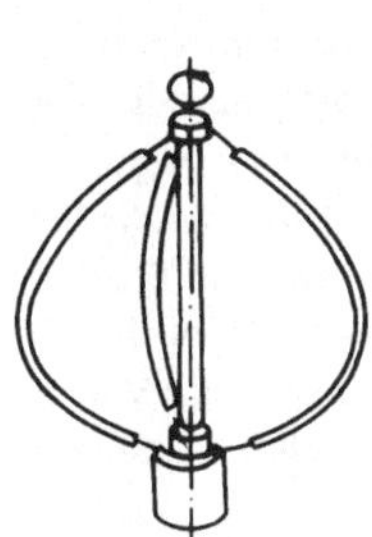

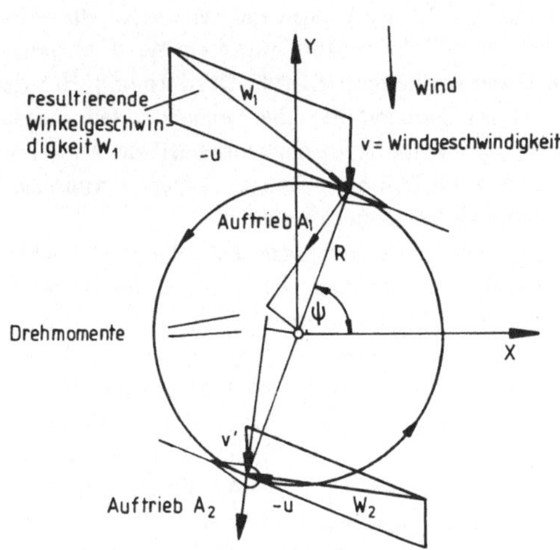

Bild 5.17 Darrieusrotor

Bild 5.18 Geschwindigkeiten und Kräfte am Darrieus-rotor [5.1]

$c_p = 0,40 \dots 0,56$ [5.1]. Die Schnellaufzahl beträgt ca. $\lambda = 6$. Wegen der äußerst geringen Rotorblattdichte läuft der Darrieusrotor erst ab $\lambda = 2,6$ selbsttätig, er muß also aus dem Stand angeworfen werden. Zumeist geschieht das durch einen auf derselben Vertikalachse sitzenden Savoniusrotor. Seine Mindestdrehzahl erreicht der Rotor nur bei Windgeschwindigkeiten über 5,6 m/s, darunter ist eine Windenergienutzung nicht möglich. Das entscheidende Kriterium ist auch bei Vertikalachsenkonvertoren der Rotorblattpreis. Er liegt leider wesentlich höher als bei Horizontalachsenrädern. Um überhaupt kostengünstig produzieren zu können, müssen die Blätter aus Metallen, z.B. Aluminiumlegierungen, hergestellt werden.

Die Firma Dornier entwickelt im Auftrag des Bundesministeriums für Forschung einen Darrieusrotor. Er hat einen Durchmesser von 5,5 m, eine Höhe von 5,7 m und eine effektive Windauftrittsfläche von 20 m^2. Die maximale elektrische Leistung beträgt 5 kW, bei einer Windgeschwindigkeit von 8 m/s 1,4 kW. Meßergebnisse von dieser Anlage liegen noch nicht vor.

Ob der Darrieusrotor gegenüber den Horizontalrädern Vorteile hat, ist z.Z. noch nicht abzusehen.

5.5 Wirtschaftlichkeitsbetrachtungen

5.5.1 Berechnungsgrundlagen

Die Angabe allgemeiner Leistungs- und Energieabgabewerte bei Windrädern ist in genauen Zahlen nicht möglich, man ist auf Schätzungen und Erfahrungswerte angewiesen. Leistung und Energie hängen in der dritten Potenz von der Windgeschwindigkeit ab. Diese läßt sich nur als Monats- oder Jahresmittelwert erfassen. Bei starken Schwankungen des Windes ist die resultierende Energieausbeute aber höher als bei gleichmäßig mittlerem Wind. Mittelwertangaben sind also mit gewissen Ungenauigkeiten behaftet. Dazu kommt, daß der jeweilige Standort der Anlage je nach der Topographie seiner Umgebung sehr abweichende Windwerte haben kann.

Eine weitere Unbekannte ist die Änderung der Windgeschwindigkeit mit der Höhe am Standort. Exakte Angaben lassen sich also nur durch Messungen an der aufgestellten Anlage erzielen.

Die Jahresenergieausbeute hängt bei elektrischen Windgeneratoren außerdem von der spezifischen Leistung des Rotors ab. Darunter versteht man das Verhältnis von Generatornennleistung zu Rotorfläche in W/m^2. Bild 5.19 zeigt, wie stark der Jahresenergieertrag von dieser spezifischen Leistung und von der Nabenhöhe abhängt. Das eigentliche Problem der Windenergieanlagen sind die Flautentage, d.h. die Zeiten ohne jegliche Energieabgabe. Um sie möglichst gering zu halten, müssen Windräder mit Speichern kombiniert werden. Als Maß für die Versorgungssicherheit gibt man die Anzahl der Stunden mit ausreichender Leistung in Prozent der Jahresstundenanzahl an.

Diese ausreichende Leistung ist im Beispiel des Bildes 5.20 gerade als 50 % der Nennleistung gewählt. Ohne Speicher kann diese mittlere Leistung nur an 50 % der Jahresgesamtzeit geliefert werden, die übrige Zeit steht weniger Energie zur

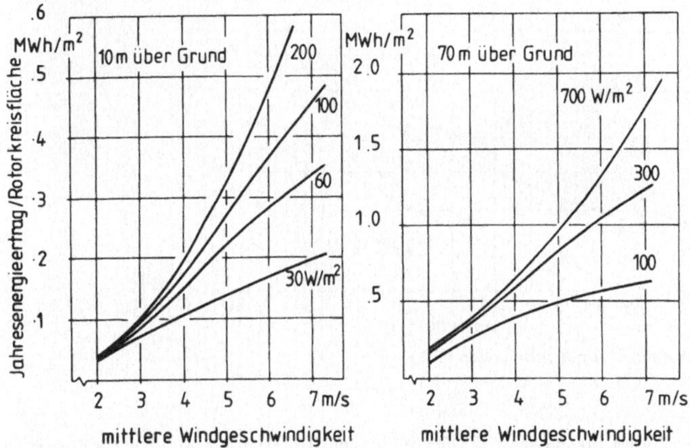

Bild 5.19 Jahresenergieertrag pro m² Rotorfläche [5.1]

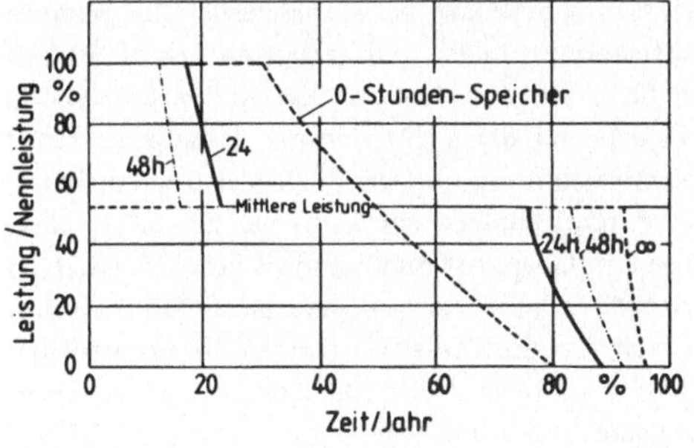

Bild 5.20

Leistungsdauerlinien Windkonverter/Speicher-System, bei 6,8 m/s Jahreswindmittel [5.1]

Verfügung, an 20 % der Jahresgesamtzeit kann überhaupt nichts geliefert werden. Mit einem 24-Stunden-Speicher läßt sich die Versorgungssicherheit auf 76 % steigern, entsprechend größere Speicher bewirken noch höhere Prozentzahlen. Der 24-Stunden-Speicher kann aber als das Optimum gelten, da größere Speicher zu teuer sind. Eine Windkraftanlage mit 32 W/m² Durchschnittsleistung braucht bei 100 m² Rotorfläche ca. 76 kWh Speicherkapazität. Ein Batteriespeicher dieser Größe aus Autobatterien würde etwa 20 000 DM kosten [5.1].

5.5.2 Kosten einzelner Windräder

Die Kosten eines Windrades lassen sich zur Zeit nur bei kleinen Anlager exakt angeben. Bei größeren Konvertern handelt es sich ausschließlich um Proto typen, deren Kosten nur in Schätzungen umrissen werden können (Bild 5.21).

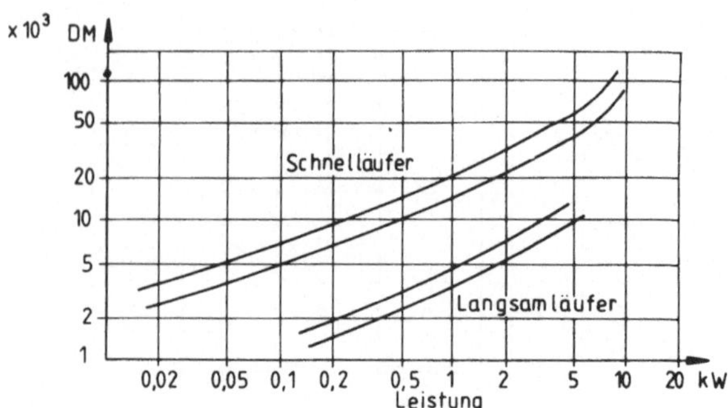

Bild 5.21 Kosten kleiner Windkraftanlagen [5.1]

Leider liegen die Kosten für Schnelläufer zur Stromerzeugung gegenwärtig sehr hoch. Als Beispiel mag die Anlage einer Spezialfirma für kleine Windkonverter dienen. Dort wird eine Windkraftanlage mit 6 kW maximaler Leistung für 10 000 DM (1980) angeboten. Diese Leistung erreicht die Anlage erst ab 12 m/s Windgeschwindigkeit, bei 7 m/s sind nicht einmal 2 kW zu entnehmen! Das gesamte System mit Steuereinrichtungen, Stromumformern und Batterien kostet 50 000 DM, wobei allein die Bleibatterien für einen Speicher ca. 23 000 DM kosten. Da diese eine Lebensdauer von etwa 15 Jahren haben, läßt sich der Strompreis damit grob abschätzen: Bei 2 kW Durchschnittsleistung und ca. 70 % Versorgungssicherheit können pro Jahr in einer sehr guten Windlage mit 7 m/s ca. 12,3 MWh elektrische Energie sicher entzogen werden, in Übereinstimmung mit Bild 5.20. Über 15 Jahre gerechnet ergäbe sich ohne Kapital- und Wartungskosten ein Strompreis von 0,27 DM/kWh. Dies ist natürlich nur für Sonderverwendungen in abgelegenen Gebieten akzeptabel. Doch gerade da wird man über 2600 stromlose Stunden im Jahr nicht sonderlich erfreut sein. Daraus kann man leider nur schließen, daß die Anschaffung einer solchen Anlage ein aufwendiges Hobby ist; nebenbei bemerkt, die Preise verstehen sich ohne Montagekosten. Individuelle Stromerzeugung mit kommerziellen Windenergieanlagen ist in hohem Maße unwirtschaftlich!

Ganz anders sieht es dagegen bei den Langsamläufern aus: Hier lohnt sich der Einsatz eines Windrades, wenn z.B. elektrische Energie für eine Wasserpumpe gespart werden kann.

Die Kostenabschätzungen für Großanlagen liegen z.Z. meist zwischen 1200 DM/kW und 2000 DM/kW [5.1]. Die kWh-Preise hängen von der Jahreswindgeschwindigkeit ab. Saab-Scania gibt für eine 100-m-Anlage mit 4 MW Leistung Energiekosten von 11,6 Pf/kWh bei 3,6 m/s und 7,2 Pf/kWh bei 6,3 m/s an. Andere Angaben liegen um 5 Pf/kWh bei über 5 m/s [5.1]. Die Mod-2-Anlage von Boeing in den USA, die 1980 den Betrieb aufgenommen hat, ist zur Kommerzialisierung vorgesehen. Bei größeren Stückzahlen sollen die kWh-Preise bei weniger als 4 cents liegen.

5.5.3   Verbundkraftwerke

Eine oft gestellte Frage zur Windenergienutzung ist die: Wieviel elektrische Energie kann in einem Land per Windkraft gewonnen werden? Bei einer Einspeisung ins Netz ist die Versorgungssicherheit der Windkraftanlage ein entscheidender Faktor. Kommt es z.B. vor, daß eine Netzspitzenbelastung in eine Windflautenzeit fällt, so müssen andere Kraftwerkskapazitäten bereitgestellt werden, um das Loch füllen zu können. Diese Kraftwerke würden aber in der restlichen Zeit brachliegen und nur Kosten verursachen. Deshalb ist man gezwungen, die Versorgungssicherheit von Windkraftanlagen zu steigern. Dies kann durch die Verteilung einzelner Anlagen auf eine möglichst große Fläche erreicht werden. Während eine Einzelstation bei 5 m/s etwa 2000 ... 3000 h ohne Leistungsabgabe bleibt, haben drei Verbundstationen über eine Kreisfläche vom Radius 260 km verteilt, nur 500 h Ausfall zu verzeichnen. Bei 18 Stationen auf dem gleichen Gebiet sinkt die Ausfallzeit auf 2 ... 4 h im Jahr [5.1]! Mit groß angelegten Verbundkraftwerken ließe sich also durchaus ein Teil der elektrischen Energie gewinnen. Ein einzelnes Windenergiekraftwerk könnte nach einem Vorschlag von U. Hütter [5.2] aus 100 Einzelanlagen von 3 MW Leistung bestehen. Diese Anlagen könnten in zwei Reihen von 10 km Länge und 1000 m Abstand aufgestellt werden. Das optische Bild käme einer Hochspannungsleitung gleich, die bedeckte Fläche könnte zu 98 % landwirtschaftlich genutzt werden. Bei einer mittleren Jahreswindgeschwindigkeit von 4,5 m/s könnte jedes dieser Kraftwerke 700 GWh/a elektrische Energie liefern.

5500 Einzelanlagen in 56 Kraftwerken könnten 16 % des Strombedarfes der Bundesrepublik Deutschland (1973) decken. Die Investitionskosten dafür liegen mit 1000 DM/kW Anlagekosten bei 16,5 Mrd. DM (ohne Verbundnetzkosten). Leider sieht es im Augenblick nicht so aus, als hätte ein solch großes Vorhaben eine Verwirklichungschance. Dennoch ist zu erwarten, daß in einigen Jahrzehnten bei weiterer Energieverknappung solche Anlagen gebaut werden.

Literatur

[5.1] *Molly, J. P.:* Windenergie in Theorie und Praxis, Verlag C. F. Müller, Karlsruhe 1978.
[5.2] *Hütter, U.:* Windkonverter, Mitteilung der Gruppe Forschung Windenergie (FWE) der Institutsgemeinschaft Stuttgart.
[5.3] *Betz, A.:* Windenergie und ihre Ausnutzung durch Windmühlen, Göttingen 1926.
[5.4] Growian, MBB-Mitteilung 1980 (Prospekt).
[5.5] Sonnenenergie und Wärmepumpe, Heft 1/1980, S. 24.
[5.6] Mitteilung der Firma Elektro GmbH von 1980.
[5.7] *Dörner, H.:* Windenergie, in „Energie richtig genutzt, Umweltpolitik und Umweltplanung", Bd. 8, Verlag C. F. Müller, Karlsruhe 1976.

6 Meeresenergie

6.1 Vorbemerkungen

Das Meer stellt auf unserem Planeten ein riesiges Energiereservoir dar, das bis heute kaum genutzt wird. Erst in jüngster Zeit werden verstärkt Anstrengungen unternommen, geeignete Kraftwerke zur Meeresenergiegewinnung zu entwickeln. Die nutzbaren Leistungsreserven verteilen sich auf verschiedene Bereiche:

Meeresströmungen	$5 \cdot 10^7$ kW,
Gezeiten	$3 \cdot 10^7$ kW,
Wellen	$2,7 \cdot 10^9$ kW,
Salzgradient	$2,6 \cdot 10^9$ kW,
Temperaturgradient	$2 \cdot 10^9$ kW.

Zum Vergleich: Weltweit installierte elektrische

Leistung im Jahr 2000	$3 \cdot 10^{10}$ kW [6.4].

Diese Angaben sind natürlich Schätzwerte, denn über die technische Verwendbarkeit der einzelnen Energieformen läßt sich noch zu wenig sagen. Jedenfalls ist das Potential der Strömungen und der Gezeiten so gering, daß ihre alleinige Nutzung global gesehen wenig zur Lösung des Energieproblems beitragen wird. Neben dem Leistungspotential ist die Energiedichte wesentlich. Gerade hier liegt das Problem der Meeresenergie: Sie ist über große Flächen bzw. Volumina verteilt, die Einsammlung der Energie erfordert große Anlagen.

Vergleicht man die Energiedichte der verschiedenen Meeresenergien mit der Energiedichte eines Pumpspeicherwerkes, so kommt man zu folgenden Höhendifferenzen:

Meeresströmung	$5 \cdot 10^{-2}$ m,
Gezeiten	10 m,
Wellen	1,5 m,
Salzgradient	240 m,
Temperaturgradient	210 m (570 m) [6.4].

Die Energiedichte der Meeresströmungen ist also sehr gering, eine Energieerzeugung hier kaum lohnend. Bei Gezeiten und Wellen müssen geeignete Großanlagen gebaut werden. Die Angabe beim Salzgradient bezieht sich auf das Stoffpaar Flußwasser/Meerwasser. Die Zahl beim Temperaturgradienten gilt für Temperaturunterschiede von 12 °C, in Klammern von 20 °C. Beide Energiearten zeichnen sich also durch recht hohe Energiedichten aus, ihre Ausnützung könnte einen nennenswerten Beitrag zur Energieversorgung leisten. Meeresströmungskraftwerke werden aus den oben genannten Gründen in den folgenden Betrachtungen nicht berücksichtigt.

6.2 Gezeitenkraftwerke

6.2.1 Zur Entstehung der Gezeiten

Die Entstehung der Gezeiten beruht auf der Gravitationswirkung von Mond und Sonne. Der Mond mit einer Umlaufzeit von 25 Stunden hat den größeren Einfluß, die Sonne bewirkt bei Vollmond und Neumond eine Verstärkung (Springflut, Springtide), bei der Mondstellung im ersten und dritten Viertel eine Abschwächung der Gezeiten (Nippflut, Nipptide). Der maximale Unterschied zwischen Höchstwasserstand und dem vorhergehenden Niedrigstwasserstand wird Tidenstieg genannt. Das arithmetische Mittel aus einem Tidenhochwasser und den beiden benachbarten Tidenniedrigwassern ist der Tidenhub. Flut und Ebbe bezeichnen das Ansteigen und das Absinken des Wasserstandes [6.1]. Die maximalen Tidenhübe sind recht unterschiedlich:

Fundybay (Nordamerika)	21 m
Puerto Gallegos (Südargentinien)	18 m
Portishead (Großbritannien)	16,3 m
Fitzroymündung (Australien)	14 m
St. Malo (Frankreich)	12 m
Nordseeküste	3,7 ... 5 m
Ostsee	einige cm

Die Abstände von Niedrigwasser zu Niedrigwasser betragen meist etwa 12,5 Stunden. Schon dies zeigt, daß der Zusammenhang mit der Mondanziehung nicht so einfach sein kann: Die einfache Anziehung erzeugt auf der dem Mond zugewandten Seite einen Flutberg, der wie sein Verursacher in 25 Stunden um die Erde rasen würde. Die Amplitude von 12,5 Stunden weist auf einen zweiten Flutberg auf der mondabgewandten Seite hin. Zur Erklärung soll zunächst das Modell der *Gleichgewichtsflut* beschrieben werden. Dabei nimmt man an, daß das gezeitenerregende Gestirn relativ zur Erdoberfläche stillsteht und die Erde gleichmäßig mit Wasser bedeckt ist. Von Trägheits-, Reibungs- und Corrioliskräften wird abgesehen, die Erde selbst wird als starrer Körper angesehen.

Wegen des zweiten Flutberges müssen auf der mondabgewandten Seite Kräfte herrschen, die genau so groß wie die Mondgravitation sind und in die entgegengesetzte Richtung weisen. Dies läßt sich dadurch erklären, daß Mond und Erde um einen gemeinsamen Schwerpunkt kreisen, wobei Zentrifugalkräfte auftreten. Sie sind auf der Erde betragsmäßig gleich der Mondgravitation, in ihrer Richtung aber dieser entgegengesetzt. Durch geometrische Betrachtungen läßt sich veranschaulichen, daß bei der Bewegung der Erde um den Schwerpunkt ohne Berücksichtigung der Eigenrotation (Revolution ohne Rotation) die Zentrifugalkraft an jedem Punkt der Erde nach Betrag und Richtung gleich ist (Bild 6.1a) [6.1]. Die Gravitationskraft ist dagegen ortsabhängig. Sie überwiegt auf der mondzugewandten Seite und ist auf der mondabgewandten Seite geringer als die Zentrifugalkraft.

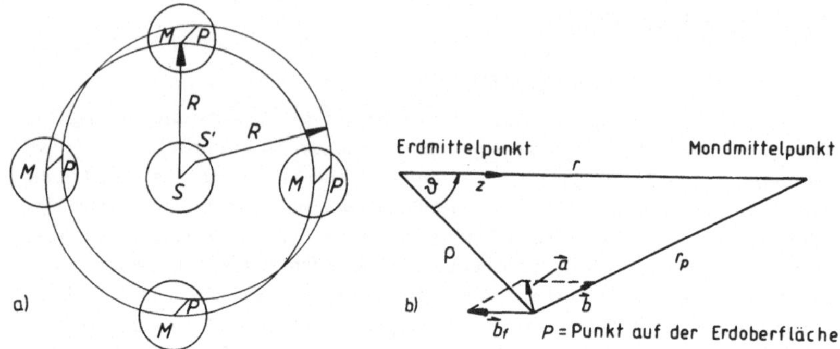

Bild 6.1 Berechnung des Gezeitenpotentials [6.2, 6.8]

Zur Berechnung der Gleichgewichtsflut wird folgender Weg beschritten:
Zuerst wird ein *Gezeitenpotential* gesucht, das sich aus Gravitationspotential und
Zentrifugalpotential zusammensetzt. Aus dem Potential können die angreifenden
Kräfte und die Fluthöhen errechnet werden. Das *Gravitationspotential* wird aus der
Anziehungskraft des Mondes an einem Punkt P auf der Erde (Bild 6.1b) bestimmt.
Diese Kraft $\vec{F}_G$ ergibt sich aus dem Gravitationsgesetz zu

$$\vec{F}_G = \gamma \cdot \frac{M_L\,m}{r_P^2}\,\hat{r}_P \quad \text{mit dem Einheitsvektor } \hat{r}_P = \frac{\vec{r}_P}{|\vec{r}_P|}$$

M_L Mondmasse, m Körpermasse im Punkt P, r_P Abstand Mond — Punkt P. Die
Kraft, die ein Körper im Punkt P erfährt, läßt sich durch $\vec{F} = m \cdot \vec{b}$ ausdrücken.
Setzt man die Kräfte gleich, so ist die Beschleunigung

$$\vec{b} = \gamma \frac{M_L}{r_P^2}\hat{r}_P \;.$$

Da $\vec{F} = -\operatorname{grad}\phi = m \cdot \vec{b}$ gilt, läßt sich $\vec{b}$ als Gradient eines Potentials ϕ_G darstellen:

$$\phi_G = -\gamma \frac{M_L}{r_P} \;.$$

Dies ist das Gravitationspotential. Im Schwerpunkt E der Erde hat die Beschleunigung den Betrag

$$|\vec{b}_E| = \gamma \frac{M_L}{r^2} \;.$$

Sie wird dort nach Betrag und Richtung von der Zentrifugalbeschleunigung $\vec{b}_f$ kompensiert, so daß $\vec{b}_E = -\vec{b}_f$ gilt. Sie zeigt in Gegenrichtung des Mondes, in Bild 6.1b

in negative z-Richtung. Da $\vec{b}_f$ aber für jeden Punkt der Erde konstant ist, kann dafür ein Potential der Gestalt

$$\varphi_f = - |\vec{b}_f| z = \gamma \, \frac{M_L}{r^2} \, z$$

vorgegeben werden. Die Zentrifugalbeschleunigung ist also umgekehrt proportional zu r^2, dem festen Abstand Mond — Erde. Die Summe aus dieser Größe und der ortsabhängigen Gravitationsbeschleunigung $\vec{b}_E$ ergibt die Gezeitenbeschleunigung $\vec{a}$.

$$\vec{a} = \vec{b}_E - \vec{b}_f.$$

In dem zu $-\vec{b}_f$ gehörigen Zentrifugalpotential sei die Koordinate z durch $\rho \cdot \cos \vartheta$ ersetzt:

$$\varphi_f = \gamma \, \frac{M_L}{r^2} \, \rho \cos \vartheta.$$

Das gesuchte Gezeitenpotential V_m ist dann die Summe beider Potentiale:

$$V_m = - \gamma \, \frac{M_L}{r_P} + \gamma \, \frac{M_L}{r^2} \, \rho \cos \vartheta + \gamma \, \frac{M_L}{r} \quad [6.8].$$

Das Potential ist dabei durch den Zusatzterm $\gamma M_L / r$ so normiert, daß es im Erdmittelpunkt ($\rho = 0$, $r_P = r$) verschwindet.

Durch Umformung und Entwicklung nach r läßt sich die Größe r_P ersetzen und man erhält das allgemeine lunare Gezeitenpotential:

$$V_m = - \gamma \, \frac{3}{4} \cdot \frac{M}{r^3} \left(\cos 2\vartheta + \frac{1}{3} \right) \quad [6.1, 6.8].$$

Für $\vartheta = 0$ und π hat V_m negative, für $\vartheta = \pi/2$ und $3\pi/2$ positive Maximalwerte. Damit ergeben sich zwei Flutberge bei $\vartheta = 0$ und π [6.6].

Eine analoge Rechnung liefert das Gezeitenpotential V_s der Sonne. Das Verhältnis beider Potentiale ist $V_m : V_s = 1 : 0{,}46$. Die Gezeitenkräfte des Mondes sind also mehr als doppelt so groß wie diejenigen, die die Sonne hervorruft. Die Höhe Δ des Flutberges ergibt sich aus (g Erdbeschleunigung)

$$\Delta_m = - \frac{V_m}{g}$$

als

$$\Delta_{Lunar} = 26{,}7 \text{ cm},$$
$$\Delta_{Solar} = 12{,}3 \text{ cm} \quad [6.1].$$

Der maximale Tidenhub ist das Doppelte der Summe beider Höhen:

$$\Delta_{max} = 78 \text{ cm}.$$

Die Werte stimmen größenordnungsmäßig mit den gemessenen Werten auf dem offenen Meer überein. Für die hier interessierenden Fälle der küstennahen Tiden gibt die Theorie leider nichts her. Ein weiteres Problem ist die angenommene horizontale Bewegung der Flutberge durch die Erdrotation. Eine solche Massenbewegung kommt in der Natur nirgendwo vor. Das Problem kann geklärt werden, wenn man statt von umlaufenden Flutbergen von Flutwellen ausgeht, in denen die Wasserteilchen nur um ihre Ruhelage schwingen.

Die *dynamische Gezeitentheorie* geht von diesem Wellenbild aus und berücksichtigt zusätzlich noch die Corioliskräfte. In dieser Theorie sind die Perioden der Flutwellen von den Gezeitenkräften und von der Form der jeweiligen Meeresbecken abhängig. Je nachdem, ob die Wassermassen gleichphasig mit der Kraft schwingen oder hinter ihr zurückbleiben, spricht man von *direkten Gezeiten* oder von *indirekten Gezeiten*. Als Modellbecken wird ein schmaler Kanal mit senkrechten Wänden und der Wassertiefe h angenommen, der rund um die Erde verlaufen soll. Dafür gilt eine eindimensionale Wellengleichung:

$$\frac{\partial \xi^2}{\partial t^2} = g \cdot h \cdot \frac{\partial^2 (\xi - \Delta)}{\partial x^2} \quad [6.2].$$

ξ Höhe der Flut über h, h Wassertiefe, Δ Höhe der Gleichgewichtsflut. Die Ausbreitungsgeschwindigkeit v_e hat den Wert

$$v_e = \sqrt{g \cdot h}.$$

Diese Größe hängt also nur von der Wassertiefe ab, gilt aber nur, wenn die Wellenlänge sehr viel größer als die Wassertiefe ist [6.1]. Die Gleichgewichtsflut wäre eine von Osten nach Westen wandernde Welle [6.2], die sich mit 1610 km/h ausbreitet. Um eine Resonanz zu erhalten, müßte der Wellenberg im Kanal diese Geschwindigkeit haben. Die entsprechende Wassertiefe eines Äquatorkanales müßte 20,38 km betragen. Deshalb gibt es keine direkten Gezeiten in Äquatornähe. Nur in subpolaren Gebieten, wo v_e erheblich sinkt, sind bei Wassertiefen von einigen tausend Metern direkte Gezeiten möglich.

Für die Betrachtungen der Gezeiten in Küstennähe und insbesondere in Buchten ist der Begriff der *Seiches* wichtig. Darunter versteht man stehende Schwingungen in geschlossenen Wasserbecken und teilweise offenen Nebenmeeren. Der Name stammt von den Schwingungen im Genfer See, die allerdings andere Ursachen haben. In einem geschlossenen Kanalbecken der Länge ℓ gilt:

$$\xi = A_n \cos (k_n x) \cos (\omega_n t)$$

$$k_n = \frac{n \cdot \pi}{\ell}, \quad \omega_n = \sqrt{g \cdot h} \cdot k_n, \quad n = 1, 2, 3, \ldots \ [6.2].$$

Daraus ergeben sich Eigenperioden:

$$T_n = \frac{2\pi}{\omega_n} \ \boxed{= \frac{2\ell}{n \cdot \sqrt{g \cdot h}}} \cdot$$

Für lange Wellen gilt wieder $v = \sqrt{g \cdot h}$ [6.1].

In geschlossenen Becken ist die Dauer der Eigenperiode meist viel zu klein, als daß Resonanz auftreten könnte. Auch bei größeren geschlossenen Meeren ergeben sich nur kleine Tidenhübe mit direkten Gezeiten (z.B. Mittelmeer). Besteht dagegen ein offener Zugang zum Ozean, so koppelt das Becken bei $x = \ell$ an die Gezeitenbewegung an [6.6]. Hier gilt

$$\xi = \xi_0 \left\{ \frac{\cos(k_\lambda x)}{\cos(k_\lambda \ell)} \right\} \cos(\omega_g t) \quad [6.6],$$

wobei $k_\lambda = 2\pi/\lambda$, λ die Wellenlänge und ω_g die Kreisfrequenz der erregenden Gezeitenwelle sind. Wenn der Ausdruck $\cos(k\ell)$ gegen Null geht, treten Resonanzen auf. Dies geschieht bei der Beckenlänge

$$\ell = \frac{(2n-1)}{2} v \quad [6.6].$$

Die Bay of Fundy zeigt Resonanz. Bei 270 km Länge und 75 m Tiefe läßt sich $n = 1$ aus der obigen Gleichung errechnen.

Bei der genaueren Berechnung der wahren Gezeiten muß noch ein Reibungsterm hinzugefügt werden. Außerdem sind die komplizierten Beckenstrukturen und die verschiedenen Zugänge zu berücksichtigen. Alles das läßt sich einigermaßen befriedigend nur auf Großrechnern durchführen.

6.2.2 Nutzung der Gezeiten in Kraftwerken

6.2.2.1 Arbeitsweisen verschiedener Konzepte

Zur Nutzung der Gezeiten durch ein Kraftwerk sind mindestens zwei Becken notwendig, von denen eines das Meer sein kann. Als zweites Becken wird vorzugsweise eine Flußöffnung oder eine langgestreckte Bucht verwendet, also ein Gebilde, das bei möglichst großem Volumen leicht abzuschließen sein muß. Solche *Einbeckenanlagen* lassen sich bei Ebbe oder bei Flut oder als kombiniertes Kraftwerk betreiben. In den sogenannten einfach wirkenden Gezeitenkraftwerken sind die Turbinen nur für eine Durchströmrichtung ausgelegt.

Bild 6.2 zeigt die Arbeitsweise eines einfachen Kraftwerkes, oben bei Ebbebetrieb, unten bei Flut.

Die sinusförmige Linie stellt die zeitabhängige Tidenganglinie dar, die übrigen Kurven zeigen die Beckenwasserstände. Bei Ebbebetrieb liegt in der Zeit der Schleusenöffnung, wenn die Flut ins Becken strömt, der Beckenwasserstand etwas tiefer als der Meereswasserstand ($t_0 - t_1$, $t_4 - t_5$). Nach der Flut werden die Schleusen geschlossen und nach einiger Wartezeit, wenn der mindestens erforderliche Wasserstandsunterschied H_{min} erreicht ist (t_2, t_6), die Turbinen in Betrieb genommen, bis nach der Ebbe und bei wieder steigendem Meereswasser H_{min} wieder unterschritten wird (t_3, t_7). In umgekehrter Weise wird beim Flutkraftwerk verfahren: Hier wird Energie aus der hereindrückenden Flut gewonnen und bei Ebbe das Beckenwasser durch die Schleusen herausgelassen. Beide Konzepte sind

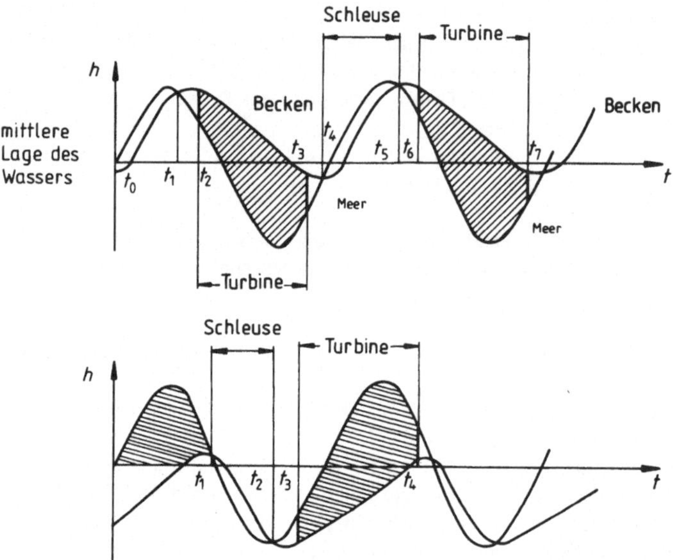

Bild 6.2 Tidenhub und Beckenwasserstände bei Ebbe- und Flutkraftwerken [6.1]

keineswegs gleichwertig, obwohl sich rein rechnerisch die Leistungen entsprechen. Das Becken des Ebbekraftwerkes braucht nur wenig tiefer zu sein als der mittlere Meereswasserstand, da sein Wasserspiegel kaum unter dieses Niveau sinkt. Das Flutkraftwerk hingegen muß, um dieselbe Leistung zu erbringen, bei Ebbe bis zum Tidentiefstand ausgeleert werden und daher entsprechend tief sein. Außerdem sinkt bei einer üblichen Trichter- oder Trogform des Beckens der Wasserstand bei Ebbekraftwerken zunächst weniger rasch, die Kurve in Bild 6.2 oben zwischen t_2 und t_3 (t_6 und t_7) ist nach oben gewölbt, die Arbeitsleistung größer. Bei Flutkraftwerken hingegen steigt der Wasserspiegel des fast entleerten Beckens schnell an, die Aufwölbung der Kurve im unteren Diagramm verkleinert hier die Arbeitsleistung. Flutkraftwerke sind daher nicht üblich.

Bei der Leistungs- und Energieberechnung wird vom Modell eines einfachen quaderförmigen Beckens ausgegangen [6.1]. Die maximale Leistung für die maximale Höhe h_0 beträgt hier

$$P_{\text{max}} = \rho \cdot g \cdot h_0 \cdot Q,$$

wobei Q ein Ausdruck für die hier als konstant angenommene Wasserabflußmenge ist:

$$\frac{dV}{dt} = \text{const.} = \frac{A \cdot h_0}{t} = Q \quad [6.1].$$

A ist die Fläche des Beckens. Die gesamte verfügbare Energie ergibt sich als

$$E = \int\limits_{t=0}^{t=t_1} P(t)\,dt = \rho \cdot g \cdot Q \cdot \bar{h} \cdot t,$$

wobei $\bar{h} \cdot t$ die schraffierte Fläche im Bild 6.2 darstellt.

Bei einem Gezeitenkraftwerk, das kontinuierlich entleert wird, ist die maximale Leistung durch

$$P_{max} = \eta \cdot \rho \cdot g \cdot Q \cdot h_{max}$$

gegeben. η ist der Mittelwert der Wirkungsgrade von Turbine und Generator, üblicherweise 0,7 ... 0,75 [6.2].

Die verfügbare elektrische Energie erhält man wie oben zu

$$E_{el} = \eta \cdot \rho \cdot g \cdot Q \cdot \bar{h} \cdot t,$$

wobei

$$Q = \frac{A \cdot h_0}{t}$$

ist. A, die Oberfläche des Beckens, ergibt sich wie h_0, die maximale Höhe über bzw. unter dem Meereswasserstand, aus der Geographie, $\bar{h} \cdot t$ aus dem Arbeitsdiagramm.

Da ein Zyklus 12,45 Stunden dauert, sind in einem Jahr 705 Arbeitszyklen ausnutzbar, E_{el} ist also mit 705 zu multiplizieren [6.1]. Als Näherungsformel ergibt sich:

$$\boxed{\; E_{el} = 1{,}4 \cdot \frac{A \cdot h_0}{t} \cdot \bar{h} \cdot t \;} \qquad [6.2]$$

in Mio. kWh/a, wenn A in km^2 eingesetzt wird.

Genaue Berechnungen berücksichtigen zusätzlich, daß sich die Beckenoberfläche bei Absenkung verkleinert und daß beim Einströmen der Tidenwelle dynamische Effekte auftreten, die das Becken über den höchsten Tidenstand hinaus füllen können [6.1]. Dagegen muß allerdings die Abnahme der gesamten Tide durch die Absperrung z.B. eines Meeresteiles (Resonanzeffekte) berücksichtigt werden. Der Ausnutzungsfaktor der Tide beträgt in der Regel 75 %, so daß insgesamt bei z.B. 8,8 m Tidenhub nur 6,8 m in die Rechnung eingehen können [6.7].

Zweifach wirkende Kraftwerke nützen Ebbe und Flut, also Entleerung und Füllung eines Beckens, zur Stromerzeugung aus. Die Wirkungsweise dieser Anlagen geht aus Bild 6.3 hervor. Schleusen sind auch hier erforderlich, und zwar um nach dem Ebbe- oder Flutbetrieb den Beckenwasserstand in kürzester Zeit noch weiter absenken oder anheben zu können. Wegen der geringen Wasserstandsunterschiede zu diesen Zeitpunkten müssen die Schleusen sehr groß sein. Bei t_2 beginnt im Diagramm die Ebbeausnützung: Wasser strömt aus dem Becken, bis

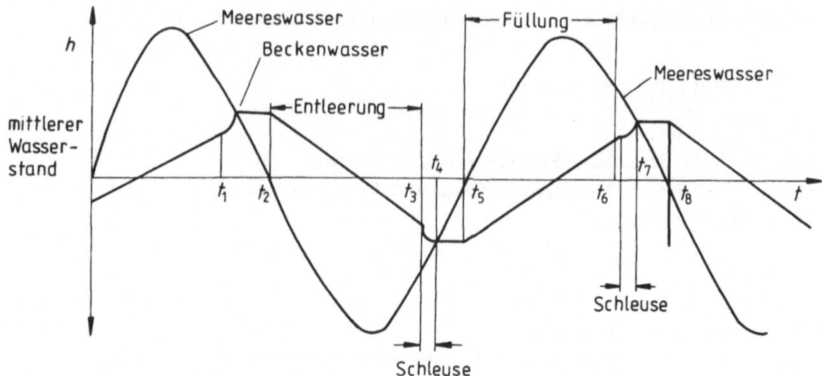

Bild 6.3 Tidenhub und Beckenwasser bei zweifach wirkenden Kraftwerken [6.2]

bei t_3 die auflaufende Flut die Höhendifferenz Meer-Becken zu gering macht. Bis t_4 wird die Schleuse geöffnet und weiter Beckenwasser bis zum Gleichstand der Spiegel ins Meer gelassen. Dann schließt die Schleuse und bei t_5 bis t_6 wird das Becken über die Turbinen mit Flutwasser gefüllt. Ein kontinuierlicher Betrieb ist also auch hier nicht möglich, die Energieausbeute liegt aber um 20 % höher als bei Einfachkraftwerken [6.6].

Ein kontinuierlicher Betrieb läßt sich mit einer *Zweibeckenanlage* realisieren, bei der ein Becken als Ebbe- und eines als Flutkraftwerk gestaltet ist. Wenn die mittlere Leistung beider Anlagen gleich ist, so können größere Leistungsschwankungen durch die Überlappung der Turbinenzeiten ausgeglichen werden. Da hierzu aber zwei komplette Kraftwerke notwendig sind, kommt diese Konstruktion aus Kostengründen kaum in Betracht [6.1].

Mehr Zukunftsaussichten haben Zweibeckenanlagen, die durch ein Kraftwerk verbunden sind. Im linken Becken ist der Wasserstand stets höher, im rechten stets niedriger als der mittlere Meereswasserspiegel. Durch die Schleuse 1 wird bei Flut Wasser in das obere Becken nachgefüllt, bei Ebbe gelangt das Wasser aus dem unteren Becken durch die Schleuse 2 ins Meer. Im Damm, der beide Becken trennt,

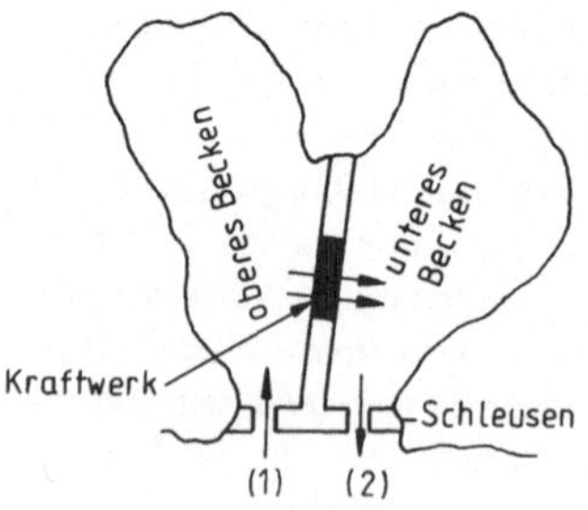

Bild 6.4
Zusammenarbeitende Zweibeckenanlage

ist das Kraftwerk eingebaut, dessen Turbinen bei richtiger Dimensionierung kontinuierlich laufen. Diese ständige Leistung beträgt ca. 25 % der Maximalleistung [6.6]. Das Konzept ist übrigens nicht neu: Die mittelalterlichen Flutmühlen an der Atlantikküste arbeiteten nach eben diesem Prinzip.

Zusätzlich lassen sich bei allen Anlagen Pumpen anbringen, so daß mit wenig Mehraufwand wie bei einem Pumpspeicherwerk überschüssige Energie gespeichert werden kann.

6.2.2.2 Stand der heutigen Gezeitenkraftwerke

Das Paradebeispiel eines Gezeitenkraftwerkes ist immer noch die französische Anlage an der Rancemündung. Sie wurde 1960 als Versuchsanlage gebaut, um die Möglichkeiten eines noch größeren Kraftwerkes (10 000 MW) in der Bucht von Mont St. Michel zu testen. Bisher ist dieses Kraftwerk, obwohl es seit fast 2 Jahrzehnten einwandfrei arbeitet, das einzige in dieser Region geblieben [6.7].

Das Kraftwerk wurde an einem über 20 km langen Becken gebaut, das $184 \cdot 10^6 \, m^3$ Wasser enthält und bei Flut 220 km² bedeckt. Die Mündungsbucht ist mit einem Damm abgeschlossen, in den das Kraftwerk integriert ist. Der mittlere Tidenhub beträgt 8,5 m, bei Springfluten erreicht er 13,5 m. Dabei fließen maximal 18 000 m³/s durch die Turbinen. Das Kraftwerk besitzt 24 Turbinensätze, mit horizontal liegenden Kaplanturbinen. Jede Turbine mit einem Raddurchmesser von 5,35 m hat 4 verstellbare Schaufeln, mit der sie an die schwankenden Wasserdrücke angepaßt werden kann. Die Turbinen arbeiten in beiden Richtungen (Ebbe- und Flutkraftwerk) und können in beiden Richtungen als Pumpen betrieben werden. Die installierte Leistung beträgt 240 MW, die Jahresenergieausbeute maximal 554 Mio. kWh. Die Baukosten beliefen sich 1960 auf 420 Mio. ffr (360 Mio. DM), also 1500 DM/kW, nicht mehr als für viele Flußkraftwerke [6.7].

Die einzige weitere in Betrieb befindliche Anlage steht bei Kislogubsk (UdSSR) an der Barentssee. Sie hat 800 kW installierte Leistung und ist ebenfalls eine Versuchsanlage. Alle anderen Projekte sind bisher im Planungsstadium stecken geblieben. Es gibt auf der ganzen Erde an die 50 mögliche Standorte für Gezeitenkraftwerke [6.1]. Am meisten im Gespräch sind zur Zeit die Projekte an der Severnmündung (Bristol-Kanal, Großbritannien, bis 35 000 MW) und an der Fundy-Bay (Kanada, 10 000 MW). In der UdSSR ist der Bau eines Kraftwerkes in der Lumborsker Bucht mit 340 MW geplant, eine Absperrung des gesamten Mesener Weißmeerbusens mit einem Kraftwerk von 14 000 MW ist wohl eher ein Gedankenmodell. Zur Zeit gibt es keine im Bau befindlichen Gezeitenkraftwerke, was angesichts der guten Erfahrungen in Frankreich verwunderlich ist (weitere Projekte s. [6.7]).

6.2.2.3 Kosten eines Gezeitenkraftwerkes

Obwohl die Investitionskosten für das Kraftwerk an der Rance-Mündung 1960 1500 DM/kW betrugen, sind sie mit den Investitionskosten vieler größerer Flußkraftwerke zu vergleichen. Mit heutigen verbesserten Bautechniken sollen diese Kosten drastisch gesenkt werden.

Für das Projekt der Fundy-Bay (Kanada/USA) wurden 1968 folgende Preise errechnet (erste Ausbaustufe):

Investitionskosten	723,6	Mio. $
jährliche Betriebskosten	55,9	Mio. $
Leistung	3536	MW
Dollar/kW	204	
jährliche Energieausbeute	6271	Mio. kWh
Strompreis	0,231	cts/kWh

Zugrunde gelegt wurde dabei ein zweifach wirkendes Einbecken-Kraftwerk. Wenn auch die Kostenberechnungen etwas zu optimistisch anmuten, so ist doch festzuhalten, daß die Stromgestehungskosten eines Gezeitenkraftwerkes heute deutlich unter denen eines Atomkraftwerkes liegen [6.3]. Die Lebensdauer ist mit 75 Jahren weit höher als bei konventionellen Kraftwerken. Es ist zu hoffen, daß die bisher geplanten Kraftwerke endlich gebaut werden.

6.3   Wellenkraftwerke

Die in den Wasserwellen angebotene Energie ist zwar kontinuierlicher als die Gezeitenenergie und die Windenergie, leider aber nur wenig konzentriert. Eine Abschätzung der gewinnbaren Leistung aus einer Welle erhält man, wenn man das Herabstürzen eines Wellenberges in ein Wellental berechnet [6.6]. Dies ergibt eine Leistung von

$$\frac{P}{\ell} = 3060 \cdot y_0^2 \cdot \lambda^{1/2} \text{ in W/m,}$$

wobei y_0 die Amplitude der sinusförmig angenommenen Welle, λ die Wellenlänge und ℓ die Breite der Wellenfront ist (nähere Herleitung in [6.6]).

Für die deutsche Nordseeküste mit einer Wellenamplitude $y_0 = 0,75$ m und einer Wellenlänge von $\lambda = 60$ m ergeben sich pro Meter Wellenfront:

$$\frac{P}{\ell} \approx 14 \text{ kW/m.}$$

Im nördlichen Atlantik liegt dieser Wert bei 50 kW/m (Neue Hebriden [6.6]). Hier könnte eine Nutzung der Wellenenergie durchaus lohnend sein. Von besonderem Interesse sind alle Küsten, die offen vor großen Meeren liegen, also etwa die nordafrikanische Atlantikküste, die brasilianische oder die kalifornische Küste. Dort ist das Wellenangebot kontinuierlich, während es in kleineren Nebenmeeren wetterbedingt zu stark schwankt, um für eine Energiegewinnung in Frage zu kommen. Besonders günstig sind Küsten, die der Westwinddrift ausgesetzt sind und daher konstant hohe Wellen aufweisen. Hier können Energien von mehr als einem Megawatt pro Meter Wellenfront auftreten [6.4]. Das größte Angebot an Wellenenergie fällt zudem in den Wintermonaten an, also zu Zeiten, in denen es am meisten benötigt wird.

Konstruktionen zur Umwandlung der Wellenenergie in elektrische Energie gibt es mittlerweile eine ganze Reihe. Die meisten von ihnen sind Projekte, nur einige wurden versuchsweise gebaut oder fanden für Bojen und Leuchttürme im Leistungsbereich von 70 ... 500 W Verwendung [6.7]. Nur in Japan wird zur Zeit ein größeres Kraftwerk gebaut [6.4], über dessen Leistung aber noch nichts in Erfahrung gebracht werden konnte. Die einzelnen Konzepte können eingeteilt werden in

1. Anlagen, die die potentielle Energie der Oberflächenhebung ausnutzen;
2. Anlagen, die die kinetische Energie der Wellen umwandeln.

Zur ersten Kategorie gehören alle Kraftwerke mit Schwimmkörpern auf der Oberfläche, die sich vertikal bewegen können. Die einfachste Möglichkeit einer solchen Anlage ist die Übertragung der Vertikalbewegung durch ein geeignetes Gestänge auf einen Generator. Eine andere Konstruktion geht von einem Schwimmkörper mit einem langen Zentralrohr aus (Bild 6.5). Bei der Bewegung des Schwimmkörpers entsteht eine Phasenverschiebung zwischen der Welle und dem Wasserstand im Zentralrohr, die einen Druckunterschied bewirkt. Diese Druckschwankung wird zum Antrieb eines Turbogenerators verwendet [6.7].

Ähnlich funktioniert eine Neuentwicklung der Foundation for Ocean Research in San Diego/USA, bei der die Schwimmboje mit einem etwa hundert Meter langem wassergefülltem Rohr verbunden ist (Bild 6.6). Ein einfaches Klappen-

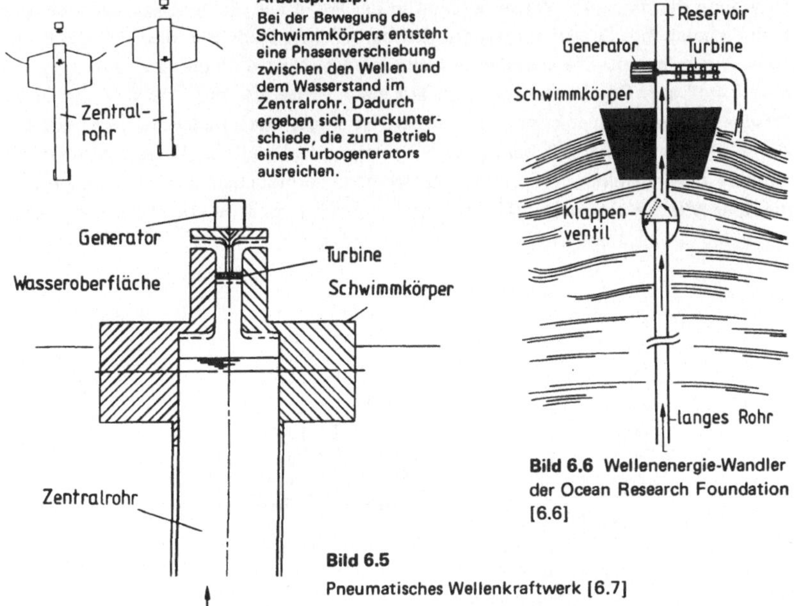

Bild 6.6 Wellenenergie-Wandler der Ocean Research Foundation [6.6]

Bild 6.5
Pneumatisches Wellenkraftwerk [6.7]

ventil läßt Wasser im Rohr nur nach oben strömen. Durch die Wellenbewegung des Körpers und damit des Rohres wird beim Abtauchen ständig Wasser in ein oben befindliches Reservoir geschoben. Der Druck im oberen Teil hängt von der Rohrlänge und der Beschleunigung ab, die die Wassersäule erfährt. Bei 100 m Länge des Steigrohres und einer Beschleunigung von 0,5 g herrschen 5 bar Druck. Das Wasser wird aus dem oberen Reservoir über eine Peltonturbine ins Freie geleitet. Die dabei abgegebene Energie entspricht immerhin 25 % der Wellenenergie.

Andere Konzepte nutzen die Vertikalbewegung eines Schwimmkörpers direkt zur Stromerzeugung aus: Ein Stabmagnet wird in einer festen Spule auf und ab bewegt und induziert so eine allerdings unregelmäßige Wechselspannung. Ebenfalls zur Kategorie der „Vertikalkraftwerke" gehört die Anlage von H. Kayser (Deutschland) (Bild 6.7). Ein Behälter mit einem großen vertikal beweglichen Kolben ist auf dem Meeresgrund verankert. Bei jeder ankommenden Welle steigt der hydrostatische Druck am Meeresboden an und der Kolben erfährt einen starken Auftrieb. Er wird in den oberen Raum des Behälters gedrückt, wobei die dort befindliche Luft durch ein Steigrohr entweicht. In der Mitte des Kolbens ist ein kleinerer Kolben angebracht, der wegen seiner kleineren Fläche einen entsprechend größeren Druck ausübt (hydraulisches Prinzip). Er bewegt sich in einem Zylinder, der mit Seewasser gefüllt ist und drückt dieses in ein weiter oben gelegenes Speicherbecken.

Zu den Anlagen, die die kinetische Energie der Wellen umwandeln, gehören vor allem die „Schwimmenten" von S. H. Salter [6.4]. Sie nützen die Orbitalbewegung der einzelnen Wasserteilchen in der Welle aus. Es handelt sich dabei um halb eingetauchte Schaufelräder, die drehbar gelagert sind (Bild 6.8) und die Form einer Nocke haben. Die anlaufende Welle fängt sich vorn an der Nocke und richtet die „Ente" auf. Der Drehkörper sitzt auf einer Achse, die mit einem Außenkamm versehen ist. Ein Innenkamm des Körpers ist so gestaltet, daß Hohlräume auf der Achse entstehen, die sich bei der Drehbewegung verkleinern. Die Aufrichtung des Körpers bewirkt eine Komprimierung der dort befindlichen Luft auf etliche bar, die über Ventile einem Druckluftbehälter zugeführt wird. Bei der Rückwärtsbewe-

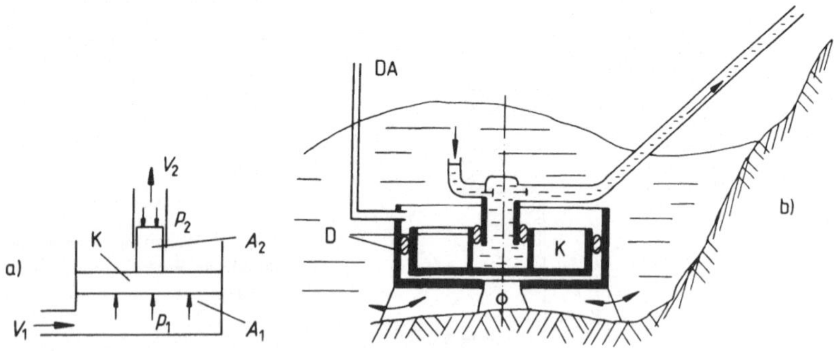

Bild 6.7 Unterseeische Wasserpumpe nach H. Kayser [6.5]

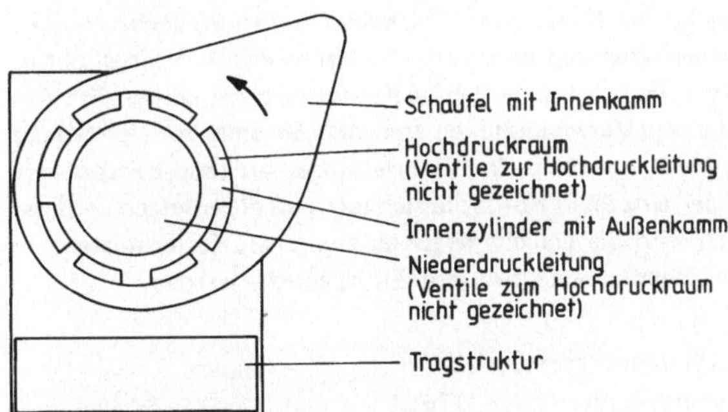

Bild 6.8 Halbtaucher „Schwimmente" (ohne Ventile) [6.7]

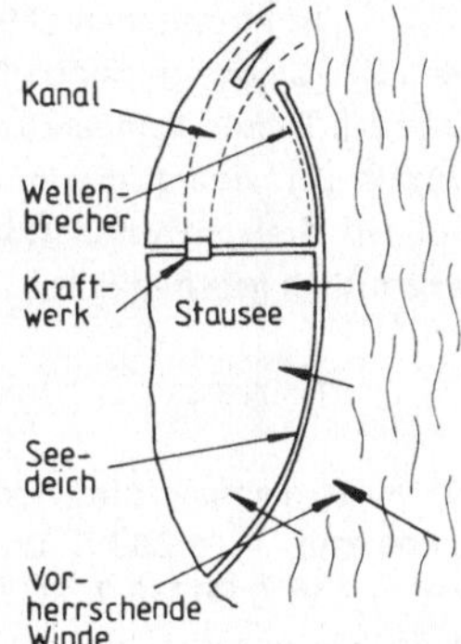

Bild 6.9

Ausnutzung der Energie der Horizontalgeschwindigkeit [6.7]

gung der Ente wird über innenliegende Ventile Luft aus dem Innenraum der Hohlachse angesaugt. Die komprimierte Luft wird zum Antrieb einer Turbine verwendet. Die gesamte Konstruktion müßte für Ozeanwellen eine Größe von mehr als 20 m haben. Es könnten längere Ketten von Einzelelementen aneinandergereiht schwimmend im Meer verankert werden. Die erzielbaren Wirkungsgrade liegen bei 70 %, die Leistungen könnten durchaus im MW-Bereich liegen.

Die kinetische Energie der Wellen in niedrigem Wasser wandelt sich von einer Kreisbewegung zu einer ebenen, bodenparallelen Bewegung mit u.U. höheren Geschwindigkeiten. Läßt man solche Wellen die schräge Rampe eines Dammes emporlaufen, so kann ein höher gelegenes Reservoir mit Wasser gefüllt werden (Bild 6.9). Bei geeigneter Konstruktion mit sich verengenden Kanälen lassen sich Wasserstandsunterschiede von 6 m und mehr erreichen, die ausreichend sind, um ein konventionelles Laufwasserkraftwerk zu betreiben [6.7]. Allerdings sind solche Anlagen für geringe Fallhöhen recht teuer.

Über die Kosten von Wellenkraftwerken kann zur Zeit noch keine Angabe gemacht werden. Bei den Kleinanlagen im Watt- und Kilowatt-Bereich hängt die Preisentwicklung stark von den zu erwartenden Stückzahlen ab. Zur Berechnung der Stromgestehungskosten bei Großprojekten fehlt vor allem eine Angabe über die

Lebensdauer der Kraftwerke im Meerwasser. Trotzdem haben Wellenkraftwerke wegen ihrer weltweiten Anwendbarkeit eine gute Einsatzchance. Allerdings gibt es auch hier Speicherprobleme, da es in allen Weltmeeren wellenarme Zeiten gibt. Am günstigsten erscheint die direkte Verwendung des erzeugten Stromes zur Herstellung von Wasserstoff aus dem Meer, der dann über Rohrleitungen an Land transportiert werden könnte. Welches der einzelnen Konzepte sich letztlich durchsetzen wird, ist heute zwar ungewiß, doch wird die Wellenenergie für typische „Küstenstaaten" in den nächsten Jahrzehnten sicherlich eine lohnende Energiequelle werden.

6.4 Temperaturgradientenkraftwerke
(Ocean thermal energy conversation OTEC)

In tropischen Meeren herrschen Oberflächenwassertemperaturen von 24 ... 27 °C. Einige hunderte Meter tiefer sinken diese Temperaturen auf 5 ... 7 °C ab [6.5]. Dieser Temperaturunterschied von rund 20 °C läßt sich in einem Rankine-Prozeß zur Energiegewinnung ausnützen. Der Wirkungsgrad eines thermodynamischen Kreisprozesses (Carnotprozeß) zwischen zwei solchen Wärmereservoiren ist bekanntlich gegeben durch:

$$\eta = \frac{T_1 - T_2}{T_1}.$$

Bei einer Temperaturdifferenz von 20 °C ergibt sich bei der Oberflächenwassertemperatur T_1 = 298 K und der Kaltwassertemperatur T_2 = 278 K ein Wirkungsgrad η von 0,067 (6,7 %). Solche Temperaturverhältnisse sind heute nur da wirtschaftlich nutzbar, wo bis in den Küstenbereich große Temperaturunterschiede herrschen.

Die einfachste Nutzungsmöglichkeit der Meereswärme stellt der offene Rankine-Prozeß dar (Bild 6.10). Das Prinzip dieses Kraftwerkes beruht auf den

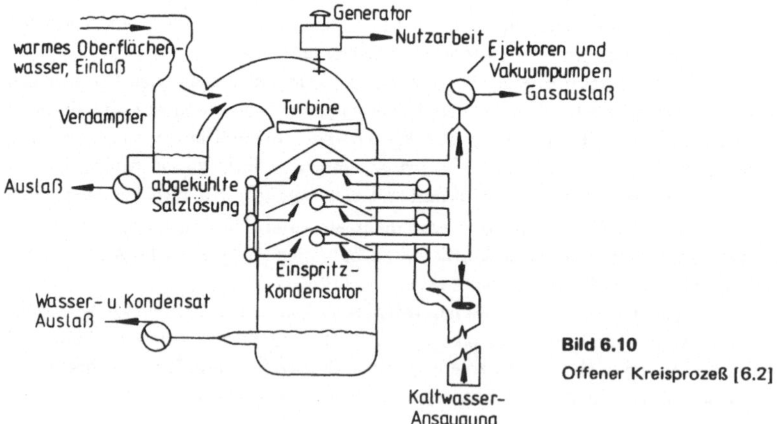

Bild 6.10
Offener Kreisprozeß [6.2]

unterschiedlichen Dampfdrücken von warmem und kaltem Wasser [6.7]. Das warme Meereswasser strömt in einen Verdampfer, in dem Unterdruck herrscht. Ein Teil des Wassers verdampft und entzieht dabei dem zurückbleibenden Wasser Wärme. Der Dampf strömt über ein Turbinenrad in den Kondensator, wobei er seine kinetische Energie zum Teil abgibt. Dort wird der Dampf durch Mischung mit dem kalten Wasser aus der Meerestiefe niedergeschlagen. Durch diese Kondensation wird der Unterdruck des gesamten Systems aufrecht erhalten.

Vorteile dieses Konzeptes sind seine technische Einfachheit und Unempfindlichkeit gegenüber Störungen, außerdem wirkt sich das Fehlen von Wärmetauscherflächen günstig auf den Wirkungsgrad aus [6.4]. Mit den üblichen Maschinenwirkungsgraden gerechnet dürfte dieser bei etwa 5 % liegen.

Wegen der hohen Verdampfungswärme des Wassers ist zur Dampferzeugung und zur Kondensation eine sehr große Menge Wasser nötig. Bei einer Temperatursenkung bzw. -erhöhung von 2 °C dieses Wassers im Arbeitsprozeß werden pro kg Dampf 300 kg Wasser benötigt [6.7]. Nimmt man an, daß 1 kg Meerwasser pro Sekunde 0,34 kW elektrische Leistung erzeugt, so benötigt ein 100-MW-Kraftwerk die immense Wassermenge von 300 m^3/s [6.6]. Da die gesamte Anlage wegen des geringen spezifischen Dampfvolumens von Wasser bei 25 °C sehr groß gestaltet werden müßte, versucht man heute eher, einen anderen Weg zu gehen: Es werden Anlagen mit geschlossenem Kreisprozeß konstruiert, in denen die Meereswärme auf ein geeignetes Arbeitsmedium, meist Ammoniak oder Propan, übertragen wird. Dieses Medium wird dann im geschlossenen Kreis über eine Turbine geführt. Die Probleme liegen hier vor allem in der Gestaltung der Wärmetauscherflächen. Sie müssen sehr groß sein, da als Temperaturgradient nur einige K zur Verfügung stehen. Schon diese wenigen verlorenen Grade drücken den Wirkungsgrad solcher Anlagen auf ca. 3 %. Zur Verbesserung der Wärmeübergangswerte hat man wellenförmige, in sich gerippte Oberflächen erfunden, bei denen der Wärmeübertrag auf das 5-fache der üblichen Werte gesteigert werden konnte [6.7].

Eine verlockende Möglichkeit zur Bereitstellung des Oberflächenwassers bieten die Meeresströmungen: Ein Temperaturgradientenkraftwerk, das beispielsweise vom Golfstrom umspült würde, brauchte für die Oberflächenwärmetauscher keine zusätzliche Pumpen, die Strömung des Meeres mit 2,5 m/s würde hier vollauf genügen. Das Kaltwasser muß allerdings durch eine Steigleitung aus ca. 600 ... 800 m Tiefe emporgepumpt werden. Ein 100-MW-Projekt soll bei einem Steigleitungsdurchmesser von 12 m (!) eine Pumpenleistung von 6 MW benötigen, um 300 m^3 Wasser pro Sekunde zu fördern.

Über die Kosten der Projekte gibt es nur Schätzungen, da bisher noch kein Prototyp gebaut worden ist. Der BMFT schätzte 1976 die Anlagekosten auf ca. 1700 DM/kW (Preisbasis 1974), was ein durchaus akzeptabler Preis wäre. Mit den Betriebskosten von ca. 300 DM/kW und einer jährlichen Auslastung von 6560 Stunden lägen die Stromgestehungskosten bei 4,65 Pf/kWh [6.7]. Dies ist gegenüber konventionellen Kraftwerken (incl. Kernkraftwerken) ein recht guter Wert.

6.5   Salzgradientenkraftwerke (Osmosekraftwerke)

Die Energie, die sich durch Mischung von Meerwasser und Frischwasser gewinnen läßt, ist erstaunlich groß. Sie entspricht bei Flüssen, die ins Meer strömen, der Energie, die zur Verfügung stünde, wenn man die gleiche Menge Wasser hinter einem 240 m hohen Damm stauen würde [6.4]. Dieses Energiepotential ließe sich auf verschiedene Weise nutzen

1. durch Dampfaustausch zwischen Salzwasser und Frischwasser unter Ausnützung der verschiedenen Dampfdrücke;
2. durch Verwendung semipermeabler Membranen, die Salzionen zurückhalten (Ausnutzung des osmotischen Druckes);
3. durch Dialyse-Batterien, die anionen- und kationendurchlässige Membranen enthalten.

Von diesen drei Möglichkeiten hat zur Zeit nur die zweite eine Chance auf technische Verwirklichung. Die erste ist zu aufwendig, die dritte liefert mit 0,1 V pro Zelle zu wenig Energie.

Bei der *Osmose* sind eine ionenarme und eine ionenreiche Lösung durch eine Membran getrennt, die nur Lösungsmittel durchläßt (Bild 6.11). Da jede Lösung das Bestreben hat, sich zu verdünnen, wandert eine bestimmte Anzahl Lösungsmittelmoleküle durch die Membran in die ionenreiche Lösung. Dadurch steigt dort der Wasserstand, bis der Lösungsdruck oder osmotische Druck gleich dem Wasserdruck ist. Eine Wassersäule steigt bis zur Höhe ΔZ_0:

$$\Delta Z_0 = \frac{p_0}{\rho g},$$

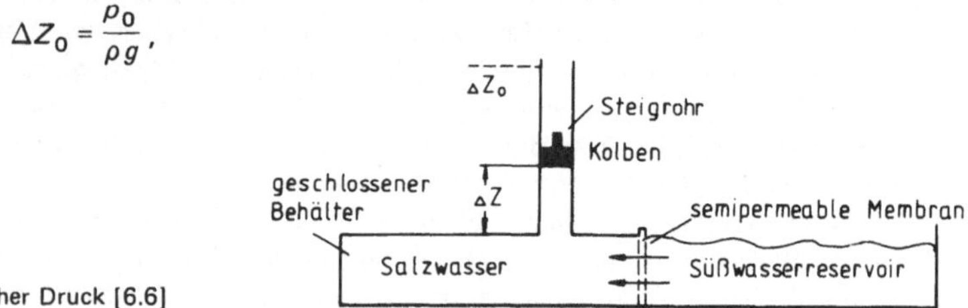

Bild 6.11
Osmotischer Druck [6.6]

wobei ρ die Dichte, g die Erdbeschleunigung und p_0 der osmotische Druck ist, der sich als $p_0 = nkT$ aus der idealen Gasgleichung ergibt.

Dies ist der Druck der als Gasmoleküle vorgestellten Salzmoleküle in der Lösung. Bei einer Salzkonzentration von drei Gewichtsprozent und bei 300 K läßt sich ein osmotischer Druck von 23 bar errechnen, der einer Wassersäule von 230 m entspricht [6.6]. Die maximale Leistung pro m^2 Membranfläche beträgt bei diesem Druck 2,4 W [6.6].

Bild 6.12 zeigt den schematischen Aufbau eines solchen Kraftwerkes, das mit Meerwasser und Flußwasser arbeitet. Auf der Flußwasserseite muß ein Teil des Süßwassers ständig zur Membranreinigung verwendet werden, die sich sonst sehr schnell mit Schwebstoffen zusetzen würde. Überhaupt ist die Lebensdauer der

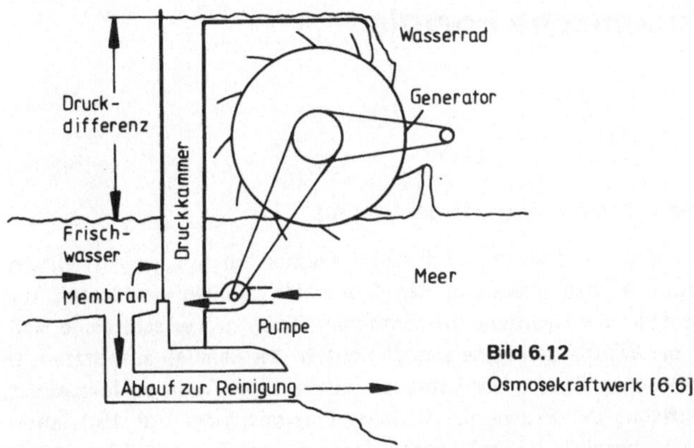

Bild 6.12
Osmosekraftwerk [6.6]

Membran das entscheidende Kriterium der Anlage: Bei einer Haltbarkeit von einem Jahr und einem Preis von 2,50 DM/m^2 verursacht sie einen Strompreis von 10 ... 20 Pf/kWh [6.6]. Auf der Seewasserseite muß das oben abfließende Wasser ständig unten ersetzt werden. Die dazu notwendige Pumpe arbeitet gegen den osmotischen Druck an.

Es gibt leider noch keinerlei Erfahrungen mit solchen Kraftwerken, so daß Angaben über Wirkungsgrade (z.B. bei [6.4] 60 %) und Kosten sehr unsicher sind. Bis zum Bau eines Versuchskraftwerkes wird wohl noch einige Entwicklungsarbeit geleistet werden müssen, insbesondere auf dem Gebiet der Membranen. Langfristig ist aber ein Einsatz solcher Kraftwerke an Flußmündungen durchaus denkbar.

Literatur

[6.1] *Rieg/Rosmanith:* Gezeitenkraftwerke, Vortrag zum Hauptseminar Alternativenergien, FB Physik, Prof. Mühleisen und Prof. Wahl, Universität Tübingen 1980.

[6.2] *Heck, T.:* Energie aus dem Meer, Zulassungsarbeit Universität Tübingen, Mai 1980.

[6.3] *Shaw, T. L.:* The status of tidal power, in Water Power and Dam Construktion 6/1978.

[6.4] *Isaac/Schmitt:* Ocean energy: Forms and prospects in Science, 18.1.1980.

[6.5] *Rummich, E.:* Nichtkonventionelle Energienutzung, Wien 1978.

[6.6] *Fricke, J., Borst, W.:* Energie aus dem Meer, in Physik in unserer Zeit 10/1979, Heft 3, S. 85 ff.

[6.7] *Matthöfer, H.* (Hrsg.): Energiequellen für morgen, Teil IV, Nutzung der Meeresenergien, Umschau Verlag, Frankfurt 1976.

[6.8] *Kertz, W.:* „Einführung in die Geophysik", BI Hochschultaschenbücher Nr. 275 und Nr. 535, BI Mannheim 1976.

7 Geothermische Energie

7.1 Zur Geschichte der Erdwärmenutzung

Die Nutzung der Erdwärme durch den Menschen hat eine lange Tradition. Bereits im Altertum wurden überall in der Welt heiße Quellen erschlossen, mit denen Badehäuser betrieben wurden. Im römischen Reich gab es zahlreiche Heilbäder, die neben der Wärme den Mineralstoffreichtum der Quellen ausnutzten. In den berühmten türkischen Bädern der Osmanen wurde diese Tradition fortgesetzt. Die technische Nutzung der Erdwärme ist dagegen relativ jung. Vor 150 Jahren wurde erstmals in Lardarello (Italien) geothermischer Dampf zum Beheizen eines Kessels eingesetzt [7.1]. Hier lief auch der erste mit Naturdampf betriebene Dynamo, der ab 1904 für elektrisches Licht sorgte. In den USA wurden 1920 erstmals Bohrlöcher zur Dampfförderung abgeteuft. Die damalige Anlage von The Geysers (Californien) erwies sich aber wegen billig zur Verfügung stehender Wasserkraft als unrentabel [7.2]. Erst 1960 wurde hier ein neues Kraftwerk von 12,5 MW installiert. In den sechziger Jahren begann überall die sprunghafte Entwicklung der Geothermikkraftwerke, denn nun war es durch die geologische Forschung möglich geworden, geothermale Felder näher zu untersuchen.

Heute wird in den meisten Fällen aus der Erdwärme Strom erzeugt, nur an einigen geographisch begünstigten Orten (Island, Japan, Ungarn, UdSSR) werden auch Häuser beheizt. Die Weltstromerzeugung aus geothermischer Energie dürfte zur Zeit 2000 ... 3000 MW betragen.

7.2 Herkunft und Vorkommen der Erdwärme

7.2.1 Aufbau der Erde

Der innere Aufbau der Erde ist mit dem einer Zwiebel vergleichbar: Den Kern umgeben eine Anzahl von Schalen, die von innen nach außen aus spezifisch leichterem Material aufgebaut sind. Der Kern des Erdballs (core) besteht vermutlich aus Nickel und Eisen, die bei ca. 4000 ... 6000 °C und $3,5 \cdot 10^6$ bar zähflüssige Konsistenz haben [7.2]. Heute wird zumeist eine ‚kalte' Entstehung der Erde durch Zusammenballung interstellaren Materials angenommen. Die Hitze im Inneren stammt also nicht von einem glutflüssigen Urzustand, sondern ist Wirkung der Gravitation. Der Kern ist von einem Mantel umgeben, der von diesem durch eine Stoffgrenze, eine sogenannte Diskontinuität, getrennt ist. Der Mantel erstreckt sich in verschiedenen Schalen in einer Tiefe von 35 ... 2900 km (Bild 7.1). Darüber liegt die Erdkruste, die im wesentlichen aus zwei Materialien aufgebaut ist: Dem tiefer liegenden Sima (*Magnesiumsilikate*) und dem darüberliegenden Sial (*Aluminium-*

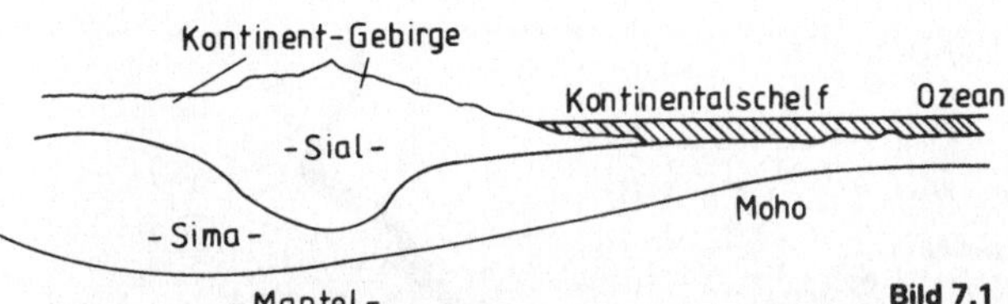

Bild 7.1 Aufbau der Erdkruste

*si*likate). Die Kruste ist durch die sogenannte Mohorovicic-Diskontinuität (Moho) vom Mantel getrennt. Hinsichtlich der Festigkeit der äußeren 5 ... 600 km der Erde unterscheidet man Lithosphäre und Astenosphäre. Die oben liegende Lithosphäre (60 ... 80 km dick), die das Sial und Teile des Simas umfaßt, besteht aus festen Platten, die darunter liegende Asthenosphäre (400 ... 600 km dick), zu der das untere Sima und Teile des Mantels gehören, aus eher zähflüssigem Material (Tiefengestein, teils geschmolzen).

7.2.2 Plattentektonik und Geothermik

Die Theorie der Plattentektonik ist für das Verständnis der Geothermik von großer Wichtigkeit. Dabei geht es um die Bewegung der festen Lithosphärenplatten auf der ständig in Bewegung (Konvektion) bleibenden Asthenosphäre. Die Anstöße zu dieser Theorie kamen zum einen von der Kontinentalverschiebungstheorie A. Wegeners, zum anderen aus der Beobachtung und Vermessung sog. „Rift Valleys" im Bereich der mittelozeanischen Rücken (Bild 7.2). Heute hat sich die Erkenntnis durchgesetzt, daß diese Ozeangebirge notdürftig gekittete Risse in der Erdkruste darstellen, durch die ständig Material der Asthenosphäre nach oben dringt. Dieses zähflüssige magnetische Tiefengestein drängt die Platten der Lithosphäre samt Ozeanboden und Kontinenten auseinander. Dadurch stoßen anderenorts Platten aufeinander. Ist eine dieser Platten mit einem Kontinent „befrachtet", so schiebt sich die Ozeanplatte darunter (Subduktion) und taucht in die Asthenosphäre ab, wo sie infolge des hohen Druckes aufschmilzt. Auf dem Kontinent entsteht dabei ein Faltengebirge, an der Subduktionszone davor ein Graben (z.B.

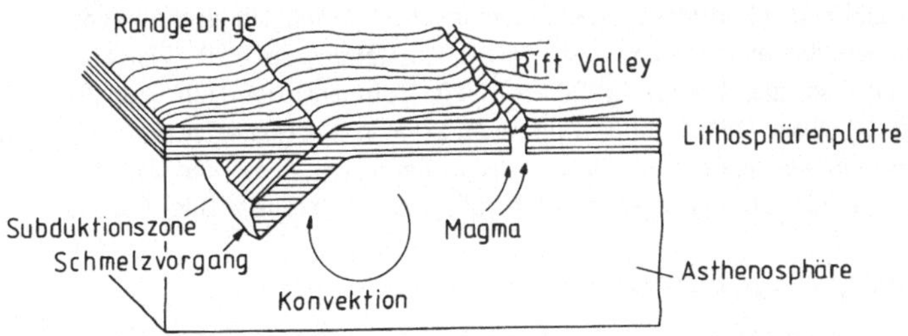

Bild 7.2 Plattentektonik der Erdkruste [7.2]

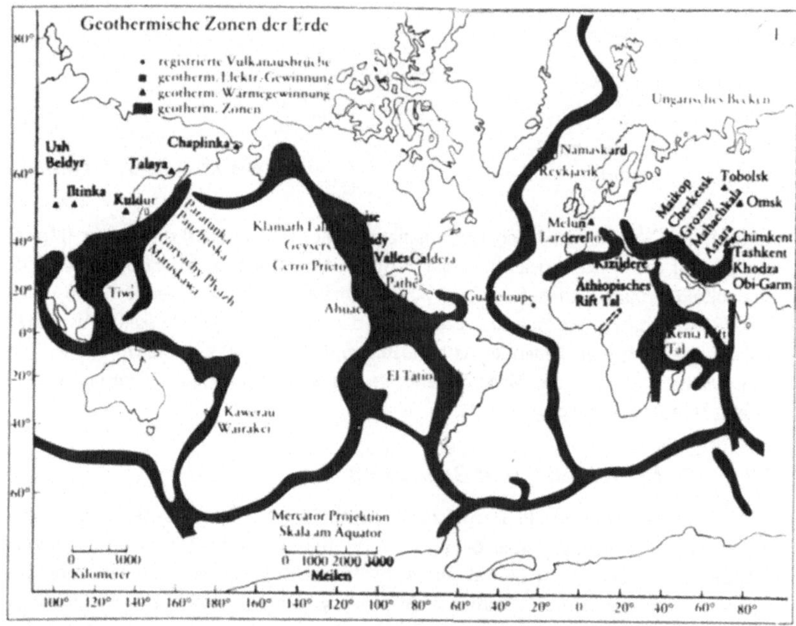

Bild 7.3 Geothermische Zonen = Plattenbruchzonen [7.3]

Kordillieren und vorgelagerter Tiefseegraben in Südamerika). Die dritte Bewegungs-
möglichkeit ist das Aneinandervorbeischieben zweier Platten, wie es in Kalifornien
zwischen der nordamerikanischen und der pazifischen Platte stattfindet (San Andreas-
Verwerfung).

Für die Nutzung der geothermischen Energie sind sog. Anomalien wesentlich, d.h. Stellen, die wärmer als die normale Lithosphäre sind. Anomalien in der
Nähe der Erdoberfläche (und nur da sind sie interessant) beruhen entweder auf
Magmaeinschlüssen oder auf einem verstärktem Wärmestrom durch gut wärmelei-
tendes, tiefreichendes Sedimentgestein. Orte solcher Anomalien sind nun vor allem
die Bruchzonen der einzelnen Platten. In der Entstehungszone der Platten drängt
Magma empor, so daß bereits in 50 km Tiefe Temperaturen von über 1000 °C
herrschen [7.3]. Aber auch Subduktionszonen können Anomaliezentren sein, wenn
Magma zwischen den gleitenden Platten nach oben dringt. Fast alle Orte mit geothermischer Energienutzung liegen in solchen Plattenbruchzonen (Bild 7.3).

7.2.3 Herkunft der Erdwärme

Da, wie schon erwähnt, vom Gedanken einer einst glutflüssigen Erde von
vielen Forschern Abstand genommen wird [7.2], ergibt sich die Frage, woher die

Erde ihre Wärme besitzt. Die Erdkruste enthält radioaktive Elemente wie ^{238}U, ^{232}Th und ^{40}K, die bei Halbwertszeiten in der Größenordnung von 10^9 Jahren im Mittel 5,3 MeV pro Zerfall an Energie abgeben [7.3]. Bei 8 (bzw. 6) Zerfällen bei Uran (bzw. Thorium) ergibt dies 2,94 Joule pro Gramm und Jahr (0,84 J/g · a) beim reinen Isotop. In der oberen Erdkruste hat das Uran einen Massenanteil von $4,7 \cdot 10^{-6} = 4,7$ ppm in Granit und 0,7 ppm in Basalt (Thorium: 20 ppm und 2,7 ppm) [7.3]. Damit läßt sich die Wärmeerzeugung pro Gramm Gestein im Jahr errechnen [7.3]:

Isotop	Halbwertszeit α	α-Zerfälle/a · g	Wärmeerzeugung J/g · a	
			im reinen Isotop	im Granit
^{238}U	$4,5 \cdot 10^9$	8	2,94	$2,94 \cdot 4,7 \cdot 10^{-6} = 1,4 \cdot 10^{-5}$
^{232}Th	$13,9 \cdot 10^9$	6	0,84	$0,84 \cdot 20 \cdot 10^{-6} = 1,7 \cdot 10^{-5}$

Mit diesen Werten kann der Oberflächenwärmestrom durch eine 10 km hohe Granitsäule von 1 cm^2 Grundfläche angegeben werden (Dichte 2,6 g/cm^3):

$$\dot{q} = (1,4 + 1,7) \, 10^{-5} \cdot 2,6 \cdot 10^6 \text{ J/cm}^2 \cdot \text{a} \approx 80 \text{ J/cm}^2 \cdot \text{a} = 0,025 \text{ W/m}^2.$$

Die mittlere Wärmestromdichte an der Oberfläche beträgt nach Messungen 0,06 W/m^2. Die obersten 10 km der Kruste liefern also bereits einen beträchtlichen Anteil der Erdwärme. Der größere Rest stammt aus tieferen Zonen der Asthenosphäre, in der die Isotope noch konzentrierter vorhanden sind (bis zum 5-fachen Wert) [7.2]. Dieser Teil der Erde befindet sich ständig an der Grenze zum glutflüssigen Zustand. Treten örtliche Druckspannungen auf, bildet sich Magma, das bei vorhandenen Spalten nach oben quillt.

Die Radioaktivität ist wohl auf die Erdkruste und den oberen Mantelteil beschränkt. Gäbe es eine ähnliche Konzentration radioaktiver Partikel im Erdkern, so wäre die Erde längst total geschmolzen. Die Meinungen darüber, ob die Erdtemperatur zu- oder abnimmt, gehen bei den Forschern weit auseinander [7.2].

7.2.4 Wärmestrom und Temperaturgradient

Die Wärmestromdichte von 0,06 W/m^2 läßt sich überall auf der Erde in geologisch normalen Gebieten messen. In ca. 30 m Tiefe sind alle Einwirkungen von Sonne und Atmosphäre abgeklungen, die Temperatur ist nahezu gleich [7.1]. Der geothermische Oberflächenstrom der ganzen Erde beträgt $3,1 \cdot 10^{10}$ kW [7.3] und ist somit etwa so groß wie die angenommene Weltkraftwerkskapazität im Jahr 2000, jedoch rund 11 000 Mal kleiner als die auf die Erdatmosphäre fallende Sonnenstrahlung (1,36 kW/m^2). Schon die geringe Dichte der Solarstrahlung bereitet große Schwierigkeiten, diese Energieform wirtschaftlich zu nutzen. Dies gilt in noch weit höherem Maße für die „normale" Erdwärme: Um 1000 MW thermische Leistung kontinuierlich zu gewinnen (d.h. ohne Bodenabkühlung), müßte man den gesamten Wärmestrom unter 16 000 km^2 Erdoberfläche nutzen, was natürlich eine Unmöglichkeit ist. Daher bleibt nichts anderes übrig, als den Wärmeinhalt einer

Gesteinsregion regelrecht „abzubauen". Bedingt durch die geringe Wärmestromdichte und die geringe Wärmeleitfähigkeit k der Gesteine (Granit: $k = 2$ W/$^\circ$C $\cdot$ m) wärmt sich ein einmal ausgekühlter Gesteinskomplex von 1 km² Ausdehnung und 3 km Tiefe erst in ca. 150 000 Jahren wieder auf [7.1].

Aus dem Wärmestrom $\dot{q}$ läßt sich der Temperaturgradient in der Nähe der Erdoberfläche abschätzen [7.3]. Nach dem Fourier-Gesetz gilt:

$$\dot{q} = -k \left.\frac{dt}{dx}\right|_{x=0}$$

dt/dx ist die Temperaturänderung pro Längeneinheit. Daraus ergibt sich:

$$-\left.\frac{dt}{dx}\right|_{x=0} = \frac{\dot{q}}{k} = 0{,}03 \; ^\circ\text{C/m}.$$

Dieser Wert von etwa 30 $^\circ$C/km stimmt gut mit den Messungen überein. Er gilt für bodennahe Verhältnisse und nimmt im Erdinnern stark ab (sonst würden dort ja 30 $^\circ$C/km $\cdot$ 6750 km $\approx 2 \cdot 10^5$ $^\circ$C herrschen!).

Bei *geothermischen Anomalien* ist der Temperaturgradient wesentlich höher, z.B. hat der gesamte Westen der USA höhere Werte, Montana etwa 75 $^\circ$C/km.

Normale Gebiete, wie sie in der Bundesrepublik Deutschland zumeist vorherrschen, lohnen sich nicht zur Erdwärmenutzung. In 5 km Tiefe (das ist das, was bohrtechnisch in den nächsten Jahren erreicht werden wird), herrschen ca. 150 $^\circ$C — zu wenig für den wirtschaftlichen Betrieb eines Kraftwerkes.

7.2.5 Das Potential geothermischer Energie

Über das Gesamtpotential an geothermischer Energie der Erdkruste lassen sich nur vage Angaben machen. Zumeist wird in den Berechnungen die Wärmekapazität der obersten Erdschicht abgeschätzt, die sich bei Abkühlung dieser Schicht auf eine bestimmte Temperatur ergeben würde. Bei Abkühlung einer 7 km dicken Gesteinsschicht mit normalem Temperaturgradienten auf 80 $^\circ$C kommt man so auf eine Wärmemenge von $3{,}5 \cdot 10^{19}$ kWh. Wirklich nutzbar sind aber nur die anormal heißen Stellen (s.o.), die Temperaturgradienten über 40 $^\circ$C/km aufweisen. Das Potential der geothermischen Anomalien wird nun einfach als 1/10 000 dieses Wertes angegeben [7.3]. Das ist natürlich nur eine grobe Schätzung. Ebenfalls ungenau ist die Angabe des geothermalen Wärmestromes in Anomalien als 1 % des globalen Wärmestromes, nämlich $3 \cdot 10^{11}$ W [7.3]. Zum einen wird mit dieser Angabe suggeriert, daß der Wärmestrom durch Anomalien zum Gesamtwärmestrom hinzugehört. Der Gesamtwärmestrom ist jedoch aus der Wärmestromdichte normaler Gebiete errechnet. Die Anomaliestellen der Wärmeverteilung sind zusätzliche, aus den schier unerschöpflichen Tiefenbereichen gespeiste Wärmestellen, die zum größeren Teil noch entdeckt werden müssen. Zum anderen ist ein Vergleich mit dem Weltleistungsbedarf hier eher verwirrend: „Vergleicht man dies mit dem Weltleistungsbedarf von etwa 10^{13} W, so erkennt man, daß Geowärme nur eine beschränkte, wenn auch lokal wichtige Rolle spielen kann" [7.3].

Die Anomaliestellen der Erdoberfläche werden wie andere Erdwärmequellen ausgebeutet, d.h. man entzieht den Reservoiren wesentlich mehr Wärme als ihnen aus dem Inneren zuströmt. Für den Zeitraum der Abbaubarkeit, nach Schätzungen [7.3] ca. 50 Jahre, stehen also sehr viel größere Leistungen zur Verfügung als sich aus solchen Wärmestromrechnungen annehmen läßt.

Ähnlich wie bei der Kohle- und Erdölexploration muß auch hier intensiv nach Anomalien gesucht werden, deren Abbau lohnend erscheint. Dabei erweist sich vor allem der Einsatz von Infrarotkameras in Satelliten als hilfreich.

Die USA sind in der Ausbeutung ihres Potentials am weitesten fortgeschritten und haben bereits über 1000 MW elektrische Leistung installiert. Nach Angaben der National Science Foundation liegt die Kapazität bei 137 000 MW_{el} [7.2]. Interessant ist ein jüngster Vergleich der US-Energiereserven [7.4]:

US-Energiereserven	in 10^{15} kWh
Öl und Gas	0,42
hydrothermale Quellen > 90 °C bis 3 km Tiefe	2,67
direktes Magma (Vulkane)	1,11
Kohle	4,17
geologische Druckzonen (mit Methan)	47,2
heißes Gestein in Anomalien über 40 °C/km und 150 °C bis 10 km	55,5
sonstiges Gestein über 150 °C bis 10 km Tiefe	3610

Vergleich: Weltjahresenergieverbrauch ca. $0,06 \cdot 10^{15}$ kWh.

In der Bundesrepublik Deutschland gibt es nur wenige Gebiete mit ausnutzbaren geothermischen Anomalien. Sie liegen in alten Vulkangebieten (Eiffel, Uracher Gebiet) und in der Bruchzone des Oberrheingrabens. Das Potential der letzteren Anomalie beträgt $97 \cdot 10^9$ kWh. (Energiegesamtverbrauch: $3 \cdot 10^{12}$ kWh/a in der Bundesrepublik.)

7.3 Formen geothermischer Energie

Bei der Beschreibung der verschiedenen Formen geothermischer Energie werden nur die Anomalien berücksichtigt, die normale Erdwärme hat zu geringe Energiedichten, als daß sie in näherer Zukunft genutzt werden könnte.

Insgesamt lassen sich vier geothermische Systeme unterscheiden [7.2]:

1. hydrothermale Systeme, die heißes Wasser in geringer Tiefe enthalten:
   Dampf über 150 °C
   Wasser oder Wasser-Dampfgemisch ab 90 °C bis 350 °C,
2. geologische Druckzonen: Druckwasserspeicher mit Methan,
3. nicht geschmolzenes trockenes Gestein unter 650 °C,
4. Magma: geschmolzenes Gestein mit Temperaturen über 650 °C.

7.3.1 Hydrothermale Systeme

In diesem Bereich liegt die häufigste Nutzung der geothermischen Energie. Nur etwa 2 % der hydrothermalen Vorkommen liefern den begehrten Trockendampf mit Temperaturen um 250 °C und 30 ... 35 bar Druck. Diese Dampfsysteme, die als „Lardarello-Typ" bezeichnet werden, sind meist Reservoire unter hydrostatischem Druck ohne direkten Grundwasserzugang. Wahrscheinlich ist in früheren geologischen Zeiten eingedrungenes Wasser in heißem Gestein verdampft und wird nun durch eine obenliegende undurchlässige Gesteinsschicht am Entweichen gehindert. Die Hitze stammt zumeist von einem Magmaeinschluß unter dem Reservoir. Die Dampf- fördermengen sind je nach Gebiet recht unterschiedlich und betragen mehrere 1000 ... 250 000 kg Trockendampf pro Stunde und Bohrloch (2500 m). Zu diesem Typ gehören die geothermalen Felder von Larderello (Italien), The Geysers (Cali- fornien) und Matsukara (Japan).

Häufiger sind die Naßdampfsysteme des „Monte-Amiata-Typs" anzutreffen (nach dem Monte-Amiata-Feld bei Florenz (Italien)). Werden solche Vorkommen angebohrt, kann anfänglich Dampf von ca. 150 °C und 20 ... 40 bar gefördert wer- den. Nach einiger Zeit fällt der Druck ab und nun entsteht Naßdampf durch im Boden kochendes Wasser. Bei weiterer Förderung kann die Temperatur soweit sin- ken, daß Heißwasser zutage tritt.

Oft tritt über heißen Gesteinsschichten von Anfang an Wasser aus, ent- weder in Form von natürlichen Quellen oder durch Förderbohrungen. Dieses Wasser weist Temperaturen von 90 ... 350 °C auf. Flüssig gehalten wird es einmal durch den hydrostatischen Druck in der Tiefe, zum anderen durch im Wasser gelöste Salze. Der Aufbau solcher Heißwasser-Reservoire ist in Bild 7.4 wiedergegeben: Grund- wasser dringt seitlich in den Boden und sammelt sich in einer tiefliegenden, wasser-

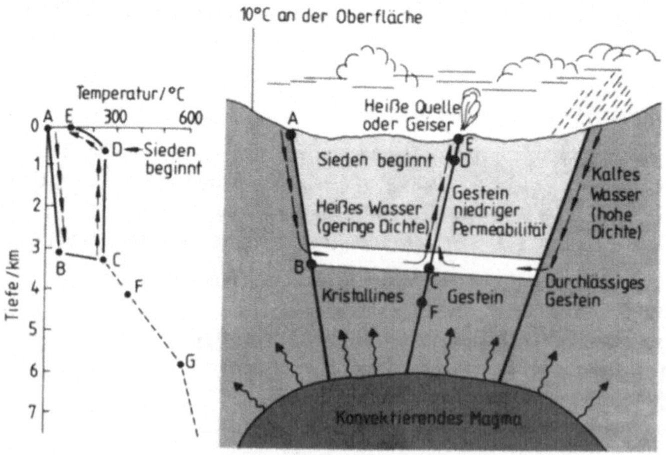

Bild 7.4 Geothermisches Wasser- oder Dampfsystem [7.3]

durchlässigen Gesteinsschicht, einem sog. *Aquifer*. Dort wird es durch eine tiefer liegende Magmakammer aufgeheizt. Die darüber befindliche Gesteinsschicht verhindert das Entweichen des Heißwassers. Durch Brüche und Risse in dieser Deckschicht dringt schließlich doch Wasser an die Oberfläche. Der Wasserkreislauf wird dabei durch den Auftrieb des leichteren Heißwassers in Gang gehalten. Ein typisches Heißwassergebiet ist Island, das seine heißen Quellen zur Heizung der Hauptstadt Reykjavik benutzt, sowie Salton Sea (Imperial Valley, USA), wo Wasser mit 26 % Salzgehalt (Sulfate, Karbonate) und Temperaturen bis 360 °C gefördert wird [7.2].

In tieferen Sedimentbecken sind oft Aquifere mit Temperaturen unter 100 °C zu finden. Solche Systeme eignen sich bestens zur Hausheizung. In Deutschland sind warme Quellen in Baden-Baden, Wiesbaden und Aachen zu finden. In Saulgau und in Bühl/Oberrhein wird zur Zeit Wasser zu Heizungszwecken erbohrt und gefördert.

7.3.2 Geologische Druckzonen

Wasser unter dicken Sedimentgesteinsschichten kann unter hohen Druck geraten, wenn das Gestein in Auffaltungs- oder Verwerfungszonen selbst Druck ausgesetzt ist [7.2]. Dabei entstehen Wasserdrücke von 200 ... 400 bar und Temperaturen von 150 ... 180 °C [7.4]. In den Reservoiren finden sich außerdem größere Mengen Methan.

Ein Beispiel solcher Druckzonen ist die Golfküste der USA von Mexico bis zum Mississippi, wo bereits Probebohrungen niedergebracht wurden. Allerdings gibt es hier z.Z. noch viele technische Probleme, so die Bewältigung des hohen Druckes und vor allem die Trennung von Wasser und Methan. Kurzfristig werden solche Reservoire wohl kaum nutzbar sein.

7.3.3 Trockenes, heißes Gestein unter 650 °C

Die weitaus meisten Anomalien liegen als heißes Trockengestein vor (englisch: Hot Dry Rock: HDR). Längst nicht überall, wo Magma in die Lithosphäre gedrungen ist, ist eine wasserdurchlässige Schicht und eine absperrende Deckschicht vorhanden, so daß eine heiße Quelle entstehen könnte. Die Nutzung des heißen Gesteins ist ab mehreren Kilometern Tiefe lohnend. Zum Wärmeaustausch muß irgendeine Flüssigkeit — in der Regel Wasser — in das Gestein injiziert werden, das in Rissen und Klüften aufgeheizt und schließlich gefördert wird. Dieses Verfahren lohnt sich nur bei Anomalien mit einem Temperaturgradienten über 40 °C/km, wobei die Wärmeabnahme des Gesteins 10 °C/5 Jahre nicht überschreiten sollte [7.4]. Eine HDR-Versuchsanlage steht in Los Alamos (New Mexiko). Über sie wird noch berichtet werden. In Zukunft könnte diese Energiequelle eine große Rolle spielen.

7.3.4   Magma

Neben dem oberflächennahen vulkanischen Magma gibt es in 3 ... 6 km Erdtiefe eine Vielzahl von Magmaeinschlüssen, die gewaltige Mengen von Energie enthalten. (USA: 42 identifizierte Vorkommen mit 30-fachem Energieinhalt verglichen mit hydrothermalen Vorkommen [7.2].) Der Nutzung dieser Wärmequellen stehen fast unüberwindliche technische Schwierigkeiten entgegen: Zum einen ist bei den dort herrschenden Drücken von 1000 ... 2000 bar und Temperaturen von 650 ... 1200 °C Bohren bis heute unmöglich (technische Grenze bei 1000 ... 2000 bar: 250 °C) [7.4], zum anderen kann die Wärme schlecht extrahiert werden. In unbewegtem Magma läßt sich auf die Dauer nur 1 kW pro m^2 Tauscherfläche gewinnen, da das auskristallisierende Gestein (Basalt) eine sehr geringe Wärmeleitfähigkeit hat. Die Anzapfung von Magmakammern wird wohl erst in fernerer Zukunft gelingen.

7.4   Technische Nutzung der geothermischen Energie

Die Beschreibung der verschiedenen Techniken zur Nutzung der Erdwärme beschränkt sich auf die heute praktikabel erscheinenden Systeme: hydrothermale Quellen und Hot Dry Rock.

7.4.1   Nutzung hydrothermaler Quellen

7.4.1.1   Allgemeines zur Bohrtechnik

In fast allen Fällen von Erdwärmenutzung müssen die Reservoire angebohrt werden. Die Bohrtechnik entspricht dabei weitgehend derjenigen der Erdölindustrie [7.1]. Im heißen Untergrund muß allerdings Material verwendet werden, das unempfindlich gegenüber thermischen Spannungen und haltbar gegen aggressive Dämpfe und Flüssigkeiten ist [7.1]. Die Drehgeschwindigkeiten des Bohrkopfes liegen bei 30 ... 250 U/min, je nach Gesteinsart. Die Abteufgeschwindigkeit kann in Sedimentgesteinen mehrere 100 m/d betragen, im kristallinen Grundgestein ist sie um Größenordnungen geringer. Mit Wolframkarbideinsätzen kann bis 220 °C, mit Diamantbohrern bis 530 °C gebohrt werden. Relativ neu ist das Schmelzbohrverfahren, bei dem ein elektrisch beheizter Bohrkopf (1400 °C) das Gestein aufschmilzt. Dies hat den Vorteil, daß durch das wiedererstarrende Gestein eine feste Wandung des Bohrloches entsteht, also nicht mehr zementiert werden muß [7.1].

Die heute erreichbaren Bohrtiefen liegen bei 3500 ... 5000 m. Die Forschungsbohrung im Uracher Vulkangebiet hat Ende 1979 eine Tiefe von 3364 m erreicht (BMFT-Mitteilung).

7.4.1.2   Heißdampfquellen (Lardarello-Typ)

Heißdampfquellen des Lardarellotyps liefern trockenen Dampf von ca. 250 °C mit der maximalen Enthalpie von 2,55 kJ/g. Im Prinzip wird der dem Bohrloch entströmende Dampf auf die Schaufeln einer Turbine gelenkt und anschließend in einem Kondensator niedergeschlagen. Die Turbine treibt einen Generator, der

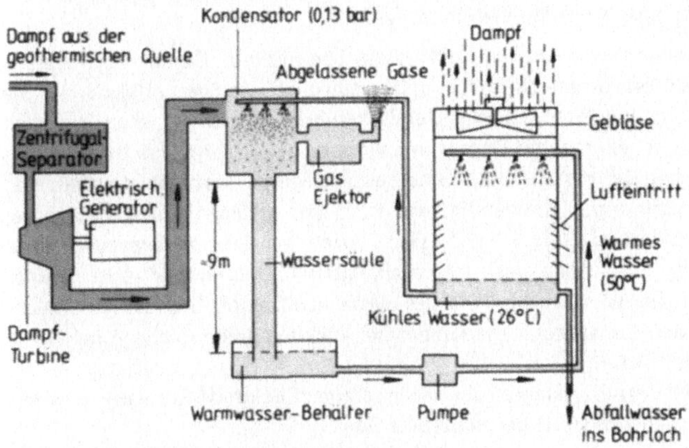

Bild 7.5 Geothermisches Kraftwerk The Geysers [7.3]

wie in einem konventionellen Kraftwerk Strom erzeugt. Der Wirkungsgrad der Umwandlung geothermischer Energie ist mit $\eta = 0{,}15$ [7.3] deutlich niedriger als bei
konventionellen Kraftwerken mit $\eta = 0{,}35 \ldots 0{,}4$. Dies liegt vor allem an der geringeren Dampftemperatur von 250 °C gegenüber 500 °C bei Kohlekraftwerken.

Der geothermale Dampf enthält nicht kondensierbare Gase wie H_2S,
NH_3 und CO_2. Zum einen stören diese Gase den Kondensationsprozeß, bei dem
ein leichtes Vakuum hinter der Turbine entstehen sollte, zum anderen greifen die
aggressiven Stoffe vor allem die Turbinen an. Außerdem dürfen Gase wie H_2S
natürlich nicht in die Umwelt gelangen. In der Anlage von The Geysers, die in
Bild 7.5 dargestellt ist, enthält der Dampf 280 mg H_2S/kg, die durch einen dem
Kühlwasser zugesetzten Oxidationskatalysator ausgewaschen werden [7.1]. Trotzdem gelangen immer noch 2,8 t H_2S pro Tag ins Freie [7.1]. Zur Abtrennung fester
Schwebeteilchen, die den Turbinenschaufeln schaden würden, ist der Turbine ein
Zentrifugal-Separator vorgeschaltet (Bild 7.5). Ein Gas-Ejektor sorgt für die Ab-
führung der nichtkondensierbaren Gase. Die endgültige Abkühlung findet in einem
Kühlturm statt, das dabei kondensierte Wasser wird in ein Bohrloch zurückge-
pumpt.

Das Kraftwerksfeld von The Geysers ist die weltweit größte Anlage ihrer
Art. 1977 wurden dort 908 MW elektrische Leistung in 15 Kraftwerken produziert
[7.2], 1980 dürften es 1000 ... 1200 MW gewesen sein. Jede Bohrung in diesem
geothermalen Feld erbringt im Durchschnitt 7 MW. Bei einer Tiefe von 2400 m ent-
strömen dem Bohrloch 100 t Dampf/h bei 10 bar und 295 °C [7.3]. Eine Tonne
Dampf kostet hier etwa 0,3 $. Die Kapazität der Kraftwerke von The Geysers kann
in den achziger Jahren auf 3000 ... 4800 MW [7.2] ausgebaut werden. Das geothermale Feld von Lardarello ist mit rund 400 MW wohl an der Grenze seiner Leistungs-
fähigkeit angelangt.

7.4.1.3 Naßdampfquellen (Monte-Amiata-Typ)

Die Nutzung von Quellen mit nicht überhitztem Dampf und Wasser-Dampf-Gemischen ist problematischer und wesentlich weniger effektiv als die Heißdampfnutzung. Bei Wasser-Dampf-Gemischen wird der Druck erniedrigt und der ursprüngliche dabei erzeugte Dampf in Zyklonen abgetrennt und zur Stromerzeugung verwendet. Bei den Turbinen sind spezielle große Turbinenschaufeln und größere Austrittsöffnungen notwendig, um trotz der geringen Energiedichte des Naßdampfes noch etwas zu gewinnen. Der Prozeß der Dampffreisetzung unter Druckerniedrigung wird zwei- oder mehrmals wiederholt („doeble" oder „multiflahing" [7.3]), dabei wird jeweils 10 % des Wassers zu Dampf. Das restliche Wasser wird zumeist in den Boden zurückgepumpt. Die Wirkungsgrade solcher Kraftwerke liegen bei wenigen Prozent.

Einige Naßdampfsysteme arbeiten mit einem Sekundärkreislauf, dies soll aber erst im nächsten Abschnitt betrachtet werden.

7.4.1.4 Quellen mit heißem Wasser

Heißwasserquellen weisen recht unterschiedliche Temperaturen und chemische Zusammensetzungen auf. Solequellen mit hohem Salzanteil und hohen Temperaturen eignen sich höchstens im Zusammenhang mit einem Sekundärkreislauf. Meistens haben die Quellen jedoch Salzgehalte um 3 %, wobei Chlorid, Sulfat und Karbonat als Anionen, K, Ca und Mg als Kationen überwiegen. Bei Heißwassersystemen von 250 °C und 6 bar Druck können bis zu 40 % des Wassers wie oben beschrieben in Dampf verwandelt werden. Doch bei etwa 80 % aller Quellen ist die Temperatur nicht hoch genug, um direkt verwertbaren Dampf erhalten zu können [7.3]. Um trotzdem Strom erzeugen zu können, geht man bei solchen Erdwärmequellen zu Sekundärkreiskraftwerken über. Die Wärme des Wassers wird dabei über Wärmetauscher einem Kältemittel (Isobutan, Ammoniak, Frigen) zugeführt, das dabei verdampft. Frigen R 11 hat bei der Temperatur 100 °C z.B. einen Druck von 8 bar [7.1]. Das Kältemittel treibt nun in einem Rankine-Prozeß eine Turbine an und wird anschließend durch kaltes Wasser (Flußwasser, Grundwasser) kondensiert. Der Wirkungsgrad dieses Prozesses läßt sich mit folgender Formel berechnen:

$$\eta = \alpha \left[1 - \frac{T_0}{T_2 - T_1} \ln \left[\frac{T_2}{T_1} \right] \right] \qquad [7.6]$$

T_0 Temperatur des kondensierten Arbeitsmittels
T_1 Temperatur des reinjizierten Wassers
T_2 Temperatur des geförderten Wassers
α empirische Konstante der Verluste im Kreis, hier $\alpha = 0{,}6$

Für $T_2 = 373$ K, $T_1 = 308$ K und $T_0 = 298$ K ergibt sich: $\eta = 0{,}078$. In den bisher gebauten Anlagen wurden allerdings nur 1 ... 2 % Wirkungsgrad erreicht.

Neben dem Vorzug der Ausnutzbarkeit auch mäßig warmer Quellen liegt ein Vorteil dieser Technik darin, daß das Wasser der geothermalen Quelle nur mit dem Wärmetauscher in Berührung kommt. Die Korrosionsprobleme an den Turbinenschaufeln entfallen damit. Das Quellwasser muß auch bei nur 3 % Salzgehalt auf jeden Fall in den Boden zurückgeleitet werden. Bei einem 100-MW-Kraftwerk, das Wasser von 3 % Salzgehalt verwendet, werden täglich 1800 t Salz „gefördert" — dies wäre eine zu hohe Belastung für die Umwelt [7.1]. Die Reinjektion bietet keine großen Schwierigkeiten: Der hydrostatische Druck in einem tiefen Bohrloch reicht vollkommen aus, das Abwasser zu verteilen.

Der Verwendung von geothermalem Wasser zu Heizzwecken sind theoretisch kaum Grenzen gesetzt: Es läßt sich überall da einsetzen, wo heute Warmwasser zur Raumheizung gebraucht wird. Allerdings darf dieser Verbraucher nicht weiter als 40 ... 50 km vom Bohrloch entfernt sein, eine weiterreichende „Erdfernwärmeversorgung" wäre unwirtschaftlich. Es gibt aber schon heute zahlreiche Stellen auf der Erde, wo Geowärme sinnvoll und wirtschaftlich zur Raumheizung eingesetzt werden könnte — nicht nur an solch bevorzugten Plätzen wie Island. Daß auch in Deutschland ein bescheidenes Potential existiert, zeigen die Probebohrungen im Oberrheingraben und die sporadische Nutzung (z.B. in Urach zur Schwimmbadheizung).

7.4.2 Nutzung heißen trockenen Gesteins (Hot Dry Rock, HDR)

Die Nutzung der HDR-Vorkommen in geothermalen Anomalien erschließt u.U. ein riesiges Energiereservoir, dem gegenüber die Öl- und Gasvorräte verschwindend klein wirken [7.2]. Das Problem liegt heute in der technischen Erschließbarkeit solcher Gesteinsregionen. Da in den Gesteinen kein Wärmeübertragsmedium ist, müssen künstliche Aquifere geschaffen werden, in die dann Wasser eingeleitet wird (Bild 7.6).

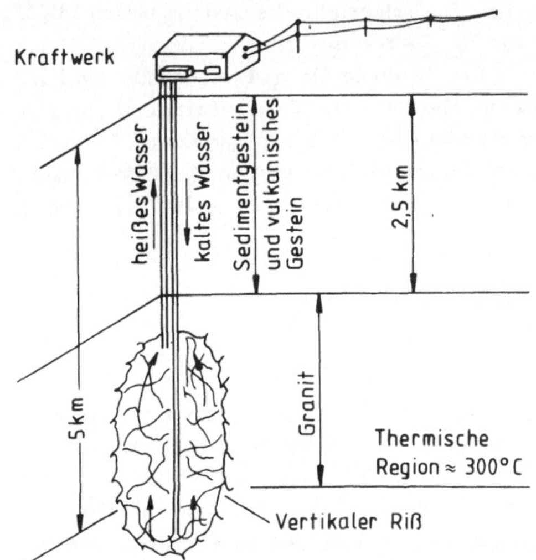

Bild 7.6 Künstliches Reservoir [7.3]

Es gab in der Vergangenheit die verschiedensten Vorschläge, wie solche Kavernen zu schaffen seien: etwa unter der Verwendung von TNT oder durch eine nukleare Explosion. Glücklicherweise hat sich nun eine ganz andere Methode durchgesetzt: das Hydro-Frac-Verfahren. Dazu wird ein Loch in die gewünschte Tiefe vorgetrieben (meist über 3 km) und mit Rohrwandungen versehen, die im untersten Teil Löcher haben. Dann wird Wasser unter hohem Druck eingeleitet (200 ... 300 bar hydrostatischer Druck plus ca. 200 bar Pumpendruck) und das Gestein damit aufgebrochen („fracen"). Zur Rißerweiterung ist nur noch ein Druck von 90 bar erforderlich [7.1]. Das Gestein reißt zumeist in einem ovalen Ring vertikal um das Bohrloch herum auf, wobei die Riße oft in einer Ebene liegen. Um eine Zirkulation herzustellen, ist eine zweite Bohrung nötig, die nun das Rißsystem der ersten möglichst weit außen treffen muß. Liegt sie zu nahe, so ist das benutzbare Wärmereservoir zu klein, trifft sie gar nicht, so ist natürlich keine Wasserzirkulation möglich. Nicht jedes Gestein ist für diese Methode geeignet. Es muß auf jeden Fall wasserundurchlässig und einigermaßen leicht aufbrechbar sein (z.B. Sedimentgestein). Das Verfahren ist vom Las Alamos Scientific Laboratory entwickelt worden. In Fenton Hill/Los Alamos befindet sich ein Testgelände über einer Anomalie, auf dem bereits größere Erfolge erzielt worden sind. (Das BMFT unterstützt diese Versuchsanlage.) In der ersten Phase des Projektes wurde ein Zirkulationssystem in 3000 m Tiefe (200 °C) mit einer thermischen Leistung von 5 MW erschlossen. Geplant ist nun ein Multifracsystem in 4000 m Tiefe mit 20 ... 50 MW_{th} [7.5].

Abgeschlossen ist das Forschungsprojekt Urach, bei dem in 3350 m Tiefe Frac-Versuche vorgenommen wurden. Hierbei zeigte sich, daß auch bei 700 bar Druck das kristalline Gesteinsmaterial nicht aufgebrochen werden konnte. Allerdings wurden eine ganze Anzahl Riße aufgeweitet, so daß eine maximale Zirkulation von 90 ℓ/min erreicht wurde [7.5]. Die Temperatur des Gesteins betrug 145 °C, was einem Temperaturgradienten von 39 °C/km entspricht.

Auf jeden Fall hat sich die Frac-Methode für die Erschließung von HDR-Vorkommen als praktikabel erwiesen. Die intensive Weiterentwicklung vor allem in den USA wird sicherlich in den nächsten Jahren zu Erfolgen führen. Gelingt die Extraktion der Wärme aus heißem Trockengestein, so sind die vorhergesagten 137 000 MW_{el} aus geothermaler Energie für die USA im Jahre 2000 [7.2] sicherlich keine Utopie mehr.

7.5   Umweltfragen und Kostenabschätzungen

7.5.1   Umweltbelastung

Umweltfragen und Kostenabschätzungen stehen in engem Zusammenhang — das ist nicht nur bei geothermalen Kraftwerken und Heizungsanlagen so. Wie schon bei der Beschreibung der Kraftwerke zu lesen war, bereitet die Rückhaltung schädlicher Gase im Dampf Sorgen und verursacht auch Kosten. Eine Umweltschädigung insbesondere durch H_2S ist praktisch unvermeidbar. Bei flüssigen Quellen ist durch die übliche Reinjektion die Gefahr von Umwelteinflüssen gebannt, allerdings nur dann, wenn dieses Wasser nicht grundwasserführende Schichten verseuchen kann [7.4]. Die Rückführung des Wassers kann auch Bodenabsenkungen verhindern, die bei der Entnahme größerer Wassermengen beobachtet werden [7.1]. Bei der zukünftigen Nutzung geologischer Drucksysteme besteht die Gefahr, daß sich ganze Formationen absenken oder Verwerfungen auftreten [7.4]. Jede geothermische Energienutzung bringt übrigens die Gefahr der Erdbebenauslösung mit sich — wenn dies auch bisher noch kaum beobachtet worden ist. Problematisch ist weiter die thermische Umweltbelastung. Alle Kühlsysteme geothermischer Kraftwerke entlassen überschüssige Wärme in die Atmosphäre. Infolge des schlechten Wirkungsgrades sind die Dampf- und Feuchtigkeitsmengen verglichen mit einem konventionellen Kraftwerk um den Faktor 100 größer. Dies kann zu meteorologischen Veränderungen der Umgebung führen, was aber angesichts der umweltgefährdenden Emissionen anderer Kraftwerke kaum ins Gewicht fallen wird.

Die Erdwärme ist in der atmosphärischen Energiebilanz eine zusätzliche Energie. Im Vergleich zur eingestrahlten Sonnenenergie werden die Ausbeuten jedoch immer im Promillebereich bleiben, so daß eine zusätzliche Aufheizung der Umwelt wohl kaum ein Argument gegen Erdwärmenutzung liefern kann.

Insgesamt sind also die Schadstoffemission und die geringe Absenkungs- und Erdbebengefahr noch nicht bewältigte Probleme. Trotzdem ist ein Erdwärmekraftwerk einem Kernkraftwerk vorzuziehen, mittelfristig wird die Nutzung der geothermischen Energie etliche geplante Kernkraftwerke unnötig machen.

7.5.2 Kosten

Einigermaßen gesicherte Angaben über Kosten lassen sich nur von hydrothermalen Kraftwerken machen. Bei den anderen Kraftwerkstypen ist man auf Schätzungen angewiesen.

Die nachfolgende Tabelle ist nach californischen Verhältnissen berechnet. Preisbasis 1980, 1 DM = 1,75 $ (Quelle: [7.4], aus G. Ramachandran u.a. Economic Analyses of Geotherm. Energy, Menlo Park CA 1977 u.a.).

Gegenüber Nuklearkraftwerken, aber auch gegenüber konventionellen Kraftwerken schneiden geothermische Kraftwerke bei günstiger geographischer Lage also recht gut ab. Heißdampfkraftwerke sind sogar äußerst wirtschaftlich.

Auch Hausheizungssysteme arbeiten an geologisch geeigneten Orten zu günstigen Preisen. In Reykjavik/Island beispielsweise kostet die Hausheizung per Fernerdwärme nur 25 % einer vergleichbaren Ölheizung.

Eine Studie aus Großbritannien [7.6] rechnet für dortige Verhältnisse mit folgenden Kosten: Bei einem Distriktheizungssystem mit 90 °C Heizungsvorlauftemperatur (60 °C bei Rücklauf) und einer Hausdichte von 50 Haushalten pro Hektar (100 %-iger Anschluß) entfallen auf einen Haushalt ca. 2400 DM Anschlußkosten. Die Bohrlochkosten (Förder- und Schluckbohrung) betragen dabei 7,5 Mio. DM pro Bohreinheit. Jedes Loch soll 6,3 MW thermische Energie erbringen, genug

Kraftwerk	Anlagekosten pro kW DM/kW	Betriebs- kosten Dpf/kWh	Kapital- kosten Dpf/kWh	Bohrkosten bzw. Brennstoffkosten Dpf/kWh	Total Dpf/kWh
Kernkraftwerk	2100	5	0,2	0,7	5,9
Ölbeheiztes Kraftwerk	1050 ... 1400	2,6 ... 3,3	0,2	5,3	8,1 ... 8,8
Kohle- kraftwerk	1050 ... 1750	2,6 ... 4,2	0,4	2,1	5,1 ... 6,7
Hydrotherm. Dampfkraft- werk (The Geysers)	525	1,4	0,2	2,3	3,9
Sekundär- kreiskraft- werk	963 ... 1663	2,3 ... 4	0,5	2,6 ... 4,4	5,4 ... 8,9
Geodruck- zonenkraft- werk	1313 ... 1531	3,2 ... 3,7	0,7	3,2 ... 6,7	7,1 ... 11,1
HDR	963 ... 1663	2,3 ... 4	0,5	3,2 ... 7,4	6 ... 11,4

für 1520 Haushalte mit 10,8 MWh/a. Damit würden die einmaligen Investitionskosten bei ca. 7500 DM pro Haushalt liegen. Gegenüber einer fossilen Heizung ist
dies bei vielleicht 20 Jahren Lebensdauer eine gewaltige Einsparung. Allerdings ist
hier mit sehr kurzen Distanzen zwischen Quelle und Verbraucher gerechnet worden.
Jedenfalls ist Hausheizung mit Erdwärme eine äußerst lohnende Sache, die sicherlich noch ausgebaut werden wird.

Literatur

[7.1] *Datz, U., Rumpel:* Geothermische Energie, Vortrag zum Hauptseminar Alternativenergien, FB Physik, Prof. Mühleisen und Wahl, Universität Tübingen 1980.
[7.2] *Bowen, R.:* Geothermal Resources, Applied Science Publisher LTD, London 1979.
[7.3] *Fricke, J., Borst, W.:* Nutzung der Erdwärme, in ,,Physik in unserer Zeit'' 1979/5.
[7.4] *Morris/Tester:* Economics of Geothermal Energy, Los Alamos USA, 1980.
[7.5] *Hauff, V.* (Hrsg.): Jahresbericht 1979, ,,Über neue Energiequellen'', Projektleitung,
Energieforschung KFA, Jülich.
[7.6] *Richardson, S. W., White, A. A. L.:* How to use geothermal energy, in ,,Nature'' 10.7.
1980.

8 Wärmepumpen

8.1 Entwicklung

Die Entwicklung von Wärmepumpen hat in den letzten fünf Jahren einen enormen Aufschwung genommen. Waren noch Anfang der 70er Jahre die Prinzipien dieser Wärmegewinnung nur einigen Fachleuten bekannt, so bemüht sich mittlerweile jede größere Heizungs- oder Maschinenbaufirma, „ihre" Wärmepumpe auch dem letzten geplagten Bauherrn nahezubringen. Über dem Boom in Wärmepumpen vergißt man leicht, daß die Erfindung der grundlegenden Apparaturen schon 150 Jahre zurückliegt. Damals gab es nämlich schon erste kleine Absorptionskühlschränke [8.1]. 1876 erfand Karl von Linde die Kompressionskältemaschine. Um die Jahrhundertwende arbeiteten in Paris kleine Kühlschränke auf Absorptionsbasis mit H_2SO_4/H_2O als Arbeitsmedium. 1882 wurde die Umkehrung des Prozesses als sogenannte „feuerlose Dampfmaschine" von einem gewissen Honigmann [8.1] erfunden. Er benutzte ein Gemisch aus NaOH und Wasser als Absorber. Über die theoretischen Grundlagen finden sich Patentschriften von 1905 und 1911. Die Idee eines „Wärmetransformators" kam 1933 bei Siemens auf. Die Umkehrung der Kompressionskältemaschine für Heizungszwecke wurde in größerem Maßstab erstmals 1938 und 1939 in Zürich angewandt. Das Rathaus und ein Hallenbad wurden mit einer Laufwasserwärmepumpe beheizt. Das Rathaus bezog 200 kW Heizleistung aus dem Fluß Limat, das Hallenbad 1450 kW aus Flußwasser und Abwasser [8.7]. Die erste große Absorptionswärmepumpe für Heizzwecke wurde 1954 von Borsig in Wien gebaut.

Solche Heizungsanlagen waren in den Zeiten des Ölbooms nicht konkurrenzfähig. Nur für Freibäder in Flußnähe wurden in den 60er Jahren Laufwasserpumpen gebaut, da die geringe Temperaturdifferenz zwischen Fluß- und Badewasser ($< 15\ °C$) eine hohe Energieausbeute versprach (1976 gab es 300 solcher Anlagen) [8.7]. Erst jetzt, da die Grenzen der Ölschwemme sichtbar geworden sind, wird das Wärmepumpenprinzip wieder auf Heizungsanlagen angewandt. Mittlerweile sind durchaus ernst zu nehmende konkurrenzfähige und langlebige Anlagen auf dem Markt, die den Firmen geradezu aus den Händen gerissen werden.

8.2 Thermodynamische Grundlagen des Wärmepumpenprinzips

8.2.1 Der ideale Kreisprozeß

Die uns umgebende Welt birgt eine für alle Zwecke genügende Wärmeenergie, die von den Strahlen der Sonne ständig nachgeliefert wird. Nur ist diese Wärmeenergie auf einem für die menschlichen Zwecke zu niedrigen Temperaturniveau. Die Grundidee der Wärmepumpe besteht darin, unter Verwendung mecha-

nischer Energie Wärmeenergie aus der Umgebung auf ein höheres Temperaturniveau zu bringen. Dazu wird im wesentlichen die Druckabhängigkeit des Siede-
punktes von Flüssigkeiten ausgenutzt: Man läßt eine Flüssigkeit bei geringerem
Druck verdampfen, dabei entzieht sie der Umgebung Verdampfungswärme. Danach komprimiert man den Dampf, wodurch dieser sich erhitzt. Im Hochdruckteil
der Pumpe kondensiert nun der Dampf an den Kühlschlangen eines Wärmetauschers.
Auf dem Rückweg zum Verdampfer wird die Flüssigkeit in einem Drosselventil auf
den ursprünglichen Druck entspannt (Bild 8.1).

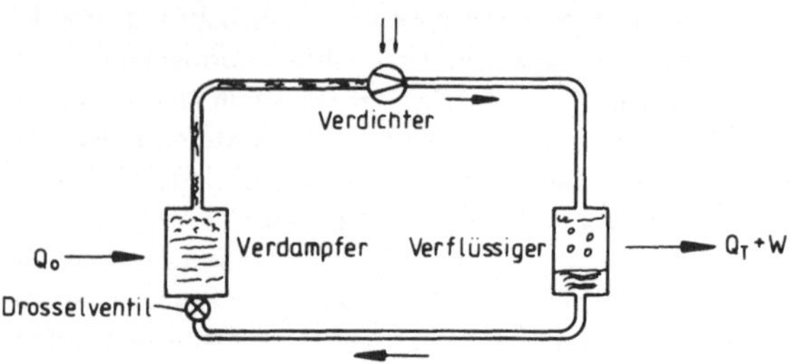

Bild 8.1 Das Prinzip der Wärmepumpe [8.6]

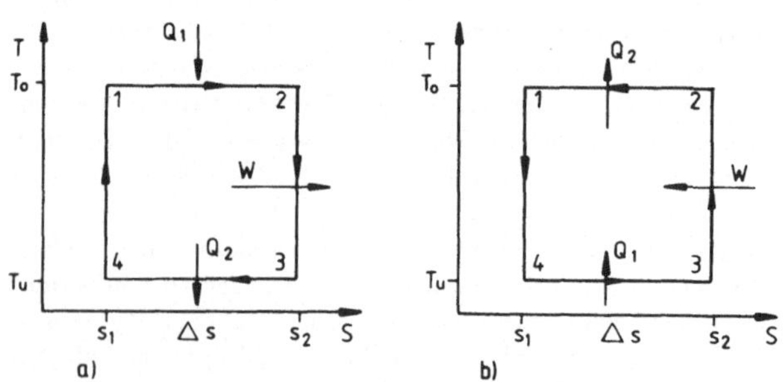

Bild 8.2 a) Carnot-Prozeß und b) Wärmepumpenprozeß [8.3]

Dieser Kreisprozeß entspricht einer einfachen Umkehrung des Carnot-
Prozesses (Bild 8.2). Der ideale Carnot-Prozeß läßt sich im Temperatur-Entropie-
Diagramm als Rechteck darstellen.

1–2:   Bei der isothermen Expansion im oberen Temperaturniveau (T_o) wird die
        Wärmemenge Q_1 zugeführt.

2–3:   Die adiabatische Kompression und die adiabatische Expansion entsprechen
        einander, die Energiebeträge heben sich auf.

3–4:   Bei der isothermen Kompression im unteren Temperaturniveau (T_u) wird
        die Wärmemenge Q_2 frei.

Die Arbeit W, die der eingeschlossenen Fläche entspricht, kann genutzt werden.

Der Wirkungsgrad η, der sich als Quotient der abgegebenen mechanischen Energie zur aufgewendeten thermischen Energie ergibt, läßt sich angeben als:

$$\eta = \frac{W_{ab}}{Q_{auf}} \; .$$

Mit

$$W_{ab} = T_o \, \Delta S - T_u \, \Delta S \qquad \text{und} \qquad Q_{auf} = T_o \, \Delta S$$

ergibt dies

$$\boxed{\; \eta = \frac{T_o - T_u}{T_o} < 1. \;}$$

Der Wärmepumpenprozeß (Bild 8.2b) läuft gerade umgekehrt von 4 nach 1. Dabei wird die mechanische Energie W aufgenommen. Bei der Expansion von 4 nach 3 wird die Wärmemenge Q_1 auf dem niedrigeren Temperaturniveau T_u aufgenommen, bei der Komprimierung von 2 nach 1 Q_2 mit T_o abgegeben. Der Wirkungsgrad dieses Kreisprozesses, der nun *Leistungsziffer* ϵ genannt wird, ist gerade das Reziproke des Carnotwirkungsgrades:

$$\boxed{\; \epsilon = \frac{1}{\eta} \; .}$$

Die Leistungsziffer ϵ ist als der Quotient von abgegebener thermischer Energie zu zugeführter mechanischer Energie definiert:

$$\epsilon = \frac{Q_2}{W_{zu}} = \frac{T_o \, \Delta S}{(T_o - T_u) \, \Delta S} = \frac{T_o}{T_o - T_u} = \frac{1}{\eta} \; .$$

Damit ist ϵ also immer größer als Eins. Außerdem ergibt sich eine für Wärmepumpen sehr wesentliche Erkenntnis: Je kleiner die Temperaturdifferenz $T_o - T_u$ wird, desto besser ist die Leistungsziffer (Bild 8.3).

8.2.2 Der reale Wärmepumpenprozeß

Als Arbeitsmittel im Kreisprozeß dient ein übliches Kältemittel (z.B. R 12). Im Verdampfer wird das Mittel beispielsweise durch Außenluft-Wärme verdampft. Die Luft kühle sich dabei von 6 °C auf 0 °C ab (in Bild 8.2b: 4 → 3) (Bild 8.4). Im Verdichter wird der Dampf von 0 °C und 3,2 bar auf 10 bar komprimiert (3 → 2), wobei er sich auf 55 °C erwärmt. Die Wärme wird in einem Wärmetauscher (Kondensator) an das Heizungswasser abgegeben (2 → 1), der Dampf schlägt sich dabei nieder. Als Flüssigkeit von 40 °C und 10 bar wird das Medium zurückgeführt, in einem Drosselventil schließlich auf 3,2 bar entspannt.

Der reale Kreisprozeß ist im T/s- bzw. im üblicheren $\log p/h$-Diagramm gegenüber dem idealen Prozeß etwas verschoben (Bild 8.5). Dabei ist h die Enthalpiedichte.

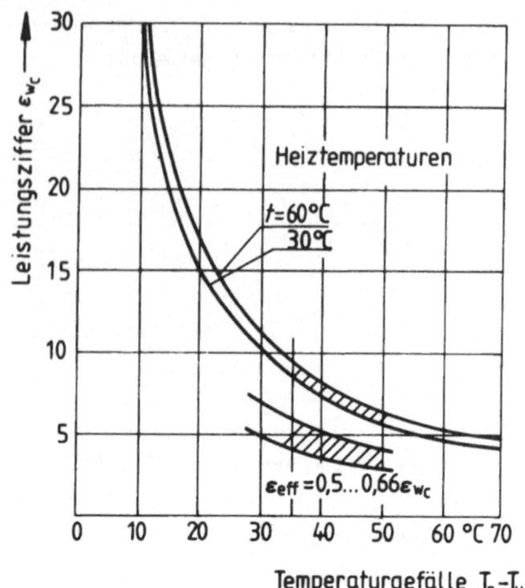

Bild 8.3

Leistungsziffern $\varepsilon_{theor.}$ und $\varepsilon_{eff.}$ in Abhängigkeit der Temperaturdifferenz $T_o - T_u$ [8.5]

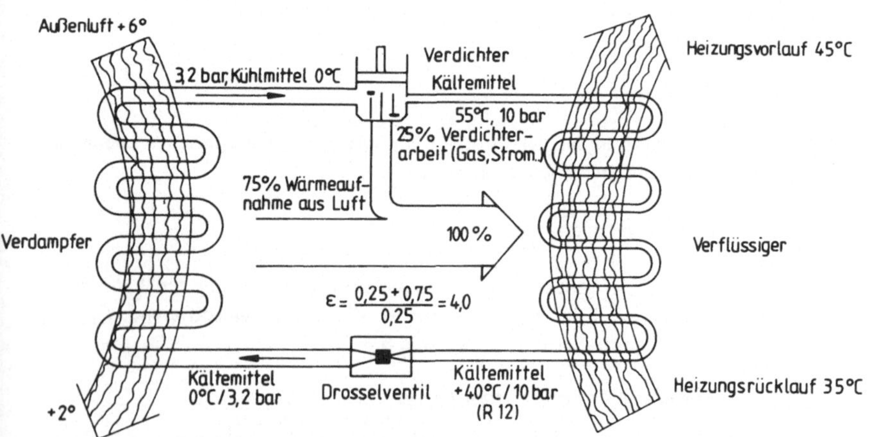

Bild 8.4 Drücke und Temperaturen einer Wärmepumpe mit R 12 [8.7]

Der adiabatischen Verdichtung im idealen Prozeß entspricht hier eine Verdichtung von 1 nach 2 bzw. 2′ (polytrope Verdichtung) bei üblichen Verhältnissen. Dem entspricht nach der Kompression eine Überhitzung $T_ü$, die im vorangegangenen Beispiel mit R 12 55 °C betrug. Um die Temperatur $T_ü$ zu erreichen, ist die Energiezufuhr $W = h_2 - h_1$ nötig. Insgesamt wird von 2 nach 4 (bzw. 2′ nach 4) die Wärmemenge $Q_2 = h_2 - h_4$ ($Q_{2'} = h_{2'} - h_4$) abgegeben. Bei Punkt 3 beginnt die Kondensation ($x = 1$ bedeutet reiner Dampf, $x = 0$ reine Flüssigkeit). Bei Punkt 4 ist sie abgeschlossen ($x = 0$). Von den Punkten 4 nach 6 führt dann eine anschlie-

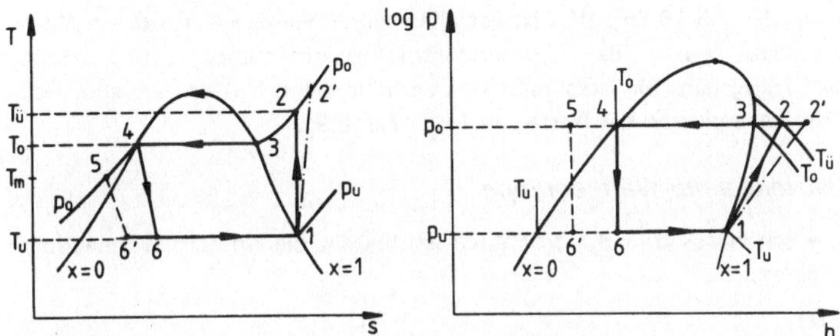

Bild 8.5 T/s- und log p/h-Diagramm des realen Wärmepumpenprozesses (mit Sattdampfkurven) [8.3]

ßende Expansion mittels Drosselventil. Der Punkt 5 entspricht einer Unterkühlung des flüssigen Arbeitsmediums bei nun konstantem Druck p_o, was eine zusätzliche Wärmemenge $Q_m = h_4 - h_5$ ergibt, die einem nahe T_m arbeitenden Latentspeicher zugeführt werden kann. Auf dem Weg von 6 nach 1 (bzw. 6' nach 1) wird durch die Verdampfung der Umgebung die Wärmemenge $Q_1 = h_1 - h_6$ entzogen. Im Punkt 1 liegt wieder reiner Dampf vor. Die von der Wärmepumpe der Umgebung entnommene thermische Leistung beträgt $\dot{m}(h_1 - h_2)$, die erforderliche theoretische Verdichterleistung $\dot{m}(h_2 - h_1)$, die nutzbare abgegebene thermische Leistung $\dot{m}(h_2 - h_4)$, wobei $\dot{m}$ die sekundliche im Kreis geführte Kältemittelmasse darstellt [8.3].

Für den Kreisprozeß ohne zusätzliche Temperaturüberhöhung und Unterkühlung ergibt sich:

$$\epsilon = \frac{h_2 - h_4}{h_2 - h_1} .$$

In der praktischen Anlage ist die Leistungsziffer noch durch mehrere Faktoren beeinträchtigt:

- Wirkungsgrad des Verdichters,
- Umkehrpunkt des Verdichterkolbens (bei Hubkolbenmaschinen),
- Strömungswiderstände in den Rohren,
- Wärmeverluste in den Rohren.

Die alle diese Verluste zusammenfassende Größe η_{tm} hat den Wert 0,5 bis 0,66 (s.a. Bild 8.3, ϵ_{eff})

$$\epsilon_{eff} = \frac{T_o}{T_o - T_u} \cdot \eta_{tm} = \frac{\text{Heizleistung}}{\text{Antriebsleistung}} .$$

Nach dieser Gleichung liegen reale Leistungsziffern bei einer Temperaturdifferenz von 55 °C bei $\epsilon_{eff} = 3$. In der Praxis werden solche Zahlen nicht erreicht, dort liegen die Werte bei 2 ... 2,5 [8.16]. Dies ist vor allem durch weitere Verluste am Motor und am Ventilator bedingt. Bei Verbrennungsmotorwärmepumpen wird zusätzlich die *Heizzahl* angegeben. Sie beschreibt das Verhältnis von Nutzenergie zum Heizwert der Primärenergie und hat Werte von 1,6 ... 2,0 [8.9].

8.2.3 Bauteile einer Wärmepumpe

Wie schon aus Bild 8.1 ersichtlich ist, besteht die einfache Wärmepumpe aus 4 Aggregaten:

- Verdichter,
- Kondensator (Nutzwärmetauscher),
- Drosselventil,
- Verdampfer (Umgebungswärmetauscher).

Dieses Grundschema gilt für Kompressionswärmepumpen. Die etwas anders gebauten Absorptionswärmepumpen werden später behandelt.

Verdichter und *Drosselventil* sind übliche mechanische Teile, die hier nicht näher beschrieben werden sollen. Es sei nur erwähnt, daß in der Praxis sowohl Hubkolbenmaschinen als auch Schraubenverdichter in Verwendung sind. Wesentlicher sind die verschiedenen möglichen Antriebsarten des *Kompressors:* Elektromotor, Gasmotor und Dieselmotor. Dies wird im folgenden Kapitel noch näher behandelt werden.

Der *Kondensator* muß eine bestimmte Mindestgröße besitzen. Die Temperaturdifferenz zwischen dem verdichteten Dampf und dem Heizungsrücklauf darf nämlich nicht allzu groß sein. Anderenfalls kühlt das Heizungswasser das Arbeitsmittel zu sehr ab und die Temperatur T_u geht zu sehr zurück. Eine große Differenz $T_o - T_u$ hat aber eine kleine Leistungsziffer zur Folge. Die Temperaturdifferenz im Kondensator bestimmt den sekundlichen Wärmestrom, die abgegebene Heizleistung, durch

$$\dot{Q} = k \cdot A \cdot \Delta T_m$$

k Wärmedurchgangswert in W/m²K

A Fläche des Kondensators in m²

ΔT_m Temperaturdifferenz im (logarithmischen) Mittel [8.3]

Eine Verkleinerung von ΔT_m kann also durch Flächenvergrößerung aufgefangen werden. Dem sind natürlich technische Grenzen gesetzt (Strömungswiderstand), außerdem wächst der Anschaffungspreis mit der Fläche.

Die Anwendung des Gegenstromprinzips hat sich hier in der Praxis als günstig erwiesen [8.2].

Der *Verdampferteil* kann ebenfalls sehr unterschiedlich gestaltet sein. Je nachdem, woher die Umgebungswärme bezogen wird, spricht man von Luft-, Wasser- oder Erdreichwärmepumpen. Auch dies wird noch eingehend behandelt werden.

Das *Arbeitsmedium*, das im Kreislauf der Pumpe Verwendung findet, muß den Bedingungen, insbesondere den zu erwartenden Spitzentemperaturen (bis 60 °C) angemessen sein. Neben dem früher häufig verwandten Ammoniak werden heute eine Vielzahl von Fluor-Chlor-Kohlenwasserstoffen eingesetzt (Frigen, USA: Freon, übliche Bezeichnungen R 11, R 12, R 112, R 114 u.a.m.). Durch ihren hohen Dampfdruck (Grenzwerte R 12: 14 bar bei 56 °C, R 22: 23 bar bei 57 °C) werden die Heizungstemperaturen nach oben stark begrenzt [8.10] und der Einbau großflächiger Heizungskörper (Fußboden- oder Wandheizung) wird damit notwendig.

8.3 Antriebsarten von Wärmepumpen

8.3.1 *Elektrische Wärmepumpe*

Die zur Zeit gängigste Antriebsart von Wärmepumpen ist zweifellos der Elektromotor. Er ist problemlos in der Herstellung und im Betrieb, kann für sehr unterschiedliche Leistungsanforderungen gebaut werden und bringt dem Benutzer keine Probleme mit Lärmbelästigung und Luftverschmutzung. Der Elektromotor scheint also der ideale Antrieb für Wärmepumpen zu sein und wird als solcher von den Energieversorgungsunternehmen — verständlicherweise — auch angepriesen. Ob die Zukunft aber wirklich der Elektrowärmepumpe gehört, ist sehr fraglich. Denn der Elektromotor braucht nun einmal Strom, der erst im Elektrizitätswerk hergestellt werden muß. Die Verluste der Stromerzeugung von insgesamt 2/3 der eingesetzten Primärenergie heben sich mit der Leistungsziffer 3 der Wärmepumpe (2/3 Wärmegewinn aus der Umwelt, genauer Bild 8.6) gerade auf: Die Primärenergieausnutzung beträgt fast 100 % oder bei neueren Kraftwerken von 40 % Wirkungsgrad 107 % (Angabe Badenwerk [8.6]). Gegenüber einer konventionellen Ölheizung mit ca. 75 % [8.4] Energieausbeute ist dies sicherlich ein Fortschritt. (Moderne Heizkessel erreichen jedoch heute Wirkungsgrade von 80 ... 85 % bei 90 °C Heizungstemperatur gegenüber nur 55 °C bei der Wärmepumpe.) Im Vergleich zu anders angetriebenen Wärmepumpen (Gas- oder Dieselwärmepumpe) ist die Elektrowärmepumpe deutlich schlechter. Das liegt vor allem daran, daß bei Verbrennungsmotoren Wärmerückgewinnung möglich ist. Solange es keine Wärmerückgewinnung bei der Elektrizitätserzeugung gibt (Kraft-Wärme-Kopplung), steht die Rechnung zu un-

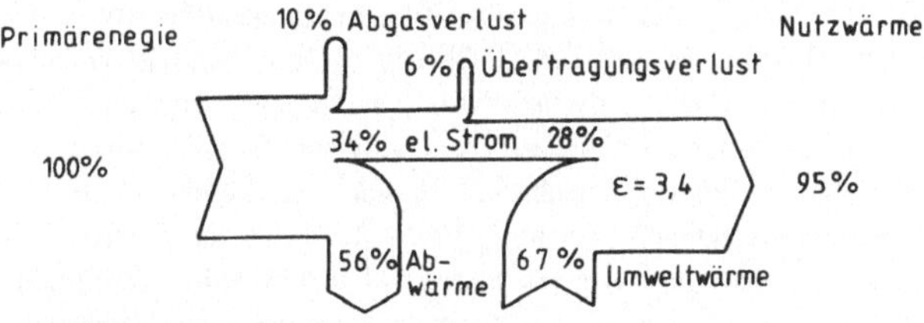

Bild 8.6 Energieflußschema der Elektrowärmepumpe [8.5]

gunsten der Elektrowärmepumpe. Außerdem macht eine weitere Verbreitung dieser Aggregate in kürzerer Zeit den Bau neuer Kraftwerke notwendig. Die Energieversorgungsunternehmen argumentieren, daß Elektrowärmepumpen an sehr kalten Tagen, die zugleich Stromspitzentage sind, abgeschaltet würden (bivalent-alternativer Betrieb mit Ölzusatzheizung) und somit die vorhandene Kapazität — die ja nach der Spitzenbelastung bemessen ist — noch für viele Wärmepumpen ausreichen würde. Bernd Stoy von dem RWE rechnet vor, daß in Deutschland ohne zusätzliche Kraftwerksleistung 4 Millionen bivalent-alternative Heizungsanlagen installiert werden können [8.6]. Dabei geht er von einem mittleren Stromanschlußwert von 2,2 kW aus, was angesichts der heute auf dem Markt angebotenen Pumpen zu wenig ist.

Bereits 1979 hat sich der Bestand an elektrischen Wärmepumpen von 5000 auf 12 000 erhöht. 1985 sollen es nach Angaben des Zentralverbandes der elektrotechnischen Industrie 500 000 sein, dazu kommen 700 000 Kleinwärmepumpen für Brauchwassererwärmung [8.8]. Bei einer Leistungsaufnahme von 4 kW (Heizung) und 0,7 kW (Brauchwasser) ergibt dies rund 2500 MW, die das Netz zusätzlich belasten werden. Gebraucht werden die Wärmepumpen tagsüber bzw. in den Abendstunden, in den nächtlichen Schwachlastzeiten wird die Heizung heruntergedreht. Der Spielraum für zusätzliche Elektrowärmepumpen ist deshalb nicht allzu groß. Ein Ersatz des Öls durch Elektrowärmepumpen ist reine Utopie, das von den RWE geschätzte Marktvolumen von 10 Millionen Geräten entspräche einer zusätzlichen Kraftwerksleistung von 40 000 MW. Wer heute die Anschaffung von Elektrowärmepumpen propagiert, muß morgen für neue Kraftwerke stimmen. Den Energieversorgungsunternehmen kann das nur recht sein, sie setzen auf den Elektroantrieb. Die Alternativen sind Gas- und Dieselwärmepumpe oder die Absorptionswärmepumpe.

Das Marktangebot von Elektrowärmepumpen konzentriert sich auf den Leistungsbereich von 3 ... 5 kW$_{el}$ Leistungsaufnahme. Die obere Grenze der üblichen Hausanlagen sind ca. 30 kW$_{el}$, größere Anlagen werden einzeln gebaut. Im Leistungsbereich über 30 kW Leistungsaufnahme dominieren die Motorantriebe. Elektrowärmepumpen von 3 ... 5 kW$_{el}$ sind für Einfamilienhäuser gedacht. Die Preise der Anlagen (ohne Zubehör und Installation) liegen zwischen 6200 DM und ca. 15 000 DM (1981).

Wesentlich für die Beurteilung ist natürlich die effektive Heizleistung und die Leistungsziffer. Eine 2,9-kW$_{el}$-Anlage (Luftwärmepumpe) für 6200 DM (Alko-Polar-Preisliste) liefert 8 kW Heizleistung, hat also eine Leistungsziffer von 2,76. Eine 3-kW$_{el}$-Pumpe von GEA für 10 622 DM [8.4] erbringt dagegen 12 kW Heizleistung, hat somit ein ϵ von 4 (was allerdings reichlich hoch erscheint). Hier muß also genau kalkuliert werden, welche Anlage auf die Dauer günstiger ist. Außerdem ist darauf zu achten, daß die Leistungsangaben stark von den Temperaturen T_o und T_u abhängen. Meistens werden die Angaben bei 7 °C Außentemperatur und 35 °C Heizungsvorlauftemperatur gemacht (so oben). Allerdings wird damit eine Fußbodenheizung oder irgendeine andere großflächige Heizung unerläßlich, was natürlich hohe Investitionskosten verursacht. Bei tieferen Außentemperaturen werden zumeist höhere Vorlauftemperaturen benötigt, die Leistungsziffer sinkt also im Winterbetrieb stark ab. Viele Hersteller empfehlen daher ab 3 °C Außentemperatur die Umschaltung auf eine konventionelle Ölheizung.

Neben Heizungsanlagen werden in jüngster Zeit verstärkt kleine Brauchwasseranlagen angeboten, die mit 500 ... 800 W_{el} Leistungsaufnahme und 1,6 ... 2 kW Heizleistung arbeiten. Meist handelt es sich um Kompaktanlagen mit 200 ... 300-ℓ-Boiler und Zusatzheizstab. Die Wärmepumpe holt die Energie z.B. aus der Umgebungsluft des Kellerraumes, in dem sie steht. Die Preise für solche Anlagen bewegten sich Anfang 1980 zwischen 4000 DM und 5000 DM (Werksangaben Bauknecht, Solar Wärmetechnik Ravensburg).

Erwähnt werden soll noch die Möglichkeit, mittels einer Wärmepumpe der Umgebungsluft Feuchtigkeit zu entziehen. Der Verdampfer kühlt sich bei Betrieb einer Luftwärmepumpe unter die Umgebungstemperatur ab und an ihm kondensiert die Feuchtigkeit der Luft unter Abgabe von Kondensationswärme. Dies wird in sogenannten Luftentfeuchtern ausgenützt, die z.B. in Schwimmbädern aufgestellt werden. Durch die „Entfeuchterwärmepumpe" kann ein Teil der Energie, die einem Hausschwimmbecken durch Verdunstung entzogen wird, wieder zurückgeführt werden.

8.3.2 Verbrennungsmotorgetriebene Wärmepumpen

Als verbrennungsmotorgetriebene Pumpen sind Dieselmotor- und Gasmotorpumpen zu nennen. Beide sollen wegen ihres ähnlichen Aufbaus hier gemeinsam behandelt werden.

Der große Vorteil der Diesel- und Gaswärmepumpen liegt in der Möglichkeit, direkt Primärenergie zu verwenden und die anfallende Abwärme bei der Erzeugung mechanischer Energie dem Heizungssystem zuführen zu können. Dadurch ergeben sich Nutzungsgrade von 168 % (Bild 8.7). Außerdem kann durch die Motorwärme der Heizungsvorlauf auf Werte um 80 °C erhöht werden [8.9], ein Umbau der Heizungsanlage entfällt damit — ein gewichtiges Argument bei 25 Millionen Altbauwohnungen [8.10]. Allerdings sind dabei bis heute zwei Aufheizkreise erforderlich, da es noch kein Wärmepumpenmedium gibt, das sich auf 80 °C aufheizen ließe.

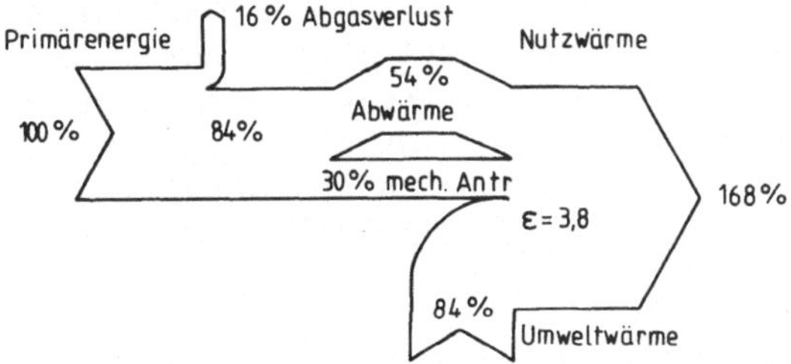

Bild 8.7 Energieflußbild einer Gas- oder Dieselmotorwärmepumpe [8.5]

Dieselwärmepumpen werden durch die üblichen Dieselmotoren angetrieben, wobei es durch gesetzliche Regelung seit einigen Jahren möglich ist, hierfür Heizöl zu verwenden. Viele Firmen greifen auf die Großserien der PKW-Produktion zurück (Ford, VW), weil diese bei den großen Stückzahlen wesentlich kostengünstiger produziert werden können. Dadurch ist die Größe vieler Wärmepumpen bereits festgelegt: Es gibt in der Tat auf dem Markt kaum Dieselwärmepumpen unter 30 kW Motorleistung — für Einfamilienhäuser sind aber 4 kW ausreichend. Die Lebensdauer der Motoren muß im allgemeinen wesentlich höher sein als bei einem PKW-Motor, der 2000 ... 3000 h alt wird. Außerdem müssen aus Kostengründen die Wartungsintervalle auf ca. 1500 Betriebsstunden (etwa 1 Jahr) ausgedehnt werden. Dies erreicht man durch Drosselung der Drehzahl und einen Jahresschmierstoffspeicher. Als ein Beispiel kann der VW-Golf-Dieselmotor gelten, den die F. Bauer GmbH verwendet [8.9]: Seine Lebensdauer wird mit 20 000 h angegeben. Bei der gedrosselten Drehzahl von ca. 1500 U/min werden durch Einkapselung Schallwerte von 65 dB in unmittelbarer Nähe (Kellerraum) erreicht.

Andere Firmen verwenden eigens konstruierte Motoren, etwa die der Jenbacher Werke/Tirol, die sich durch niedrige Arbeitsdrücke und Kolbengeschwindigkeiten auszeichnen. Hier wird eine Lebensdauer von 70 000 h angegeben. Das bislang einzige Beispiel einer Kleindieselpumpe liefert die Firma AWAK GmbH in Coburg [8.9]. Sie entwickelte eine Wärmepumpe, die mit einem Industriemotor — einem kleinen Dieselmotor von 2 kW für industrielle Zwecke — ausgestattet ist. Die langsam laufenden Motoren mit Drehzahlen von 1500 ... 2000 U/min werden jährlich gewartet und alle 5000 h generalüberholt [8.9]. Es wird eine Lebensdauer von 20 000 ... 50 000 h angegeben.

Gasmotoren werden mit Erdgas betrieben, das zum größten Teil aus Methan besteht. Die Umstellung gewöhnlicher Benzinmotoren auf Gasbetrieb ist unproblematisch. Wie bei den Dieselmotoren ist auch hier wieder die Größe der Motoren das Problem. Kleinere Aggregate werden zur Zeit noch entwickelt. Ein- und Zweizylindermotoren weisen leider zu große Vibrationen auf, sie eignen sich für den Einbau in ein Wohnhaus weniger. Die günstigsten Verhältnisse herrschen bei 6-Zylinder-Motoren, doch deren Herstellung für kleine Leistungen wäre eine Spezialanfertigung, die bei den relativ kleinen Stückzahlen der Wärmepumpen zu teuer käme. Auf eine technisch und wirtschaftlich vertretbare Lösung für Einzelhausheizung muß hier noch gewartet werden. Dazu laufen zur Zeit Forschungsprogramme bei verschiedenen Firmen, die vom BMFT gefördert werden. Beispiele für Mehrfamilienhausheizungen gibt es dagegen genug. Die derzeit größten Gaswärmepumpen werden aber zur Freibadbeheizung verwendet. Ein Beispiel ist das Dantebad in München, wo zwei Gaswärmepumpen bis zu 3228 kW Heizenergie aufbringen. Andere Aggregate stehen in Geschäftshäusern und öffentlichen Gebäuden.

8.3.3 Absorptionswärmepumpe

Obwohl diese Wärmepumpe im Unterschied zu den bisher beschriebenen Kompressionswärmepumpen einen ganz anderen Aufbau besitzt, soll sie hier unter

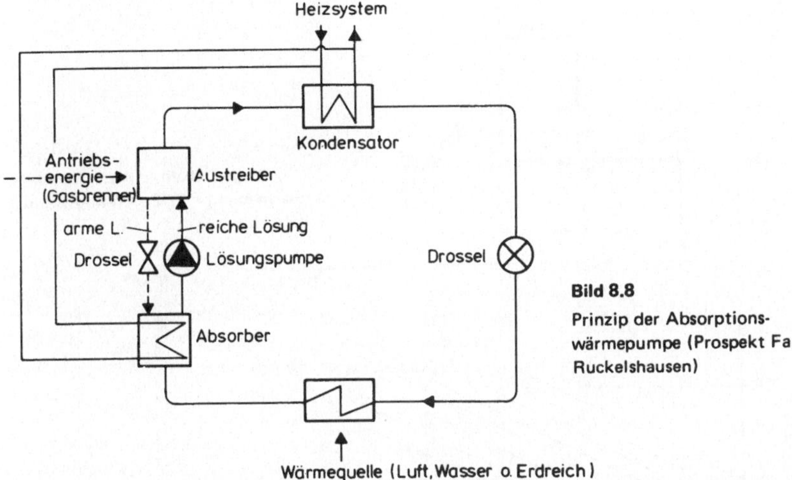

Bild 8.8
Prinzip der Absorptions-
wärmepumpe (Prospekt Fa.
Ruckelshausen)

der Rubrik „Antriebsarten" beschrieben werden. Denn bei einer Absorptionswärmepumpe ist nichts weiter geschehen, als daß der Kompressor durch einen zweiten
Kreislauf eines Absorptionsmittels ersetzt worden ist: Die Kompression des Gases
der Wärmepumpe wird über den Umweg Absorption/Resorption erreicht. Im üblichen Wärmepumpenkreislauf kann sich z.B. Ammoniak befinden. Nach der Expansion und der Wärmeaufnahme aus Luft, Grundwasser oder Erdreich im Verdampfer
gelangt das Ammoniak (Bild 8.8) in einen Absorber, wo es von Wasser aufgenommen wird. Dabei wird Absorptionswärme frei, die zum Vorheizen benützt werden
kann. Eine Pumpe drückt das Ammoniak-Wassergemisch in den Austreiber, in dem
höherer Druck herrscht. Dort wird die Lösung durch hochwertige Energie — z.B.
durch Gas — weiter aufgeheizt, so daß das Ammoniak wieder austritt. Die schwächer
konzentrierte Lösung gelangt über ein Drosselventil in den Absorber zurück. Das
umgekehrte Prinzip wird als Absorptionskältemaschine schon länger in der Praxis
verwendet, soll aber hier nicht näher erläutert werden.

Das Diagramm in Bild 8.9 zeigt ein vereinfachtes Kreisschema für eine ein-
stufige Absorptionswärmepumpe. Dabei ist vorausgesetzt, daß sich die Verflüssiger-
und Absorbertemperaturen nicht wesentlich unterscheiden und im Mittel T_m betragen. Bei der oberen Temperatur T_{ko} wird die Wärmemenge Q_{ko} im Austreiber-
teil A zugeführt ($1 \rightarrow 2$). Bei $3 \rightarrow 4$ kondensiert das Kältemittel und gibt die Wärmemenge Q_c an den Heizungsvorlauf ab. Im untersten Temperaturniveau T_u wird aus
der Umwelt die Wärmemenge Q_u aufgenommen, bei $7 \rightarrow 8$ im Absorptionsprozeß
Q_A abgegeben. Heizenergie Q_{ko} und Umweltenergie Q_u entsprechen den Wärme-
mengen Q_A und Q_c:

$$Q_{ko} + Q_u = Q_A + Q_c,$$

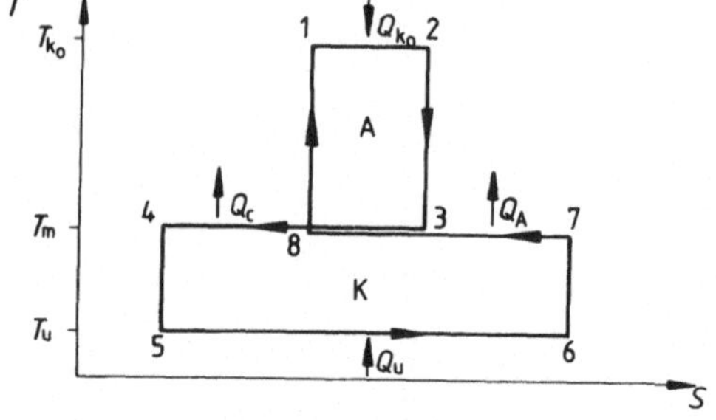

Bild 8.9

T-S-Diagramm einer Absorptionswärmepumpe (ohne Lösungswärme)
[8.11]

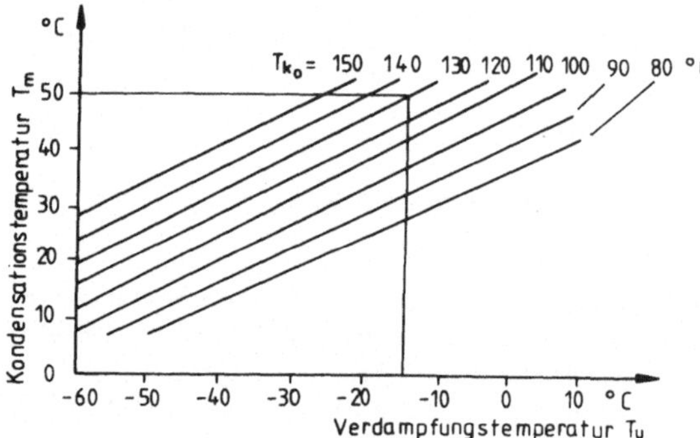

Bild 8.10

Grenztemperaturen: Ein-
stufige AWP mit NH_3/H_2O
[8.5]

wobei $Q_A + Q_C = Q_N$ als Nutzenergie bezeichnet wird. Sie wird bei der mittleren
Temperatur T_m frei.

Entropiebilanz:

$$\frac{Q_N}{T_m} - \frac{Q_{ko}}{T_{ko}} - \frac{Q_u}{T_u} = 0 \quad [8.9].$$

Das Verhältnis von Nutzwärme zu aufgewendeter Heizwärme ist das *Wärmeverhältnis* ρ der Pumpe:

$$\rho_{WC} = \frac{Q_N}{Q_{ko}} = \frac{1 - \dfrac{T_u}{T_{ko}}}{1 - \dfrac{T_u}{T_m}}.$$

Dies ergibt sich aus der Umformung der obigen Gleichung. Der Index WC besagt,
daß es sich um das theoretische Wärmeverhältnis nach Carnot handelt. Da immer
$T_m < T_{ko}$ gilt, ist $\rho_{WC} > 1$, also das Wärmeverhältnis ist immer größer als 1.

Die Zusammenhänge im Wärmepumpenbetrieb lassen sich am besten als
Grenzzustände darstellen [8.5] (Bild 8.10).

Bei einer Kondensationstemperatur von z.B. 50 °C (T_m = 323 K) und einer Kocherendtemperatur von 130 °C (T_{ko} = 403 K) beträgt die tiefste erreichbare Verdampfungstemperatur -15 °C (T_u = 258 K). Soll bei gleichbleibender Kondensationstemperatur die Verdampfungstemperatur erniedrigt werden, so müßte zugleich die Kochertemperatur heraufgesetzt werden.

Auch hier fällt das Wärmeverhältnis mit steigendem Temperaturunterschied Außenluft/Innenluft, diese Abhängigkeit ist jedoch weniger stark als bei Kompressionswärmepumpen. Unter etwa -10 °C lohnt sich der Einsatz einer Absorptionswärmepumpe nicht mehr. Daher ist ein bivalenter Heizungsbetrieb mit Gas oder Öl unerläßlich. Anders als bei Kompressionswärmepumpen läßt sich aber ein zusätzlicher Kessel vermeiden: Bei geeigneter Gestaltung kann ein- und derselbe Kessel verwendet werden [8.12].

Die erforderlichen Temperaturen des Heizungsvor- und Rücklaufes beeinflussen ebenfalls erheblich das Wärmeverhältnis (Bild 8.11). Bei 40 °C/45 °C ist dieses Verhältnis am günstigsten, die Verwendung einer Fußbodenheizung empfiehlt sich hier also genauso wie bei den Kompressionswärmepumpen. Das Arbeitsmedienpaar, bestehend aus Arbeitsmittel und Kältemittel, ist heute in den meisten Fällen H_2O-NH_3. Dieses Stoffpaar ist im Temperaturbereich der Raumheizung nicht ideal — seine wahren Qualitäten entfaltet es in Kältemaschinen, aber es ist bis heute noch nicht gelungen, bessere Arbeitspaare zu finden. Die maximal möglichen Vorlauftemperaturen liegen hier bei 50 °C. Experimente mit R 22-Difluormonochlor-

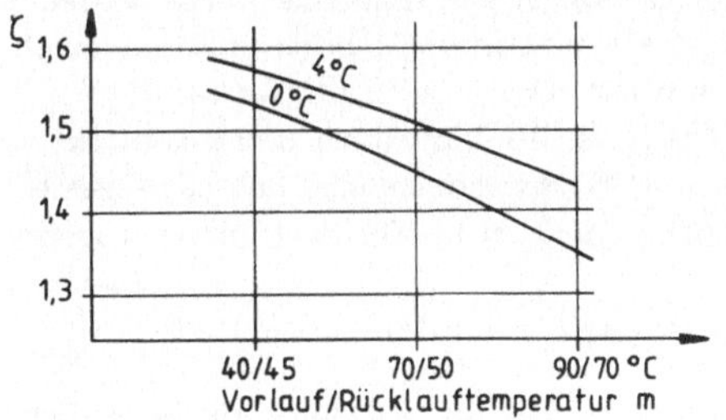

Bild 8.11

Wärmeverhältnis einer AWP bei verschiedenen Vor- und Rücklauftemperaturen und 0 °C bzw. 4 °C Außenlufttemperatur [8.12]

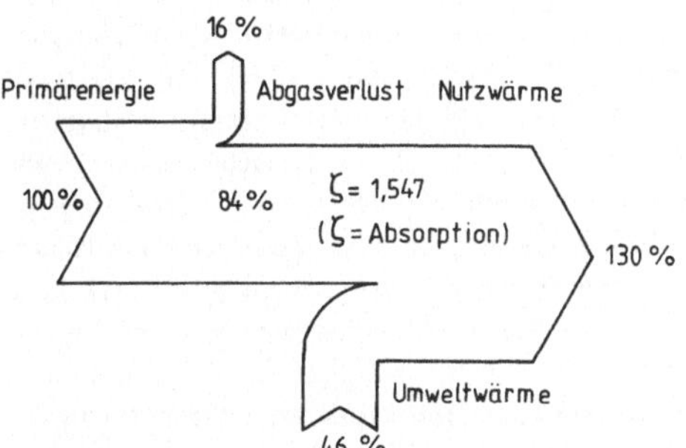

Bild 8.12

Wärmeflußbild einer direkt gasbeheizten AWP [8.9]

methan-Tetraäthylenglykoldimethyläther (DTG) haben weniger gute, mit LiBr-CH_3OH nur ähnlich gute Ergebnisse gebracht [8.12]. Die Forschungen auf diesem Gebiet gehen allerdings weiter. Das Wärmeflußbild 8.12 zeigt, daß 130 % der eingesetzten Primärenergie als Nutzwärme produziert werden. Damit liegt die Absorptionswärmepumpe besser als die Elektrowärmepumpe, aber wesentlich schlechter als die Gas- und Dieselmotorwärmepumpen. (Zum Vergleich siehe weiter unten.) Das bessere Wärmeverhältnis bei tiefen Temperaturen spielt im Jahresmittel kaum eine Rolle, ab 4 °C hat überdies die Verbrennungsmotorwärmepumpe das bessere Wärmeverhältnis.

Eine reizvolle Möglichkeit ergibt sich beim Betrieb der Absorptionswärmepumpe mit oberen Temperaturen im Bereich von 100 ... 110 °C durch einen Anschluß an das Fernwärmenetz [8.12]. Hierbei würde der Austreiber durch die Fernwärme aufgeheizt. Damit ließe sich die Wärmepumpe auch als „Wärmetransformator" verwenden (s.u.).

Insgesamt kann der Wärmepumpe eine Zukunftsaussicht bescheinigt werden, insbesondere, wenn die Forschung weiter betrieben wird. Besonders erfolgversprechend sind zur Zeit Konzepte, die ganz vom bisher praktizierten Umkehrprinzip der Absorptionskältemaschine abgehen und eigene, dem Zweck der Raumheizung angepaßte Komponenten entwickeln (so Fa. Schneider, Kulmbach, Projekt BMFT 5 ET − 5169 A).

Die bisher einzige auf dem deutschen Markt angebotene Absorptionswärmepumpe ist die gasbefeuerte Anlage der Firma Ruckelshausen, die seit langen Jahren am Absorptionsprinzip forscht. Sie bietet seit 1980 eine Pumpe an, die je nach Auslegung 25 kW, 32 kW oder 40 kW Heizleistung erbringt und eine durchschnittliche Leistungsziffer von 1,3 aufweist. Das Arbeitsstoffpaar ist NH_3-H_2O, die Vorlauftemperatur 50 °C. Die Anlage ist als Luftwärmepumpe kompakt in einem Block gebaut, kann aber auch als Wasserwärmepumpe betrieben werden. Der Preis für die 25-kW-Pumpe lag Anfang 1980 bei 14 500 DM (Firmenprospekt).

8.3.4   Der Wärmetransformator [8.14]

„Mit Hilfe des Wärmetransformators läßt sich Abwärme, die bisher wirtschaftlich nicht verwertbar ist, in Nutzwärme höherer Temperatur umformen" [8.14]. Dabei wird der Absorptionswärmepumpenprozeß umgekehrt. Im Verdampferkessel (Austreiber, Mitte von Bild 8.13) befindet sich z.B. *H_2O-NH_3-Gemisch* unter niedrigem Druck. Mit Wärme von 40 ... 70 °C wird das Ammoniak ausgetrieben und rechts unten im Bild im Kondensator, der z.B. mit Umgebungsluft gekühlt wird, niedergeschlagen. Das nun flüssige Ammoniak wird in einen Verdampfer gepumpt, wo es durch die gleiche mittlere Wärme von 40 ... 70 °C verdampft wird (links). Dadurch entsteht hier ein höherer Druck. Das dampfförmige NH_3 wird nun dem H_2O von 40 ... 70 °C aus dem Austreiber im Absorber wieder zugeführt. Die Absorptionswärme treibt die Temperatur auf Werte über 100 °C. Die stark konzentrierte Lösung gelangt durch eine Drossel vom Hochdruckteil (Absorber) in den

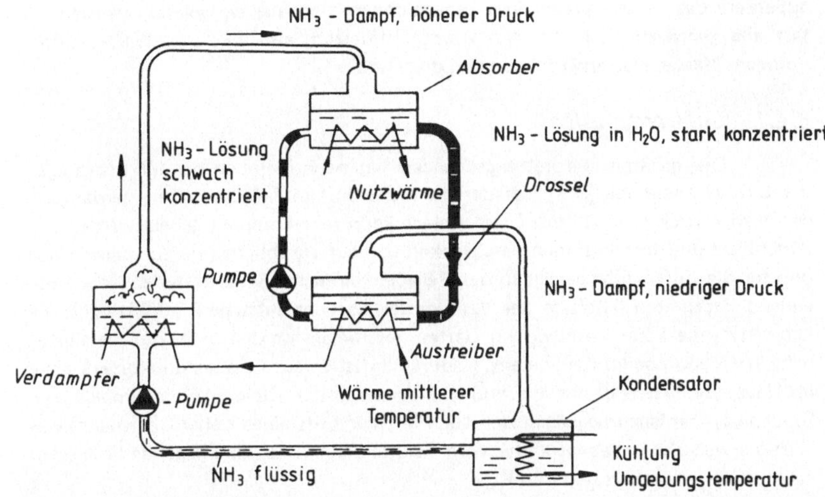

Bild 8.13 Einstufiger Wärmetransformator [8.14]

Niederdruckteil. „Insgesamt muß also dem Prozeß im Verdampfer und im Austreiber Wärme mittlerer Temperatur zugeführt und ein gewisser Teil dieser Wärme bei niedriger Temperatur im Kondensator an die Umgebung wieder abgeführt werden, um im Absorber Nutzwärme bei hoher Temperatur zu erhalten" [8.14]. Als einzige höherwertige Energie wird für die Pumpen elektrische Energie in der Größe von 1 ... 3 % der Nutzenergie gebraucht. Es muß zur Verdeutlichung nochmals gesagt werden, daß der Wärmetransformator der Umgebung keine Wärme entzieht, sondern umgekehrt Wärme mittleren Niveaus an sie abgibt!

Ein Teil der zugeführten Wärme wird in Hochtemperaturwärme gewandelt. Bei gleicher Mitteltemperatur ist diese Nutztemperatur um so höher, je tiefer die Umgebungstemperatur ist. Bei 65 °C mittlerer Temperatur und 15 °C Umgebungstemperatur werden 40 % der zugeführten Wärme in Nutzwärme von 110 °C gewandelt. Bei zweistufigem Betrieb können bei 10 °C Lufttemperatur 20 % Nutzwärme von 170 °C produziert werden.

Die Entwicklungsarbeiten am Wärmetransformator sind noch im Gange. In den nächsten Jahren ist mit dem praktischen Einsatz zur Rückgewinnung von industrieller Prozeßwärme zu rechnen.

8.4 Arten von Verdampfern

Die Art und Weise der Zuführung von Umweltwärme ist ein entscheidendes Konstruktionsmerkmal für die Wärmepumpe. Im allgemeinen unterscheidet man Luft-, Wasser- und Erdreichwärmepumpen. Die üblichen Doppelbezeichnungen, die außerdem das Heizwärmemedium kennzeichnen, sind hier weggelassen worden, da fast alle gebräuchlichen Anlagen Wasser aufheizen, also z.B. Luft/Wasserwärmepumpen, Wasser/Wasserwärmepumpen usw. sind.

8.4.1 Luftverdampfer

Die größten Verbreitungschancen hat nach Meinung der Marktstrategen die Luftwärmepumpe [8.4], bei der die Außenluft direkt durch den Verdampfer des Niederdruckteiles strömt. Diese Anlage kann sehr kompakt gebaut werden, die Anschlüsse und Installationen beschränken sich auf die üblichen Heizungsanschlüsse und für die Luftzufuhr genügt in der Regel ein einfacher Schacht in den Keller. Bei einigen Fabrikaten läßt sich der Verdampfer getrennt aufstellen („Splitting"), die Umweltwärme kann irgendwo im Garten gesammelt werden, während die eigentliche Wärmepumpe im Keller steht. Dadurch entfallen auch die Ventillatorgeräusche im Haus, die allerdings nur empfindliche Ohren stören. Kleine Wärmepumpen bzw. Brauchwasseranlagen begnügen sich auch mit der Luft eines Kellers, der dann, was häufig erwünscht ist, etwas kälter wird (wobei dann der darüberliegende Fußboden nach unten gut isoliert sein muß).

Der entscheidende Nachteil dieser Wärmepumpe ist die Abhängigkeit der Leistungsziffer von der Temperaturdifferenz Heizungstemperatur/Umwelttemperatur. Gerade in der Zeit, in der hohe Heizungsvorlauftemperaturen und viel Wärmemenge benötigt werden, ist die Wärmequelle der Luftwärmepumpe am kältesten (Bild 8.14). Der Heizungswärmebedarf kann also sinnvoll nur bis zu einer bestimmten Grenztemperatur gedeckt werden, die je nach Anlage bei $+3\ ^\circ C$ bis $-5\ ^\circ C$ liegt. Für Tage, die kälter sind, muß entweder auf die konventionelle Heizung umgeschaltet werden oder Wärme aus einem Speicher (Latentspeicher, Erdreichspeicher usw.) gezogen werden. Das einfachste zur Zeit angebotene System wäre hier ein Wasser/Eisspeicher, der aber erst im Kapitel über Speicher beschrieben werden soll.

Üblich ist die Ergänzung mit einer Primärenergieheizung im bivalent-alternativen Betrieb, d.h., die Wärmepumpe wird ganz abgeschaltet. Anlagen mit bivalent-parallelem Betrieb, bei denen die konventionelle Anlage bei Bedarf die Wärmepumpe unterstützt, sind zwar genauso im Angebot, aber weniger zu empfeh-

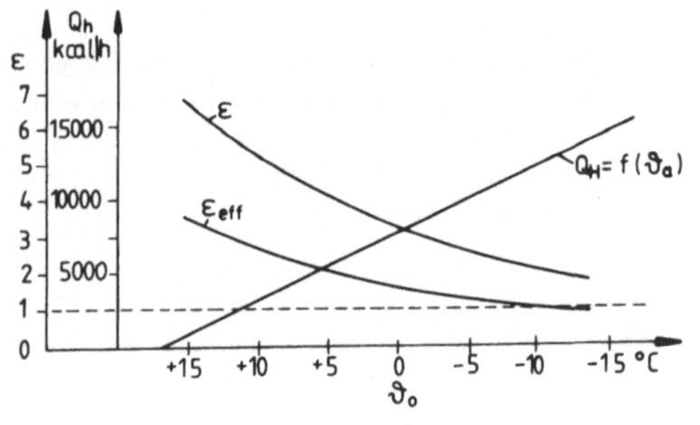

Bild 8.14 Wärmebedarf und Leistungsziffer eines Wohnhauses in Abhängigkeit von der Außentemperatur [8.2]

len, da an sehr kalten Tagen Stromversorgungsengpässe zu befürchten sind: Solche Pumpen könnten u.U. eines Tages verboten werden. Außerdem entsteht beim Betrieb unter 0 °C Eis am Verdampfer, das stark isolierend wirkt. Einige Firmen bieten Wärmepumpen mit speziellen Abtauvorrichtungen an, die natürlich wieder Energie brauchen und insgesamt die Leistungsziffer herabsetzen. Eine Abschaltung bei Temperaturen um 0 °C empfiehlt sich also auf jeden Fall. Bei dieser Betriebsweise lassen sich je nach den örtlichen Verhältnissen 45 ... 65 % [8.2, 8.16, 8.17] der Gesamtheizenergie durch die Wärmepumpe ersetzen. Hierbei gelten die höheren Werte für den Fall einer Niedertemperaturheizung. Bei Radiatorheizungen mit Vorlauf/Rücklauftemperaturen von 70 °C/50 °C ergeben sich erhebliche Leistungseinbußen. Daran ändern auch überdimensionierte Heizkörper etwa in Altbauten nichts. Das Absenken der Heizkörpertemperaturen ist nämlich nur dann wirtschaftlich, wenn eine gute Wärmedämmung vorhanden ist.

8.4.2 Wasserdurchströmte Verdampfer

Hierzu gehören alle Wärmepumpen, deren Verdampfer die Umweltwärme aus Wasser, das ihn durchströmt, aufnimmt. Dieses Wasser stammt entweder selbst aus der Umwelt (Grundwasser, Flußwasser usw.) oder hat Umweltwärme in einem Absorber aufgenommen. Dieser Absorber kann sehr unterschiedlich gestaltet sein:

- Als Energiedach, Energiezaun oder -stapel nimmt er Wärme aus Luft, Sonnenstrahlung und Regenwasser auf.
- Als Erdreichabsorber (Rohrschlangenregister) nützt er die Erdwärme und damit indirekt die Luft- und Sonnenwärme aus.

Ein Vergleich der Leistungsziffern mit denen der direkten (elektrischen) Luftwärmepumpe zeigt die Vorteile; wobei hier gleiche Heizungstemperaturen angenommen sind:

Grundwasser	3,5 ... 4,0
Erdreich/Oberflächenwasser	2,5 ... 3,0
Luft	2,5 [9.5]

8.4.2.1 Wärmequelle Grundwasser und Oberflächenwasser

Das Grundwasser mit seiner konstanten Temperatur von 10 °C scheint sich auf den ersten Blick bestens als Wärmequelle zu eignen. Es gibt auch bereits Anlagen, die zufriedenstellend arbeiten. Allerdings ist Grundwasser nicht überall einfach verfügbar. In der Regel müssen je ein Förder- und ein Schluckbrunnen angelegt werden, was Kosten von ca. 10 000 DM verursacht [8.4]. Über die mögliche Beeinträchtigung des Grundwassers durch Schadstoffe und durch die Auskühlung ist noch zu wenig bekannt, um hier urteilen zu können. Behörden geben die Genehmigung für solche Anlagen nur zögernd und mit Auflagen [8.4]. Eine weitere Verbreitung dieses Typs ist daher kaum zu erwarten. Ein Beispiel einer größeren Anlage dieses Typs ist das bereits erwähnte Dantebad in München [8.2, 8.3]. Aus einem Grundwasserbrunnen werden stündlich 300 m^3 Wasser von 10 °C gefördert und mit 4 °C zurückgepumpt [8.9].

Anders verhält es sich mit der Nutzung von See- oder Flußwasser als Wärmequelle. Da dieses Wasser selten unter die Temperatur von 4 °C absinkt, bietet sich auch hier eine gute Möglichkeit an — allerdings nur da, wo solches Wasser vorhanden ist. Dort ist jedoch mit sehr guten Ergebnissen zu rechnen. Die Abkühlung z.B. von Flußwasser ist u.U. erwünscht, da es anderenorts ja durch Kraftwerke aufgeheizt wird. Bei im Winter möglicher Abkühlung unter 4 °C ist die Umschaltung auf eine konventionelle Anlage erforderlich. Da, wie gesagt, nur günstig gelegene Häuser den Vorteil dieses Anlagetyps nutzen können, ist ihm leider keine große Zukunft beschieden. Im günstigen Einzelfall sollte aber die Oberflächenwasserwärmepumpe zum Einsatz gebracht werden.

8.4.2.2 *Freie Absorber als Umweltwärmequellen*

In letzter Zeit hat als Absorber besonders das *Energiedach* von sich reden gemacht. Dabei handelt es sich um einen großflächigen Absorber, der gleichzeitig die Dachhaut eines Wohnhauses darstellt. Im Prinzip handelt es sich hier um einen Solarabsorber ohne Abdeckung. Damit wird einmal direkte und indirekte Solarstrahlung, zum anderen die Wärme von Luft und Regen ausgenützt. Meistens handelt es sich um dunkel gestrichene Stahl-, Kupfer- oder Aluminiumpaneele, die längs oder quer von Rohren durchzogen werden, in denen das Transportmittel fließt. Daneben werden Energiedächer mit Dachpfannenimitation (Cu, Al, Weißblech) angeboten, die von normalen Dächern nicht mehr zu unterscheiden sind. Der große Vorteil liegt natürlich in der Ausnützung aller angebotenen Umweltwärme bis zu 0 °C herunter. Selbst Eisbildung gibt hier noch einen gewissen Energiebetrag, wenn auch eine Totalvereisung vermieden werden muß.

Die oft beschworene Konkurrenz zum Sonnenkollektor ist zwar gegeben, sollte jedoch nicht dazu führen, daß der Kollektor als überholte Konzeption abgewertet wird (so in manchen Medien in letzter Zeit zu hören). In der Ausnützung der direkten Strahlung der Sonne ist der Kollektor dem Energiedach überlegen, zudem verbraucht er keine zusätzliche Energie. Dort, wo der Kollektor nichts mehr leistet, an kalten und regnerischen Tagen, entwickelt das Energiedach seine Qualitäten. Insgesamt sammelt das Dach doppelt soviel Umweltenergie wie eine gleichgroße Kollektorfläche — allerdings mit der Hilfsenergie von ca. 1/3 der Umweltenergie. Beide Konzepte sollten jedenfalls nicht gegeneinander ausgespielt werden, sie haben je nach Lage ihre Berechtigung.

Die Größe des Energiedaches sollte etwa 40 ... 70 % der zu beheizenden Wohnfläche betragen. Die genaue Dimensionierung richtet sich nach der Auslegung der Wärmepumpe und der Speicher. In vielen Versuchsanlagen wird heute ein Erdreichspeicher eingebaut, d.h., an sonnigen Tagen heizt das Energiedach mit Temperaturen bis zu 50 °C das Erdreich, so daß an Tagen mit unter 3 °C die Wärme dort zum Teil wieder entnommen werden kann. Zudem sollte das Absorberdach möglichst südlich montiert sein. Bei günstigen Verhältnissen lassen sich mit dem Absorberdach und einer Wärmepumpe etwa 80 ... 90 % des fossilen Brennstoffes einsparen.

Es gibt bereits eine Fülle von Absorbervarianten („Energiestapel", „Energiefassade"), auf die hier nicht näher eingegangen werden kann. Erwähnt werden soll noch der sogenannte „Energiezaun", ein Absorber, bei dem ca. 10 cm breite und etliche Meter lange Metallprofile um Zaunpfähle geflochten werden, so daß sich ein 1 m bis 1,5 m hohes Gebilde ergibt. Hiermit wird vornehmlich Wärme der Außenluft und des Regens genutzt.

8.4.2.3 Wärmequelle Erdreich

Die Wärmeenergie für die Wärmepumpe läßt sich auch aus dem Erdreich gewinnen. Dazu wird ein Rohrsystem großflächig im Boden verlegt, durch das das Wärmeträgermedium zirkuliert. Die Verlegungstiefe sollte 1,5 ... 1,8 m betragen, dort herrschen Bodentemperaturen von 8 ... 12 °C. Je nach Isolation des Hauses sind pro m^2 zu beheizender Fläche 2 ... 3 m^2 Erdfläche erforderlich. Allerdings muß es sich möglichst um lehmige, feuchte Erde handeln, da sonst nach einmaliger Auskühlung der Boden zu lange kalt bleibt. Die Erdbewegungsarbeiten für diesen Absorber sind natürlich enorm, im Normalfall werden sie nur bei einem Neubau möglich sein. Für die Umwelt sind kaum negative Folgen zu befürchten, abgesehen von der Möglichkeit, daß sich die Vegetation im Frühjahr etwas verzögert und der Schnee etwas länger liegen bleibt [8.2]. Besonders interessant ist, wie schon erwähnt, die Kombination mit dem Energiedach zur zusätzlichen Bodenaufheizung.

Der Erdreichwärmetauscher ist aber für viele Anwender zu kostspielig, nicht jeder ist in der Lage, seinen Boden bis 1,8 m Tiefe abzutragen, schon gar nicht bei Altbauten. Also sind auch solche Anlagen denen vorbehalten, bei denen die Verhältnisse günstig sind, dann allerdings lohnt sich der Erdreichabsorber wegen der konstanten Temperaturen.

Eine weitere neue Möglichkeit besteht darin, Erdwärmetauscherrohre, sogenannte Sonden, in das Erdreich zu versenken. Das unten geschlossene Stahlrohr mit Doppelmantel hat eine Länge von 30 ... 80 m und wird von einer Kalziumchloridlösung durchströmt. Mit einem Rohr werden 785 m^3 Erdreich genutzt. Nach Angaben der Herstellerfirma sollen 4 Rohre mit 50 m Länge für ein Einfamilienhaus ausreichen. Leider fehlen Angaben über den notwendigen Grundwasserfluß, von dem in diesem Verfahren Wärme extrahiert wird. (Die Erdwärme allein reicht jedenfalls nicht aus bzw. erschöpft sich schnell.) Die Kosten für 4 Rohre liegen bei 9000 ... 12 000 DM einschließlich Einbringung. Dies ist für einen wirtschaftlichen Betrieb wesentlich zu hoch (Daten von der Hannovermesse 1980).

8.5 Vergleich der verschiedenen Wärmepumpenkonzepte hinsichtlich ihrer Kosten und Wirtschaftlichkeit

Bei der Beurteilung der verschiedenen Konzepte gibt es zwei Kriterien: die Wertung hinsichtlich der Kosten für den Verbraucher und hinsichtlich des volkswirtschaftlichen Nutzens. Wer zur Zeit nur nach den für ihn entstehenden Kosten fragt, wird u.U. die Elektrowärmepumpe vorziehen, wer die gesamtwirtschaftliche

Verantwortung mit wahrnehmen will, wird Wärmepumpen mit Primärenergieeinsatz favorisieren.

Über die Nachteile der Elektrowärmepumpe ist im entsprechenden Kapitel schon geschrieben worden. Zum Vergleich seien die einzelnen Heizzahlen noch einmal angeführt:

Elektrowärmepumpe	1,0 ... 1,07,
Gas- oder Ölwärmepumpe	1,68 ... 2,
Absorptionswärmepumpe	1,3.

Gas- und Ölmotorwärmepumpen haben also deutliche Vorteile. Dies gilt allerdings nur solange, wie Gas und Heizöl als Primärenergiequelle zur Verfügung steht. Bei einer Gewinnung von Gas oder Öl aus Kohle würde die Leistungsziffer um die Hälfte herabgesetzt [8.6]. Dies kann aber kein Argument gegen diese Anlagen sein, da sie die bisher noch vorhandenen Primärenergieträger eben am besten ausnützen. Elektrowärmepumpen sind zur Zeit bestenfalls Übergangslösungen [8.10] und damit als Langzeitinvestitionen eigentlich nicht zu empfehlen.

Die Absorptionswärmepumpe schneidet zwar im Vergleich etwas schlechter ab als die Gas- und Dieselwärmepumpen, sie ist aber im Betrieb unproblematischer, da sie an beweglichen Teilen nur eine Arbeitsmittelpumpe und einen Ventilator enthält. Dadurch erübrigen sich die ständigen Wartungsarbeiten, die bei Motorwärmepumpen notwendig sind und die Lebensdauer ist entsprechend höher. Im Zuge der weiteren Forschungsarbeit ist eine Erhöhung der Leistungsziffer zu erwarten, bei der Entwicklung von zweistufigen Absorptionswärmepumpen werden Heizzahlen von 1,8 ... 2 für möglich gehalten [8.5]. Da der Bau kleiner Aggregate für Einfamilienhäuser unproblematisch ist, steht zu erwarten, daß Absorptionswärmepumpen gute Zukunftsaussichten haben [8.12].

Eine *Kostenberechnung* bei Wärmepumpen ist recht schwierig, da sie von vielen Faktoren abhängt, die sich theoretisch nur ungenau angeben lassen. Hier wollen wir die Kosten einer elektrischen Luftwärmepumpe berechnen. Bei Wasserwärmepumpen ist besonders bei der Benutzung von Grundwasser- und Erdreichwärme ein monovalenter Betrieb möglich. Dadurch können solche Anlagen selbst bei höheren Investitionskosten günstig sein. Leider gestatten aber die Stromerzeuger den monovalenten Betrieb nur noch in Ausnahmefällen, da ansonsten in Stromspitzenzeiten eine Netzüberlastung zu befürchten wäre. Die mögliche Gesamtenergieeinsparung durch eine bivalent-alternativ betriebene Luftwärmepumpe wird sehr unterschiedlich angegeben. Dies hängt mit den örtlich verschiedenen Jahreswärmekurven zusammen. Die Anzahl der Tage mit einer Temperatur unter 3 $^\circ$C beträgt im Rheinland 60, in Bayern aber 100. Hier soll von 55 % Energieeinsparung ausgegangen werden. Die Fläche des zu beheizenden Hauses wird mit 200 m^2 angenommen. Der Leistungsbedarf beträgt nach DIN 4701 (gute Isolation) bei -15 $^\circ$C 20,9 kW. Eine Wärmepumpe, die bei 3 $^\circ$C allein arbeitet, muß etwa 10 kW Leistung haben. Als jährliche Nutzungsdauer sind 1600 h anzunehmen. Eine solche Wärmepumpe kostete 1981 ca. 12 000 DM (o.Mwst.). Für die Installation sind 1200 DM berechnet. Dabei wurde von einem Garantiepreis einer Firma ausgegangen. In der

Regel wird es sich dabei um eine Radiatorenanlage handeln, so daß ein ϵ von 2,5 angesetzt werden muß. Bei größeren Umbauten können die Installationskosten bis zu 7000 DM betragen [8.16].

Kosten bei reiner Ölheizung: (1981)

Ölverbrauch für Heizung pro Jahr		5000 ℓ
75 % Wirkungsgrad		
für Brauchwasser pro Jahr		750 ℓ
50 % Wirkungsgrad		
		5750 ℓ
Kosten bei 0,70 DM/ℓ		4025 DM

Kosten bei bivalent-alternativem Betrieb ab 3 °C

Stromverbrauch für Heizung/a	8415 kWh
bei 55 % Einsparung und $\epsilon = 2,5$	
für Brauchwasser/a	956 kWh
bei 75 % Einsparung und $\epsilon = 3$	
	9371 kWh
Stromkosten bei 0,12 DM/kWh (Sondertarif)	1125 DM
Ölverbrauch für Heizung pro Jahr = 75 %	2250 ℓ
für Brauchwasser pro Jahr = 75 %	125 ℓ
	2375 ℓ
Kosten bei 0,70 DM/ℓ	1663 DM
Wartungskosten pro Jahr	230 DM
Gesamtkosten	3018 DM
Somit ergibt sich eine *Kosteneinsparung* von	1007 DM

Rechnet man mit staatlichen Zuschüssen von 25 % (1981 nicht erhältlich) oder mit steuerlicher Abschreibung, was bei einem Ehepaar mit ca. 50 000 DM Jahreseinkommen etwa auf dasselbe hinausläuft, so beträgt die Investitionssumme mit Mehrwertsteuer ca. 11 000 DM. Die Amortisationszeit beläuft sich auf 10,9 Jahre. Muß die Investitionssumme als Darlehen aufgenommen werden, ergibt sich bei 15 Jahren Laufzeit und 10 % Zinsen eine jährliche Rückzahlungssumme von 1446 DM. Damit ist diese Wärmepumpe bei einer angenommenen Lebensdauer von 15 Jahren unwirtschaftlich.

Nach anderen Berechnungen liegt die Amortisationszeit zwischen 8 und 18 Jahren [8.13, 8.16]. Man sollte sich den Kauf einer elektrischen Luftwärmepumpe also genau überlegen, sie lohnt sich in den meisten Fällen nicht.

Überschaubarer sind die Verhältnisse bei einer kompakten Brauchwasseranlage, die mit Abschreibungen gerechnet wenig über 3000 DM kostet. Bei einem Energiebedarf für Brauchwasser von 4000 kWh/a für 4 Personen ergäben sich bei

Nachtspeicherheizung (Ölheizung im Sommer mit 20 % Wirkungsgrad wäre noch ungünstiger) bei 8 Pfg/kWh und 80 % Wirkungsgrad 400 DM Stromkosten. Eine Wärmepumpe mit der Leistungsziffer 2,8 benötigt dazu 1430 kWh, die bei 12 Pfg/kWh 172 DM kosten. Die jährliche Einsparung beträgt 228 DM. Da die Mehrinvestitionskosten gegenüber einem Nachtspeicher ca. 1500 DM betragen dürften, hat sich die Anlage in 5 ... 6 Jahren amortisiert.

Nicht einbezogen wurden in die Rechnungen die jährlichen Grundgebühren des EVU von 100 ... 200 DM, über die man sich vor dem Kauf informieren sollte [8.9].

Etwas schwieriger gestalten sich die Berechnungen bei Wasser- und Erdreichwärmepumpen. Die Kosten der verschiedenen Absorber (Energiedach oder -zaun, Erdleitungen usw.) oder gar die der Anlegung von verschiedenen Wasserwärmetauschern lassen sich schlecht allgemein angeben. Im Falle des Energiedaches ist mit Mehrkosten von ca. 150 DM/m^2 gegenüber einem herkömmlichen Dach (Neubaufall) zu rechnen. Firmenangaben über die m^2-Preise von Absorberdächern schwanken zwischen 300 DM (Nau, Dettenhausen) und 600 DM (G. Wagner) inclusive Montage. Bei 150 m^2 Fläche — genügend für ein Einfamilienhaus — entstehen zusätzliche Kosten von 22 500 DM. Die Energieeinsparung liegt hier bei ca. 80 %. Trotzdem erhöht sich durch die hohen Absorberkosten die Amortisationszeit auf Werte um 20 Jahre. Warum hier in der Literatur Zeiten von 5 ... 7 a [8.9] angegeben werden, ist unverständlich, solche Rechnungen sind bei den momentanen Marktpreisen unseriös und täuschen den Verbraucher. Bei Gesamtölkosten von höchstens 4000 DM/a lassen sich auch bei gutwilligster Rechnung nicht mehr als 1800 DM/a einsparen. In 5 Jahren ist — ohne Zins gerechnet — noch nicht einmal die Wärmepumpe bezahlt. Wer heute ein Heizsystem Wärmepumpe/Absorber kauft, sollte also vorher genau nachrechnen (s. dazu auch Abschnitt 8.4). So ist ein von einer schwäbischen Firma angebotenes Totalkonzept aus Wärmepumpe, Absorberdach und Latentspeicher mit 80 000 DM sicherlich zu teuer, die auf Anfrage mitgeteilte Amortisationszeit von ca. 10 Jahren indiskutabel.

Bei Gas- und Dieselwärmepumpen ist die Angabe von Kosten noch wesentlich schwieriger, da es sich bei den bisher erstellten Anlagen oft um Prototypen handelt. Die Firma Bauer rechnet für ihre Wärmepumpen im Bereich zwischen 50 kW und 100 kW Heizleistung mit 600 ... 800 DM/kW Anlagekosten einschließlich Installation, Pufferspeicher und elektrischer Steuerung. Die Wartungskosten werden mit 2 % der Anlagekosten angegeben (Firmenmitteilung vom 16.4.1980). Gas- und Dieselwärmepumpen decken ca. 80 ... 90 % der Jahreswärmearbeit. In Mehrfamilienhäusern und Wohnblocks sind diese Heizungen heute wirtschaftlich günstig. In der Praxis können große Gaswärmepumpen heute Heizzahlen von 2 ... 2,1 aufweisen, wenn zusätzlich die Abluft und das Abwasser als Wärmequelle verwendet werden. Als Beispiel sei das Sportzentrum Paderborn genannt [8.8], wo die Leistungsziffer der Gasmotorwärmepumpe durch Nutzung solcher Wärmequellen bis auf 4,87 stieg, die Heizzahl lag im Schnitt bei 2,01. Die Kosten dieser Anlage mit 3700 kW Nutzleistung betragen 380 DM/kW, die Wärmeerzeugungskosten 46 DM/MWh.

Gegenüber einer Kesselheizung werden mit solchen Pumpen im Vergleich zu Kesseln 50 ... 60 % Primärenergie direkt eingespart. Bei einem ca.-Preis für eine MWh nur aus Erdgas von 60 DM [8.18] ergibt sich eine Einsparung von 14 DM/MWh. Im obigen Beispiel waren 1979 6000 MWh erzeugt worden, dabei wurden also ca. 84 000 DM gespart. Die Amortisationszeit beträgt hier wenige Jahre [8.8], die Anlagen sind also in Wohnblocks und größeren Gebäuden zu empfehlen, wenn die Heizung erneuert werden muß oder ein Neubau vorliegt.

Über die Preise bei Absorptionswärmepumpen läßt sich noch wenig sagen. Das einzig vorliegende Angebot der Firma Ruckelshausen/Pfungstadt mit 14 500 DM für eine 25-kW-Gas-Kompaktanlage ist noch wenig befriedigend. Bei einer Heizkostenersparnis von 45 % (Firmenangabe) ergeben sich zu lange Amortisationszeiten, zumal hier der Vergleich mit einem Gasbrenner geführt werden muß. Ein Sinken der Preise ist erst bei größeren Stückzahlen zu erwarten, die aber zur Zeit kaum möglich sind.

Literatur

[8.1] *Alefeld, G.:* New Approaches to Energy Conversation, in: Festkörperprobleme XVIII, 1978.

[8.2] *Bezler/Zeuner:* „Wärmepumpe" Vortrag im Seminar, Alternativenergien, FB Physik, Professoren Mühleisen und Wahl, Tübingen 1980.

[8.3] *Rummich, E.:* Nichtkonventionelle Energienutzung, Verlag Springer, Wien 1978.

[8.4] Zeitschrift „Test": Sonderausgabe Energiesparen, Stiftung Warentest, Januar 1980.

[8.5] *Sauer, K. L.:* Die direkt gasbeheizte Absorptionswärmepumpe, in Zeitschrift Flüssiggasdienst 6/1978.

[8.6] *Kirn, H.:* Wärmepumpen sind konkurrenzfähig geworden, Zeitschrift Umschau 12/1979 und 16/1979 (Korrespondenz).

[8.7] *Stoy, B.:* Interview, Zeitschrift Umschau 1/1980.

[8.8] Zeitschrift: Sonnenenergie und Wärmepumpe 2 und 3/1980.

[8.9] Zeitschrift: Sonnenenergie und Wärmepumpe 2 und 3/1979.

[8.10] *Thiel, G.:* Entwicklungstendenzen für den Einsatz von Wärmepumpen, Zeitschrift Heizung-Lüftung-Haustechnik 1/1980.

[8.11] *Stierlin, H.:* Beitrag zur Theorie der Absorptionskältemaschine, Zeitschrift Kältetechnik 7/1964, S. 213–218.

[8.12] *Pak, M., Schulz, S.:* Zum Einsatz einer Absorptionswärmepumpe in der Hausheizung, Zeitschrift Kälte und Klimatechnik 6/1979.

[8.13] *Grallert, H.:* Solarthermische Heizungssysteme, Verlag Oldenburg, München 1977.

[8.14] *Franzen, P.:* Wärmetransformator erzeugt Nutzwärme aus Abwärme, Zeitschrift Erdöl und Kohle 11/1979, S. 527.

[8.15] *Hake, B.:* Ölkrisenprogramm für Hausbesitzer, Vieweg, Braunschweig 1980.

[8.16] Zeitschrift „Test": Heft 5, Mai 1981, Neckarsulm, Stiftung Warentest.

[8.17] *Borsche, L.:* Heizen mit Wärmepumpen, Öl, Gas und Strom, IFEU — Institut für Energie — und Umweltforschung, Heidelberg e.V.

9 Wasserstofftechnologie

9.1 Vorbemerkungen

Wasserstoff gehört zu den großtechnisch herstellbaren und am meisten gebrauchten Gasen. Im Jahre 1977 lag die Produktion bei 30 Mio. t [9.3], wobei 80 % aus Erdöl, 15 % aus Kohle und 5 % durch Wasserelektrolyse gewonnen wurden. Warum kann Wasserstoff ein Energieträger der Zukunft sein?

An einen Energieträger werden bestimmte Anforderungen gestellt:

- Er soll in großen Mengen vorhanden sein;
- er soll einfach transportierbar sein;
- er muß speicherbar sein;
- Umwandlung in andere Energieformen (Strom, Wärme) sollte gut möglich sein;
- er sollte kostengünstig aus nichtfossilen Energieträgern erzeugbar sein;
- nicht zuletzt sollte bei seinem Einsatz die Umwelt nicht geschädigt werden [9.3].

Diesen Anforderungen wird Wasserstoff zum großen Teil gerecht. Er liegt in gebundener Form im Wasser vor und kann — wie zu zeigen sein wird — daraus mit Energieeinsatz aus fossilen und alternativen Quellen gewonnen werden. Der Transport ist in Rohrleitungen möglich und sogar schon üblich [9.2], ebenso die Umwandlung in Wärme oder in Strom (s. 10. Brennstoffzellen). Der größte Vorteil liegt in dem Endprodukt, das bei der Energieumsetzung mit Wasserstoff erzeugt wird: Es entsteht Wasser. Probleme liegen noch bei der Speicherung von Wasserstoff und — wegen seiner Explosivität — bei der technischen Anwendung in einzelnen Bereichen. Dennoch wird er zumindest ein, wenn nicht *der* Energieträger der Zukunft sein.

Hier sollen zunächst einige Aspekte der Wasserstofferzeugung geschildert werden. Dieser Teil ist eine Zusammenfassung eines entsprechenden Seminarvortrages an der Universität Tübingen [9.1]. Ein weiterer Teil handelt von Speichermöglichkeiten, wobei auf neuere Entwicklungen eingegangen werden soll.

Einige Daten zum Wasserstoff:

Dichte bei 20 °C	$0{,}089 \ kg/Nm^3$
Siedepunkt bei 1 bar	$-252{,}77 \ °C$
kritischer Punkt	$-240 \ °C$
Heizwert	$3{,}55 \ kWh/Nm^3 = 12{,}78 \ MJ$

(Nm^3 bedeutet Kubikmeter bei Normalbedingungen.)

Bezogen auf sein Gewicht liefert Wasserstoff mehr Wärme als irgendein anderer Brennstoff, bezogen auf das Volumen liegen Erdgas, Propan und Butan (bis 123,6 MJ) wesentlich besser.

9.2 Wasserstofferzeugung

9.2.1 Zur Theorie chemischer Reaktionen

Beim Ablauf einer chemischen Reaktion in einem System ändern sich dessen thermodynamische Variablen. Wird ein Reaktionsprozeß isobar und adiabatisch geführt, so muß die Reaktionsenthalpie ΔH aufgebracht oder abgeführt werden, je nachdem ob es sich um eine endotherme oder exotherme Reaktion handelt. Wird der Prozeß jedoch isobar und isotherm geführt, so gilt nach der Beziehung

$$\Delta G = \Delta H - T \Delta S,$$

daß im endothermen Fall nur der Anteil ΔG (Änderung der freien Enthalpie) von ΔH als höherwertige Energie zugeführt werden muß, während der Anteil $T \Delta S$ als Wärmeenergie aufgebracht werden kann (ΔS = Änderung der Entropie).

9.2.2 Theorie der Wasserelektrolyse

Bei der Wasserelektrolyse ergibt sich folgende vereinfachte Bruttoreaktion:

$$H_2O + \text{Energie} \rightarrow H_2 + \frac{1}{2} O_2.$$

Als Energie muß bei isobarer und adiabatischer Prozeßführung die Enthalpieänderung ΔH als elektrische Energie zugeführt werden, bei einem isobaren und isothermen Prozeß nur ΔG. Im letzteren Fall muß unter idealen Verhältnissen Wärmeenergie zugeführt werden, damit die Temperatur konstant bleibt. Dieser Wärmeenergieanteil wird meist durch Verlustwärme aufgebracht oder kann als billige Energie von außen zugeführt werden.

Die einzelnen Größen sind temperaturabhängig, ΔG und $T \Delta S$ allerdings sehr viel stärker als ΔH (Bild 9.1). Die freie Reaktionsenthalpie nimmt im Bereich von $25\,^\circ$C bis $1200\,^\circ$C um 875 Wh/Nm^3 ab und $T \Delta S$ um 443 Wh/Nm^3 zu. Daher erscheint es als sinnvoll, den Elektrolyseprozeß bei höheren Temperaturen zu führen, da so ein größerer Teil der benötigten Energie als billige thermische Energie aufgebracht werden kann. Die mindestens benötigte Zellenspannung U_m beträgt

$$U_m = \frac{\Delta G}{nF}$$

n Wertigkeit, $\quad F$ Faradaykonstante

Diese Spannung ist temperaturabhängig und läßt sich für die verschiedenen Temperaturen theoretisch ermitteln. Ebenso läßt sich die der Energie ΔH entsprechende Spannung berechnen. Bei $t = 20\,^\circ$C ergeben sich:

für ΔG: $U_m = 1,23$ V,
für ΔH: $U_m = 1,48$ V.

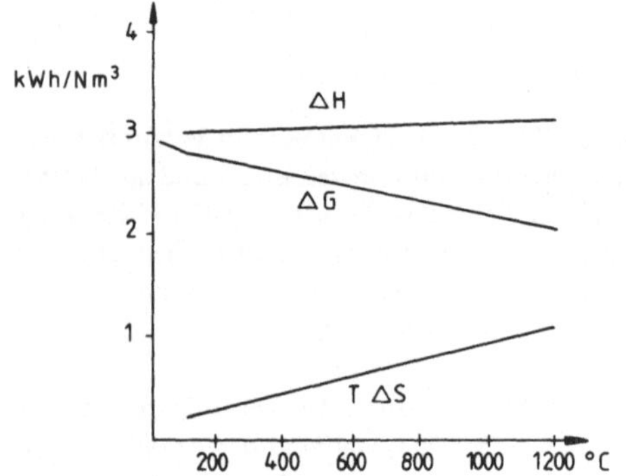

Bild 9.1

Temperaturabhängigkeit von H, G und $T \Delta S$

Soll also etwa die gesamte Energie als elektrische Energie bereitgestellt werden, so muß theoretisch eine Spannung von 1,48 V angelegt werden. Praktisch sind die erforderlichen Spannungen jedoch höher.

Der Wirkungsgrad η der Elektrolyse ist als Verhältnis von theoretisch nötiger Energiemenge $W_{e,\,min}$ zu wirklich erforderlicher Energiemenge W_e definiert, wobei hier die elektrischen Energiemengen gemeint sind:

$$\eta = \frac{W_{e,\,min}}{W_e} = \frac{U_m}{U_{kl}} \,,$$

mit $W_e = U_{kl} \cdot NnF$ in kWh, N Anzahl der erzeugten H_2-Moleküle, nF nötige Elektrizitätsmenge um ein Mol H_2 abzuscheiden, U_{kl} Spannung an den Klemmen der Zelle.

Die Gründe für Überspannungen sind vielfältiger Natur. Die Elektrolysezelle weist einen *ohmschen Widerstand* auf. Daraus resultiert ein Spannungsabfall, der durch eine Überspannung kompensiert werden muß. Gasblasen sind vor allem Urheber ohmscher Widerstände, sie müssen möglichst ganz verhindert werden. Weitere Maßnahmen sind die Erhöhung der Elektrolytkonzentration und die Verringerung des Plattenabstandes. Die *Konzentrationsüberspannung* entsteht durch einen dünnen Flüssigkeitsfilm elektrisch neutraler Teilchen auf den Elektroden. Dieser Effekt kann durch Bewegung des Elektrolyten wesentlich vermindert werden. Schwieriger ist die *Aktivierungsüberspannung* zu beseitigen. Diese Überspannung ist notwendig, um die Geschwindigkeit der Ionenentladungsvorgänge zu beschleunigen. Die Geschwindigkeit dieser Reaktionen hängt zusätzlich noch von der Größe der Elektroden, dem Elektrodenmaterial und deren Oberfläche, von der Stromdichte und von der Temperatur ab. Optimiert man alle diese Faktoren, so kann die Aktivierungsüberspannung herabgesetzt werden.

9.3   Technische Ausführungen von Zellen

9.3.1   Allgemeine Gestaltung

Da die Leitfähigkeit normalen Wassers bekanntlich sehr gering ist, wird bei der Elektrolyse mit Zusätzen wie NaOH und KOH gearbeitet. Mögliche saure Zusätze (H_2SO_4) scheiden wegen der Korrosionsprobleme aus. Zwischen den Elektroden befindet sich ein Diaphragma aus Asbest, das für Ionen durchlässig ist, die entstehenden Gase (Knallgas) aber trennt.

Man unterscheidet hinsichtlich der Zellenschaltung *unipolare* und *bipolare* Zellen (Bild 9.2).

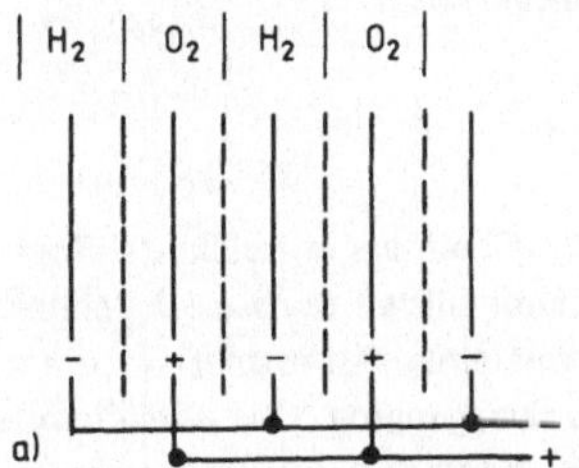

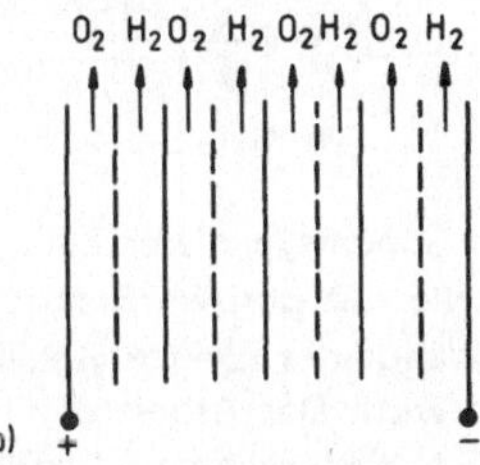

Bild 9.2 a) Unipolare und b) bipolare Zellen

Unipolare Zellen sind parallel geschaltet, wobei jeweils eine Elektrode nach beiden Seitenzellen wirkt. Bipolare Zellen sind hintereinander geschaltete Zellen mit zwischenliegenden Hilfselektroden, die zur einen Seite als Kathode, zur anderen als Anode wirken. Die Abstände der einzelnen Elektroden können sehr viel kleiner gewählt werden, was den ohmschen Widerstand der Einzelzelle herabsetzt.

Im Vergleich wird dieser Vorzug deutlich:

	unipolar	bipolar
Temperatur °C	80 … 100	80 … 100
Betriebsspannung V	2,04 … 2,14	1,87 … 2,1
max. Stromdichte A/cm	0,1 … 0,2	0,2 … 0,4
Energieverbrauch kWh/m^{3}H$_2$	5	4,3 … 4,6

9.3.2   Hochdruckzellen

Darunter sind bipolar geschaltete Zellen zu verstehen, die unter höherem Druck betrieben werden. Ein Vorteil liegt in der höheren möglichen Betriebstemperatur, da der Siedepunkt höher ist. Zudem werden Gasblasen weitgehend verhindert und die Beweglichkeit der Ionen wird wegen der höheren Temperatur größer. Der ohmsche Widerstand einer Hochdruckzelle ist also geringer. Die Betriebsspannung beträgt 1,65 … 1,85 V, der Energieverbrauch einschließlich Kompressor 4,2 … 4,5 kWh/m^{3}H$_2$. Bei 100 … 110 °C wird mit Drücken bis 30 bar gearbeitet.

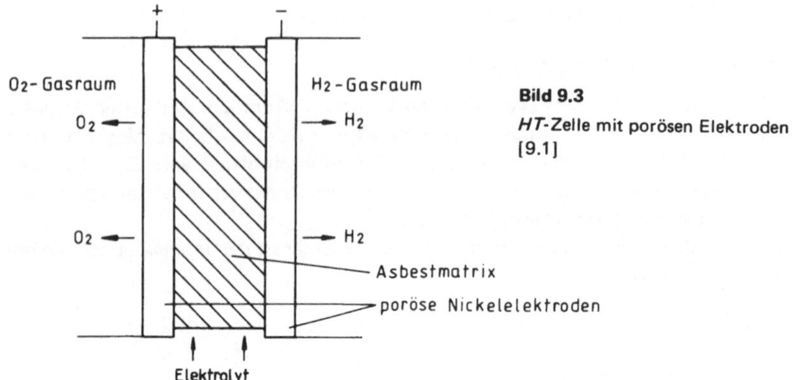

Bild 9.3
HT-Zelle mit porösen Elektroden
[9.1]

Ein Sondertyp dieser Zellen ist die von Allis-Chalmers entwickelte Hochtemperaturzelle mit porösen Elektroden (Bild 9.3). Hier bilden poröse Nickelelektroden die Wände des Elektrolytgefäßes, das innen mit einer Asbestmatrix zusammengehalten wird. Das Asbest dient gleichzeitig als Diaphragma. Das entstehende Gas diffundiert nach rechts und links durch die Elektroden in die Außenkammern. Die Vorteile dieser Zelle liegen darin, daß wesentlich geringere Elektrodenabstände möglich sind, daß kein Gas im Inneren entsteht und daß Temperaturen bis zu 350 °C möglich sind.

Andere Konstruktionen haben im Inneren Polymermaterial als Füllstoff und Diaphragma.

9.3.3   Die Wasserdampf-Feststoff-Elektrolyse

Sie arbeitet bei 1000 °C mit *Wasserdampf,* der durch ein Rohr aus ZrO_2 geleitet wird. Durch eine Dotierung mit CaO oder MgO kann das Zirkondioxid O^{2-}-Ionen aufnehmen. Im Inneren des Rohres sind Nickelkathoden angebracht, an denen Wasser zu H_2 und O^{2-} aufspaltet. Die Anoden sitzen außen am Rohr. Durch die herrschende Potentialdifferenz werden O^{2-}-Ionen durch das dotierte ZrO_2 zur Anode gezogen. Das Zirkondioxid muß natürlich für das entstehende H_2 absolut undurchlässig sein, was bei 1000 °C nicht einfach zu bewerkstelligen ist. Außerdem muß das glühende ZrO_2 zwischen Kathode und Anode seine Isolatoreigenschaft behalten. Ein Vorteil der Methode ist, daß bei 1000 °C die zur Spaltung nötige freie Enthalpie ΔG geringer und $T \Delta S$ sehr viel größer als bei niedrigen Temperaturen ist. Da $T \Delta S$ ja als Wärmeenergie zugeführt wird, ist der Stromverbrauch viel geringer als bei herkömmlichen Elektrolysezellen.

9.3.4   Kostenabschätzungen

Für Elektrolysezellen ist die Abschätzung der Kosten sehr vom angenommenen Wirkungsgrad der H_2-Erzeugung abhängig. Für eine Allis-Chalmers-Zelle, die

3,5 kWh Strom pro m^3 Wasserstoff braucht, würde bei 5 Dpf/kWh Stromkosten 1 MJ H_2 etwa 1,9 Dpf kosten. Dies entspricht aber einem kWh-Preis von 5,8 Dpf, stellt also einen Verlust dar. Bei einem Stromverbrauch von über 3,5 kWh/$m^3 H_2$ wird die Sache so unwirtschaftlich, daß der Direkteinsatz des Stromes empfehlenswerter ist. Es gibt allerdings Erzeugungssituationen (entlegene Wüsten, Meere), bei denen man auf den Energietransport per Wasserstoff in Zukunft kaum verzichten kann. Außerdem gibt es genug Verbraucher (z.B. Kraftfahrzeuge), die sich eben nicht an das Stromnetz anschließen lassen. Die absolute Wirtschaftlichkeit ist also bei weitem nicht das einzige Kriterium bei der Frage, ob Wasserstoffherstellung heute sinnvoll ist. In jedem Fall ist ein Vergleich zu dem üblichen fossilen Brennstoff für den jeweiligen Einsatz vorzunehmen.

9.4 Thermochemische Wasserstofferzeugung

Im Unterschied zu den bisher beschriebenen elektrochemischen Methoden kann Wasserstoff in thermochemischen Reaktionen als ein Endprodukt von Stoffumsetzungen gewonnen werden. Auch diese Reaktionen sind natürlich endotherm, d.h. es muß Wärmeenergie zugeführt werden.

Bei *offenen Systemen* erhält man neben dem erzeugten Wasserstoff nicht mehr weiter verwendbare Nebenprodukte. *Geschlossene Systeme* sind Reaktionszyklen, bei denen die entstehenden Stoffe wieder eingesetzt werden, so daß außer H_2 und O_2 keine weiteren Endprodukte anfallen.

9.4.1 Offene Systeme

Bei offenen thermodynamischen Systemen gibt es viele Reaktionsmöglichkeiten, wie etwa die Reduktion des im Wasser gebundenen Wasserstoffs durch Metalle oder Metalloxide. Wirkliche Bedeutung haben jedoch nur Systeme, in denen Erdöl, Erdgas oder Kohle das Ausgangsmaterial ist.

Von großer Bedeutung ist die sogenannte Wassergasreaktion

$$C + H_2O \rightleftharpoons CO + H_2.$$

Dabei wird eine zusätzliche Energie von 119 kJ/mol benötigt. Das Reaktionsprodukt heißt Synthesegas. Es hat große Bedeutung bei der Kohleverflüssigung. Die weiteren Reaktionsschritte der *Kohlevergasung* führen zu einem Gasgemisch aus H_2, CO, CO_2 und CH_4. Je nach Verfahren entstehen 30 ... 45 % H_2 im Gasgemisch. Diese Technologien werden zur Zeit sehr forciert, obwohl die CO_2-Belastung der Umwelt dabei sehr hoch ist (8,5 kg C pro 100 MJ). Ziel solcher Verfahren ist normalerweise die Herstellung von CH_4 durch weitere Umsetzungen. Darauf soll hier nicht näher eingegangen werden.

Eine andere Reaktion geht von Erdgas aus:

$$CH_4 + H_2O \rightarrow CO + 3H_2$$
$$CO + H_2O \rightarrow CO_2 + H_2.$$

Die benötigte Reaktionsenthalpie von 49 kJ/mol wird hier durch Verbrennung zusätzlichen Erdgases gewonnen. Bei der Umsetzung von 1 m^3 CH$_4$ werden 1,6 m^3 CH$_4$ eingesetzt. Möglich wäre hier die Abwärmenutzung eines Hochtemperaturreaktors. Bei einer Temperatur von 800 °C und 30 bar Druck des H$_2$O hat das Endprodukt folgende Zusammensetzung: 8,2 % CO$_2$, 13,1 % CO, 69,5 % H$_2$ und 9,4 % CH$_4$.

Für die Herstellung von 1 m^3 Wasserstoff müssen mehr als 17 MJ Wärmeenergie eingesetzt werden, teils als zuzuführende Reaktionswärme, teils als Bindungsenergie des Ausgangsproduktes CH$_4$. Da 1 m^3 H$_2$ einen Brennwert von 12,8 MJ hat, lohnt sich dieses Verfahren nicht, wenn als Reaktionswärmelieferant CH$_4$ eingesetzt wird. Erst bei Einsatz der Abwärme eines Hochtemperaturreaktors wäre dieses System lohnend, falls man einen Reaktor überhaupt für empfehlenswert hält.

9.4.2   Geschlossene Systeme

Auch hier sind verschiedene Reaktionszyklen entwickelt worden, die aber im einzelnen noch nicht voll beherrscht werden. Am weitesten ist die Entwicklung bei dem System Mark II von G. De Beni (Euratom) gediehen:

$$
\begin{array}{lll}
700\,°C & CaBr_2 + 2H_2O & \longrightarrow\ Ca(OH)_2 + 2\,HBr \\
200\,°C & 2\,HBr + Hg & \longrightarrow\ HgBr_2 + H_2 \\
200\,°C & HgBr_2 + Ca(OH)_2 & \longrightarrow\ CaBr_2 + HgO + H_2O \\
600\,°C & HgO & \longrightarrow\ Hg + \frac{1}{2}\,O_2 \\
\hline
 & H_2O & \longrightarrow\ H_2 + \frac{1}{2}\,O_2
\end{array}
$$

Dieser Zyklus beruht auf der Hydrolyse von Bromiden. Auch hier ist an den Einsatz von Hochtemperaturreaktorwärme gedacht. Damit unterliegen alle gängigen Kosten- und Wirtschaftlichkeitsbetrachtungen der Unsicherheit, die sich bei der Beurteilung von Reaktoren ergibt. Ansonsten ist das System Mark II effektiver als fast alle anderen Wasserstofferzeugungsmethoden. Es ist zwar erst ab Temperaturen von 650 °C rentabel, doch die Möglichkeit direkt nur thermische Energie zur Wasserspaltung zu verwenden, ist äußerst verlockend. Problematisch sind zur Zeit noch die Trennverfahren zwischen den einzelnen Zyklen, da ein Recycling der Chemikalien zu 99,9 % erfolgen muß. Außerdem sind Korrosionsprobleme durch HBr und die Handhabung des giftigen Quecksilbers schwierige Hindernisse. Die Vorstellung einer gigantischen Anlage mit Tonnenumsätzen solcher Chemikalien und einem angeschlossenem Hochtemperaturreaktor läßt nur hoffen, daß sanftere Methoden der Wasserstofferzeugung zum Durchbruch kommen!

9.5   Wasserstofferzeugung mit Sonnenenergie

Zur Erzeugung von H$_2$ mittels Sonnenlicht eignet sich Wasser als Ausgangsmaterial am besten. Zwar sind photochemische Verfahren mit Kohlenwasserstoffen bekannt, aber diese sollen ja gerade ersetzt werden.

9.5.1 Allgemeines zur Photolyse von Wasser

Wasser absorbiert nur ultraviolette Strahlung unter 200 nm, die das Sonnenspektrum nicht liefert. Die Erzeugung von UV-Licht wäre ökonomisch nicht vertretbar. Die Aufspaltung unter Lichtanregung erfolgt nach der Gleichung

$$H_2O \xrightarrow{h\nu} H + OH \rightarrow H_2 + O.$$

Diese unimolekulare Reaktion benötigt wesentlich mehr Energie als die Aufspaltung

$$2H_2O \rightarrow 2H_2 + O_2,$$

die 0,235 MJ/mol verbraucht. Gelänge es also, in einer biphotonischen Reaktion je zwei Nachbarmoleküle zu spalten, so wäre dies mit normalem Licht von 507 nm möglich. Praktikabel ist die Kopplung thermochemischer oder elektrochemischer Reaktionen mit der photochemischen Aufspaltung. Im ersten Fall finden Photokatalysatoren Verwendung, die sich bei Bestrahlung mit sichtbarem Licht so verändern, daß sie den Wasserstoff des Wassers reduzieren, im zweiten Fall wird eine Wasserelektrolyse durch Lichteinfall in Gang gesetzt.

9.5.2 Photolyse mit thermochemischer Reaktion

Solche Reaktionen bestehen zumeist aus zwei Schritten: Zunächst wird ein Katalysator, etwa ein anorganisches Salz X, in wäßriger Lösung belichtet. Es wird dabei oxidiert und reduziert den Wasserstoff:

$$X + H_2O \xrightarrow{h\nu} X^+ + H + (OH)^-.$$

Schwierig ist dabei, einen Katalysator zu finden, der gegenüber dem äußerst reaktiven H resistent bleibt.

In einem zweiten Schritt, der bei Dunkelheit und mit Wärmezufuhr erfolgt, wird das Salz wieder reduziert:

$$X^+ + \frac{1}{2}H_2O \rightarrow X + H^+ + \frac{1}{4}O_2.$$

Ein mögliches Reaktionspaar wäre eine Ce^{3+}/Ce^{4+}-Verbindung, die aber nur bis ca. 250 nm oxidierbar ist. Daneben gibt es Photokatalysatoren, die bei Lichteinfall reduziert werden und in der Dunkelreaktion oxidieren. Die Abläufe sind insgesamt ähnlich, die Ergebnisse leider nicht besser.

Die Grenzenergie der ausnutzbaren Photonen entspricht bei allen möglichen Redoxreaktionen einer Wellenlänge von 332 nm, damit ist nur 1 % der solaren Energie nutzbar. In der Forschung wird bisher vergeblich nach Photokatalysatoren gesucht, die das Sonnenlicht besser ausnutzen.

9.5.3 Photoelektrochemische Methoden

Die Bestrahlung einer Elektrode bewirkt eine Änderung ihrer Potentialdifferenz gegenüber ihrer unbeleuchteten Referenzelektrode. Dieser Effekt ist an vielen Materialien beobachtbar, aber an Halbleitern besonders stark und wurde an ihnen von Becquerel 1837 entdeckt. Es gibt sowohl Versuche zur Wasserstofferzeugung wie zur Stromerzeugung durch den Becquerel-Effekt.

Bei der Wasserstofferzeugung nutzt man den Umstand, daß in der Umgebung einer belichteten Halbleiterelektrode in wäßriger Lösung H_2 abgespalten wird:

$$H_2O \rightarrow 2H^+ + 2e^- + \frac{1}{2}O_2.$$

Die Elektronen rekombinieren mit den photoinduzierten Löchern im Halbleiter. Die dort ursprünglich sitzenden negativen Ladungen fließen über den Metallkontakt und einen Leiter zur dunklen Kathode, an der H^+ zu H reduziert wird. Praktisch verwirklicht wurde diese Zelle von Fujishima und Honda, die TiO_2 (n-Leiter) als Anode in NaOH und Platin als Kathode in H_2SO_4 verwendeten. Der photochemische Wirkungsgrad der Zelle beträgt ca. 0,4 ... 2 %.

Photoelektrochemische Prozesse laufen im allgemeinen günstiger ab als photothermochemische Prozesse. Die verwendbare Wellenlänge liegt bei 400 nm. Der maximale theoretische Wirkungsgrad für TiO_2-Zellen liegt bei 11 % (bei Ausnutzung aller Photonen, die einfallen). Noch bessere Wirkungsgrade verspricht man sich von $SiTiO_3$- und $FeTiO_3$-Elektroden. Der Einsatz eines p-Leiters als Kathode könnte den Wirkungsgrad praktisch verdoppeln. Photoelektrochemische Systeme haben also trotz vieler Entwicklungsschwierigkeiten durchaus Zukunftschancen.

Zur Zeit erscheint immer noch die Elektrolyse die gängigste und praktikabelste Methode zur H_2-Erzeugung zu sein. Thermochemische Reaktionen können bei Einsatz von fossilen Brennstoffen oder Reaktorwärme allenfalls als Übergangslösung angesehen werden. Bei der Stromerzeugung aus Solarenergie in sonnenreichen abgelegenen Gebieten könnte die Wasserelektrolyse schon bald Bedeutung erlangen. In der weiteren Zukunft werden aber wohl photoelektrochemische Zellen als direktere Erzeuger den Vorrang haben. Ob die bisher hier nicht erwähnten biologischen Wasserstoffgewinnungsmethoden Erfolgsaussichten haben, ist noch schwer abzusehen. Versuche mit der Blaualge Anabaea, die pro mg und Stunde ca. 50 nmol H_2 abgeben kann, waren zwar zunächst erfolgreich, aber leider starben die Algen nach kurzer Zeit ab. Hier werden die nächsten Jahre zeigen, ob diese Art der H_2-Erzeugung Zukunftschancen hat.

9.6   Wasserstoffspeicherung

Ein entscheidendes Kriterium für die Verwendbarkeit eines Energieträgers als Ölersatzstoff ist seine Speicherbarkeit. Leider ist Wasserstoff nicht so leicht speicherbar wie etwa Benzin und hat selbst in flüssiger Form pro Volumeneinheit nur ca. 30 % von dessen Energiedichte. Trotzdem gibt es vielfältige Speichermöglichkeiten, die am Ende der „Ölzeit" sicherlich Bedeutung erlangen werden. Als mobiler Energieträger ist Wasserstoff der elektrischen Energie in Batteriespeichern weit überlegen, die Energiedichte von flüssigem Wasserstoff ist um zwei Größenordnungen höher. Auch hinsichtlich der Transportierbarkeit ergeben sich keine größeren Probleme. Wasserstoffpipelines haben sich seit Jahren in chemischen Betrieben des Ruhrgebietes bewährt, so existiert z.B. eine Leitung von Gelsenkirchen nach Leverkusen mit mehreren Abzweigungen.

Es gibt verschiedene Möglichkeiten, Wasserstoff zu speichern:

- als Gas in Druckbehältern bis 200 bar,
- als Flüssigkeit unter −258 °C in isolierten Druckbehältern,
- in chemischen Verbindungen wie Ammoniak oder Hydrazin,
- als Metallhydrid.

Die ersten drei Möglichkeiten sollen hier etwas kürzer, die Metallhydridspeicherung als eine zukunftsweisende Technologie länger geschildert werden.

9.6.1 Speicherung von Wasserstoff als Gas

Der klassische Speicherbehälter für Wasserstoffgas ist die rote Druckgasflasche, die bei etwa 10 Litern Volumen ca. 1 Nm^3 H$_2$ unter 100 bar Druck speichert [9.6]. Es ist durchaus möglich, größere Behälter für ähnliche Druckverhältnisse zu bauen, allerdings sind die Kosten für solche Hochdruckspeicher zu hoch. Heute bevorzugt man eher Niederdruckspeicher, wobei die Erfahrungen mit wasserstoffhaltigem Stadtgas genützt werden können. Hierbei bieten sich Kavernenspeicher mit 500 000 m^3 in Salzstöcken an, außerdem lassen sich oberirdische Rundbehälter von 5000 m^3 Fassungsvolumen bauen [9.10]. Solche Speicher sind vor allem zur Kurzzeitspeicherung gedacht, der Wasserstoff ist hier in großer Menge relativ schnell verfügbar. Angaben über die Speicherkosten schwanken um 1,5 Dpf/m^3. Erfahrungen mit größeren Aquiferspeichern beschränken sich zur Zeit auf die Methanlagerung. Hier gibt es Behälter von 150 ... 200 Mio. m^3 (Frankenthal). Ob sich in solchen Gesteinsformationen Wasserstoff speichern läßt, muß von Fall zu Fall geprüft werden. Hier ist wie bei allen anderen Gasspeichern die hohe Diffusionsfähigkeit des Wasserstoffs das größte Problem.

9.6.2 Speicherung von flüssigem Wasserstoff

Wasserstoff nimmt als Flüssigkeit nur 1/185tel seines Gasvolumens ein. Die Energiedichte ist mit 2760 kWh/m^3 entsprechend höher. Dies ist, wie schon erwähnt, etwa 30 % der Energiedichte von Benzin. Flüssiger Wasserstoff ist mit 70 kg/Nm^3 relativ leicht, deshalb fällt ein Gewichtsvergleich günstiger aus: Ein Kilogramm Wasserstoff entspricht nach seinem Energieinhalt ca. 2,5 kg oder 3,6 ℓ Benzin.

Flüssiger Wasserstoff hat eine Temperatur von unter −240 °C. Die zur Verflüssigung zu entziehende Wärmeenergie besteht aus spezifischer Wärme, Verdampfungsenthalpie und Ortho-Para-Umsetzungswärme. Letztere rührt daher, daß Wasserstoff in zwei unterschiedlichen Molekülstrukturen vorliegen kann, zwischen denen eine Energiedifferenz besteht. Bei Ortho-Wasserstoff sind die Spins beider Atome parallel, bei Para-Wasserstoff antiparallel. Zwischen beiden Zuständen be-

steht ein temperaturabhängiges Gleichgewicht, daß sich mit sinkender Temperatur
zum Para-Zustand hin verschiebt:

	Anteile	
	Ortho-H_2	Para-H_2
20 °C	75 %	25 %
−250 °C	1,5 %	98,5 %

Zur Umwandlung von Ortho- in Parawasserstoff werden 62,6 kJ/Nm^3 benötigt,
die Verflüssigung verbraucht hingegen nur 39,3 kJ/Nm^3. Insgesamt werden wegen
des schlechten Wirkungsgrades bei der Verflüssigung etwa 40 ... 50 % des Heizwertes
verbraucht. Die Speicherung selbst kann in oberirdischen Tanks erfolgen. In der
chemischen Industrie und den Raketenzentren sind *Doppelwandbehälter* in Gebrauch. Sie haben meist eine Innenwand aus Edelstahl oder Aluminium und eine
Außenhaut aus kohlenstoffhaltigem Stahl. Die Zwischenräume sind mit Perlit ausgefüllt und evakuiert oder werden mit Helium gespült.

In der Entwicklung sind billigere *Einwandbehälter,* wobei allerdings die
Isolationsprobleme noch nicht ganz gelöst sind. Eine Innenisolation ist nicht möglich, da die zumeist verwendeten Polyurethane mit Wasserstoff reagieren. An ausreichenden Außenisolationen wird zur Zeit gearbeitet.

In *unterirdischen Tanks* (Aquiferen) wurde bisher ein zu großer Verlust
von Wasserstoff gemessen. Eine Realisierung solcher Speicher ist sehr fraglich. Die
Verwendung von flüssigem Wasserstoff ist vor allem in Flugzeugen und Kraftfahrzeugen denkbar. Schon heute gilt er wegen seines geringen Gewichtes und seiner
hohen Reaktivität als *der* Treibstoff der Raketentechnologie und der zukünftigen
Flugzeuge im Überschallbereich [9.10]. Auch für langsamere Verkehrsflugzeuge
wird er mehr und mehr interessant. Im Straßenverkehr stellt flüssiger Wasserstoff
eine ernst zu nehmende Alternative zum Benzin dar: Unter Berücksichtigung eines
Speichertankgewichtes von 40 ... 50 kg ergibt sich ein ähnliches Gewicht wie bei
Benzin [9.10] (s. Tabelle 9.1). Allerdings drückt die zur Verflüssigung notwendige
Energie die gute Bilanz: Wirtschaftlich ist das Fahren mit flüssigem Wasserstoff
noch nicht. Daß es technisch möglich ist, zeigt ein Versuchsfahrzeug der DFVLR
in Stuttgart. Es wird an einer einfach zu bedienenden Tankstelle aufgeladen [9.10].
Der Inhalt des voluminösen Tanks, der den ganzen Kofferraum eines PKW ausfüllt,
soll 700 km weit reichen. Über die Wirtschaftlichkeit des Flüssiggasautos war leider
noch nichts zu erfahren. Deshalb ist ein Vergleich zu den konkurrierenden Hydrid-
speicherfahrzeugen noch nicht möglich.

9.6.3 Speicherung von Wasserstoff in Form von Ammoniak

Flüssiger Ammoniak enthält 17,8 Gew.-% Wasserstoff, oder anders ausgedrückt, in 0,75 ℓ NH_3 ist 1 Nm^3 H_2 gespeichert! Ammoniak ist wesentlich leichter
zu handhaben als flüssiger Wasserstoff. Seine Verflüssigungstemperatur liegt bei
−33,4 °C, die kritische Temperatur bei 132 °C, er ist bei 20 °C und 10 bar zu lagern.
Die technische Synthetisierung von NH_3 ist ein bekanntes und oft angewandtes

Verfahren. Die Zersetzung von Ammoniak ist großtechnisch jedoch noch nicht erprobt. Bei der Bildung von Ammoniak werden 92 kJ/mol Bindungsenthalpie benötigt. Durch eine Reaktion bei hohem Druck (300 bar) und mittlerer Temperatur
(500 °C) wird das Gleichgewicht in Richtung des Ammoniaks verschoben. Die Zersetzung erfolgt unter Niederdruck und hoher Temperatur. Als Speicher lassen sich
isolierte Behälter verwenden, die ständig auf unter $-33{,}4$ °C gehalten werden. Möglich wäre auch, Behälter in das Erdreich einzugraben, also dieses als Isolation zu
verwenden. Solche Speicher sind bis zur Größe von 90 000 m^3 denkbar. Die Lagerkosten belaufen sich auf 0,7 Dpf/Nm^3 H_2, dazu kommen ca. 6 Dpf/Nm^3 H_2 für
Synthese und Zersetzung des Ammoniak.

9.6.4 Wasserstoffspeicherung in Metallen

9.6.4.1 Überblick über Hydride

Wasserstoff kann mit sehr vielen chemischen Elementen Verbindungen eingehen, er kann sowohl Anion als Kation sein. Bei den Hydriden unterscheidet man

    salzartige Hydride,
    Metallhydride,
    kovalente Hydride.

Bild 9.4 zeigt die Einteilung dieser Hydride innerhalb des Periodensystems:

```
H                                                           │ He
Li │ Be                                    │ B   C   N   O   F │ Ne
Na │ Mg                                    │ Al  Si  P   S   Cl │ Ar
K   Ca │ Sc    Ti  V   Cr  Mn  Fe  Co  Ni │ Cu  Zn │ Ga  Ge  As  Se  Br │ Kr
Rb  Sr │ Y     Zr  Nb  Mo  Tc  Ru  Rh  Pd │ Ag  Cd  In │ Sn  Sb  Te  J │ Xe
Cs  Ba │ La-Lu Hf  Ta  W   Re  Os  Ir  Pt │ Au  Hg  Tl │ Pb  Bi  Po  At │ Rn
Fr  Ra │ Ac        U   Pu                                              │
salz-  │                                                              │
artige │         Übergangsmetallhydride       Grenz-      kovalente   │
Hydride│                                      fälle       Hydride     │
```

Bild 9.4 Hydride im Periodensystem der Elemente [9.6]

Salzartige Hydride sind Verbindungen, in denen H das Anion darstellt. Sie haben
sehr hohe Zersetzungstemperaturen von über 1000 °C, sind also für Wasserstoffspeicherung uninteressant.

    Kovalente Hydride wie H_2S, H_2O und das schon behandelte NH_3 sind
Verbindungen mit Wasserstoff als Kation. Sie sind Wasserstofflieferanten (H_2O)
oder auch potentielle Speicher (NH_3). Die Auftrennung der chemischen Bindung
ist allerdings nicht einfach.

    Zur Speicherung von Wasserstoff in Metallen interessieren nur die mittleren
Elemente (Metalle) im Periodensystem, von denen die meisten Hydride bilden. Die
„Grenzfälle" wie Cu und Ag bilden keine Metallhydride.

9.6.4.2 Zur Theorie der Metallhydride

Die Bindung von Wasserstoff in den Kristallstrukturen dieser Metalle M
erfolgt nach der Reaktionsgleichung

$$M + H_2 \rightleftharpoons MH_2 + \Delta H \qquad (\Delta H = \text{Reaktionsenthalpie}).$$

Die Reaktion ist in den meisten Fällen exotherm, wobei ca. 20 ... 200 kJ/mol H_2
anfallen. Die genaue Reaktionsenthalpie errechnet sich nach der Formel

$$\frac{d \ln p}{d\,(1/T)} = \frac{\Delta H}{R} \quad [9.6],$$

R Gaskonstante. Der Druck p und die Temperatur T sind also wichtige Parameter.
Durch ihre Veränderung läßt sich die Reaktion umkehren: Bei hohem Druck und
Kühlung entsteht das Metallhydrid, bei niedrigem Druck und Wärmezufuhr wird
der Wasserstoff wieder freigesetzt.

Die Speicherung erfolgt in Form eines sogenannten Gittergases bzw. einer
Gitterflüssigkeit. Dabei besetzen einzelne H-Atome Zwischengitterplätze im Metallverband. Da Moleküle zum Eindringen zu groß sind, müssen sie an der Metallober-
fläche aufgespalten werden (katalytische Dissoziation). Die Atome geben ihr Außen-
elektron an die Leitungselektronenwolke des Metallgitters ab und wandern als
Protonen zu ihren Speicherplätzen. Die Anzahl der möglichen Plätze richtet sich
nach der Gitterstruktur. Bei einem Tetraedergitter (z.B. Niob) sind diejenigen Plätze
besetzbar, die von vier Metallatomen umgeben sind, bei einem Oktaedergitter die,
die von sechs Atomen umgeben sind (bei TiFe z.B. je vier Ti-Atome und je zwei Fe-
Atome) [9.4]. Das Gittergas hat ein Phasendiagramm, das den Diagrammen freier
Gase durchaus ähnlich ist. Die einzelnen Phasen entsprechen verschiedenen Zuständen und Packungsdichten des Gittergases im Kristall. Das Phasendiagramm sieht bei
verschiedenen Speichermaterialien verschieden aus. Bei Wasserstoffspeicherung in
Niob ergibt sich:

kritischer Punkt: 165 °C,
kritischer Druck: bei 30 % H_2 im Metall,
Tripelpunkt: 75 °C.

Bild 9.5 zeigt eine schematisierte Lade- und Entladekurve von Ferrotitan FeTi, dabei ist die Konzentration von Wasserstoff in Metall bei 0 °C in Abhängigkeit vom
Druck aufgezeichnet. Die obere Kurve ist die des Ladevorganges, die untere Kurve
beschreibt die Entladung. Die Differenz beider Kurven, die in Analogie zu Magneti-
sierungsvorgängen als Hystereseschleife bezeichnet wird, ist bis heute noch nicht
geklärt. Die Kurven zeigen deutlich verschiedene Phasen des Gittergases. Zu Beginn
liegt nur TiFe vor, dies ist mit dem Symbol α bezeichnet. In einer ersten Aktivierungsphase werden rasch Zwischengitterplätze nahe der Oberfläche besetzt. Dies
führt zu einer Aufweitung des Gitters, die sich durch den ganzen Kristall fortsetzt.
Die Aktivierungsphase verläuft endotherm. In das aufgeweitete Gitter können nun
ohne Druckerhöhung viele H-Atome eingelagert werden (analog dem Auskonden-
sieren eines Gases). Das Symbol β steht für TiFeH, das Monohydrid, das sich nun

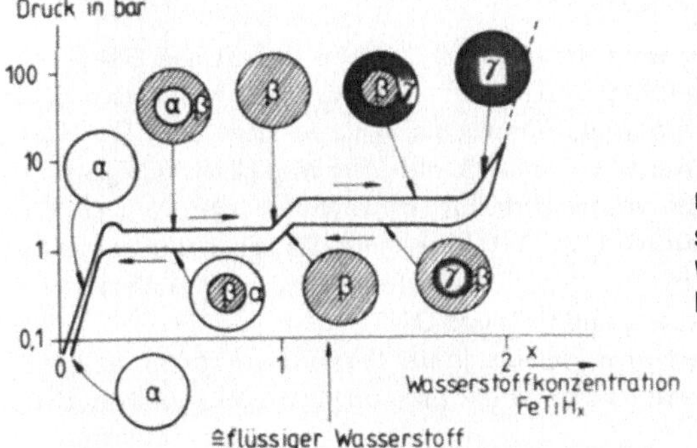

Bild 9.5

Schematische Darstellung der
Wasserstoffeinlagerung in TiFe
[9.5]

vom Rand aus zur Mitte hin bildet (1. Plateau). Diese Einlagerung ist nun exotherm
(25 kJ/mol).

Ist die Bildung von Monohydrid abgeschlossen, so entsteht nach einer
Druckerhöhung an der Oberfläche eine neue Phase, $TiFeH_2$, Dihydrid, hier mit γ
gekennzeichnet. Dies führt zu einer zusätzlichen Aufweitung des Gitters, so daß
ohne große Drucksteigerung die Umwandlung des Monohydrids in Dihydrid von
außen nach innen vor sich gehen kann (2. Plateau). Wenn schließlich nur noch
Dihydrid vorliegt, so ist die Speicherkapazität erschöpft, bei weiterer Drucksteigerung steigt die Wasserstoffkonzentration nicht mehr wesentlich. Die bei der Dihydridbildung frei gebliebenen Plätze dienen dem H-Transport an die Oberfläche
[9.5].

Die einzelnen Aufweitungsphasen lassen sich durch Messung der Verschie-
bung eines Bragg-Streumaximums nachweisen:

$$2d \sin \vartheta = n\lambda \quad [9.6]$$

λ Wellenlänge der auftreffenden Strahlung

n Ordnung des Maximums

ϑ Streuwinkel der Strahlung nach der Reflexion

d Abstand der Kristallgitterebenen

Der Netzebenenabstand d läßt sich also bei bekannter Wellenlänge bestimmen.

In der Phase der teilweisen Dihydridbildung gibt es Bereiche geringeren
Abstandes (FeTiH) und größeren Abstandes ($FeTiH_2$). Die Bragg-Reflexe an
solchem Material weisen je zwei Maximallagen entsprechend der verschiedenen
Netzebenenabstände auf [9.6].

Eine Folgerung aus dem geschilderten Ladevorgang ist, daß es für die H-
Atome offensichtlich energetisch günstiger ist, ein schon von Wasserstoff aufge-
weitetes Gitter vorzufinden. Deshalb wird in der Praxis ein Hydrid nie ganz entladen.

9.6.4.3 Eigenschaften der Metallhydride

Bei der Entstehung eines Metallhydrids wird im allgemeinen Energie freigesetzt, die bei seiner Zersetzung wieder benötigt wird. Nutzt man diesen Effekt aus, so lassen sich Metallhydride als Wärmespeicher verwenden (s.u.). Ein Hydrid ist um so stabiler, je mehr Wärme bei seiner Bildung frei wird [9.4]. Weniger stabile Hydride geben Wasserstoff bei relativ niedrigen Temperaturen von $-10 \dots 10\,^{\circ}C$ ab, sie werden als Tieftemperaturhydride (TTH) bezeichnet. Sie haben Bindungsenthalpien von $600 \dots 800\,Wh/kg$ und erzeugen bei $0\,^{\circ}C$ etwa noch 1 bar Wasserstoffdruck. Typische Vertreter dieser Gruppe sind FeTi und $CaNi_5$.

Noch unbeständigere Hydride sind in der Praxis unerwünscht, da die Behälter bei Umgebungstemperatur während der Lagerungszeit ständig hohem Druck ausgesetzt wären.

Hochtemperaturhydride (HTH) haben erst ab $200\,^{\circ}C$ etwa 1 bar Wasserstoffdruck. Sie zersetzen sich bei $250 \dots 400\,^{\circ}C$ unter Aufnahme einer doppelt so großen Energiemenge wie Tieftemperaturhydride. Im allgemeinen speichern sie mehr Wasserstoff als Tieftemperaturhydride. Alle Leichtmetall-Legierungen wie Mg_2Ni und Mg selbst sind Hochtemperaturhydride [9.7].

Hinsichtlich der Zusammensetzung unterscheidet man binäre und ternäre Hydride [9.6].

Binäre Hydride sind Reinmetall-Wasserstoff-Verbindungen. Sie haben hohe Zersetzungstemperaturen um $300\,^{\circ}C$, sind also Hochtemperaturhydride.

Ternäre Hydride sind Verbindungen aus einer Metall-Legierung und Wasserstoff. Die Legierungen sind dabei sogenannte intermetallische Verbindungen mit regelmäßiger Kristallstruktur. Fast alle verwendeten Hydride sind solche ternären Verbindungen, das bekannteste und chancenreichste ist $TiFeH_2$. Das Hydrid $LaNi_5H_6$ ist gleich gut, aber wesentlich teurer. In Tabelle 9.1 sind einige Metallhydride aufgeführt. Der Vergleich mit flüssigem und gasförmigem Wasserstoff (bei 100 bar) zeigt, daß alle Metallhydride mehr Wasserstoff pro Volumeneinheit enthalten als flüssiger oder gasförmiger Wasserstoff. Die Energiedichte ist ohne Behälter gerechnet. Sie ist pro Volumeneinheit bei Hydriden größer als bei reinem Wasserstoff, allerdings pro Gewichtseinheit wesentlich geringer. In der Praxis beeinflussen die Behältergewichte die Energiedichten, so daß die alleinige Angabe der Hydridenergiedichte noch nicht allzuviel aussagt. Beispielsweise hat FeTi bei 50 bar Wasserstoffdruck mit Behälter eine Energiedichte von ca. 480 Wh/kg. Durch Zusatz von Mn kann dieselbe absolute Energiedichte bereits bei 10 bar erreicht werden, durch den dünnwandigeren Behälter beträgt die praktische Energiedichte nun 544 Wh/kg [9.7]. Da bei Lagerung von gasförmigem Wasserstoff dickwandige Druckbehälter erforderlich sind, fällt auch hier der Vergleich für das Hydrid günstig aus. Eine Druckgasflasche von $10\,\ell$ Volumen speichert $1\,Nm^3\,H_2$ bei 100 bar, eine Flasche mit TiFe-Granulat enthält dieselbe Menge in $1,7\,\ell$ bei 30 bar. Die Volumenverminderung beträgt 85 %, die Gewichtsersparnis einchließlich Behältergewichte 50 %.

Tabelle 9.1 Theoretische Speicherkapazitäten und Energiedichten
einiger Hydride [9.4]

| Hydrid | Art | Speicherkapazität H_2 | | Energiedichte | |
		Gewichts-prozent	Gramm pro ml	Wh/kg	Wh/ℓ
Magnesiumhydrid MgH_2	HTH	7	0,101	2759	3980
Magnesiumnickelhydrid Mg_2NiH_4	HTH	3,16	0,081	1978	3192
Vanadiumhydrid VH_2	HTH	2,07	0,095	815	3752
Eisentitanhydrid $FeTiH_2$	TTH	1,75	0,096	689	3784
Lantanpentanickelhydrid $LaNi_5H_6$	TTH	1,37	0,089	539	3508
Flüssiger Wasserstoff		100	0,07	39418	2759
Wasserstoffgas 100 bar		100	0,008	39418	315

9.6.4.4 Anwendungen der Metallhydridspeicherung

Praktische Probleme

In der Praxis kommen nur billige und reichlich vorhandene Metalle zur Hydridspeicherung in Frage. Dies sind zur Zeit FeTi, Mg und Mg_2Ni. Ein Problem ist beim Speicherbetrieb die Aktivierung der Oberflächen, die oft von einer Oxidschicht bedeckt sind. Abhilfe sollen hier Zusätze zur Legierung oder das Ausheizen der Hydride bei 400 °C im Vakuum oder unter H_2-Atmosphäre schaffen. Hier gibt es aber noch große Probleme. Im Ladevorgang dehnt sich ein Hydrid um 10 ... 20 % aus, wobei das Material Risse und Sprünge bekommt. Da üblicherweise mit Metallgranulat gearbeitet wird, führt dies zur Zerspaltung und Zerkleinerung der Körner. Das ist wegen der damit verbundenen Oberflächenvergrößerung durchaus erwünscht, es erhöht die Ladungskapazität des Materials erheblich. Nach 8 ... 10 Ladezyklen ist das Hydrid pulverisiert und verändert sich nicht mehr [9.7]. Problematisch ist allerdings die geringe Wärmeleitfähigkeit des Pulvers. Um die Bindungswärme schnell genug abführen zu können, muß das Pulver mit wärmeleitfähigen Metallen in Berührung kommen. Dazu füllt man das Hydrid in dünne horizontale Rohre, die es zu 3/4 ausfüllt. Der Zwischenraum ist zum Wasserstofftransport und zur Volumenausdehnung notwendig (System Linde [9.7]). In einem anderen Verfahren wird das Pulver mit nichthydridbildendem Metall (Cu, Al) gemischt und unter Druck und Temperatur verbacken, so daß eine feste Matrix aus gut leitendem Metall entsteht (System Daimler-Benz [9.7]).

Die üblichen Hydride sind gegenüber Verunreinigungen empfindlich, insbesondere die HTH. Gase wie CO, SO_2 und Luft desaktivieren die Oberfläche, zerstören aber das Hydrid nicht. Meist kann ein durch Verunreinigungen inaktiv gewordenes Hydrid durch Ausheizen wieder aktiviert werden. $LaNi_5$-Hydrid ist sehr unempfindlich gegenüber Fremdgasen, es könnte also trotz seines hohen Preises dort eingesetzt werden, wo verunreinigter billiger Wasserstoff zur Verfügung steht. Der von Hydriden abgegebene Wasserstoff ist mit 99,999 Gew.-% H_2 hochrein [9.7].

Metallhydridspeicherung in Kraftfahrzeugen

„Rund 18 % der Endenergie und etwa 25 % des Mineralöls werden in der Bundesrepublik Deutschland im Verkehrssektor gebraucht" [9.9]. Gelänge es, wenigstens einen Teil dieser Ölmenge durch andere Energieträger zu ersetzen, so ließe sich ein spürbarer Rückgang des Erdölverbrauchs erreichen. Die Versuche, hierzu Wasserstoff in Hydridspeichern einzusetzen, wurden vor allem im Bereich des Individualverkehrs durchgeführt. Eine Übertragung auf den Schienenverkehr ist denkbar und wird für nichtelektrifizierte Strecken bereits durchdacht. Die Firma Daimler-Benz hat weltweit als erste brauchbare Hydridspeicher für Kraftfahrzeuge entwickelt. Dabei handelt es sich um FeTi-Speicher und Mg_2Ni-Speicher. Tabelle 9.2 zeigt einige Hydridspeicher im Vergleich mit anderen Kfz-Speichern.

Die Angabe der Energiedichten bezieht sich auf das Speichermaterial mit Behälter. Das Volumen und die Masse je 100 km Reichweite ist bei einem Traktionsenergiebedarf von 27 kWh mechanischer Energie pro 100 km berechnet [9.5]. (Die zum Teil erheblichen zusätzlich zu ziehenden Speichergewichte sind also nicht berücksichtigt!) Benzin ist in diesem Vergleich die günstigste Speicherart, nur hinsichtlich der Energiemenge pro Masseneinheit ist flüssiger Wasserstoff um den Faktor 3 besser. Allerdings ergeben sich bei ihm die bekannten Kühlprobleme. Beim Volumenvergleich schneiden die Metalle recht gut ab, Akkumulatoren liegen um mehr als eine Größenordnung höher. (Bei den Hydridvolumina ist allerdings nur das reine Pulvervolumen ohne die nötigen 20 % Ausdehnungsspielraum berücksichtigt.) Beim Massenvergleich zeigt sich, daß Metallhydride relativ schwer sind. Neuere Batterien auf Hochtemperaturbasis könnten hier bald an sie heran reichen. Benzin ist um eine ganze Größenordnung besser.

Das von Daimler-Benz entwickelte Wasserstoffauto besitzt einen leicht veränderten 2,3-ℓ-Serienmotor und unterscheidet sich äußerlich nicht von üblichen PKWs. Jeder Serienmotor läßt sich auf Wasserstoff umstellen. Die Abgase bestehen dabei aus Wasserdampf und nur geringen Spuren von Stickoxid. Als Speichermaterial wird FeTi verwendet, das bei Temperaturen unter 0 °C noch einen Kaltstart zuläßt. Die zur Austreibung des Wasserstoffes benötigte Wärme wird dem Kühlkreislauf des Motors entzogen. Der mittlere Verbrauch an Wasserstoff liegt bei 1 mol/s. Dazu werden einschließlich aller Übertragungs- und Abstrahlungsverluste 167 kJ/s verbraucht [9.6], gerade 60 % der Abwärme eines 75-kW-Motors. Das Gesamtspeichergewicht beträgt 500 kg, die gespeicherten 7,2 kg H_2 (= 27,8 ℓ Benzin) geben dem Fahrzeug eine Reichweite von 130 km bei einer durchschnittlichen Geschwindigkeit von 60 km/h [9.7].

Diese Zahlen sind noch nicht allzu sensationell, die Entwicklung der Technologie steht jedoch erst am Anfang. Der nächste Schritt ist die Verwendung effektiverer Hochtemperaturspeicher. Die Abwärme eines warmgelaufenen Motors genügt zu seiner Beheizung vollauf. Für den Start und die ersten Kilometer muß zusätzlich ein Tieftemperaturspeicher mitgeführt werden. Daimler-Benz hat einen Kleinbus entwickelt, der mit einem solchen Zweispeichersystem ausgerüstet ist. Bei niedriger Last (Stadtfahrten, kälterer Motor) kommen 10 % aus dem HTH-Speicher, die

Tabelle 9.2 Vergleich von Kraftfahrzeugspeichern (Quellen: [9.4, 9.5, 9.7])

Energieträger	Energiedichte mit Behälter Wh/kg	Motor-wirkungs-grad %	Volumen pro 100 km Reichweite ℓ	Masse pro 100 km Reichweite kg	Temperatur-bereich des Speichers °C	ca.-Preis eines 100 km-Speichers DM
Blei-akkumulator	30 ... 50	70	600 ... 1000	780 ... 1300	bis 45	2400 ... 4000
Na-Metallsulfid-akkumulator	150	70	300	300	300	teurer als Blei-Akkus
Eisentitanhydrid $FeTiH_2$	480	30	34	188	$-20 ... 50$	680
Magnesiumnickelhydrid Mg_2NiH_4	750	30	46,5	120	ca. 300	
Magnesiumhydrid MgH_2	1400	30	44	64	ca. 300	220
Wasserstoff flüssig	ca. 10 000	30	128	9	-253	hohe Isolations-kosten
Methanol	5870	23	30	20	Umgebungs-temperatur	niedrig
Methangas 200 bar	1470	23	70	80	Umgebungs-temperatur	
Benzin	12800	23	13	9	Umgebungs-temperatur	niedrig

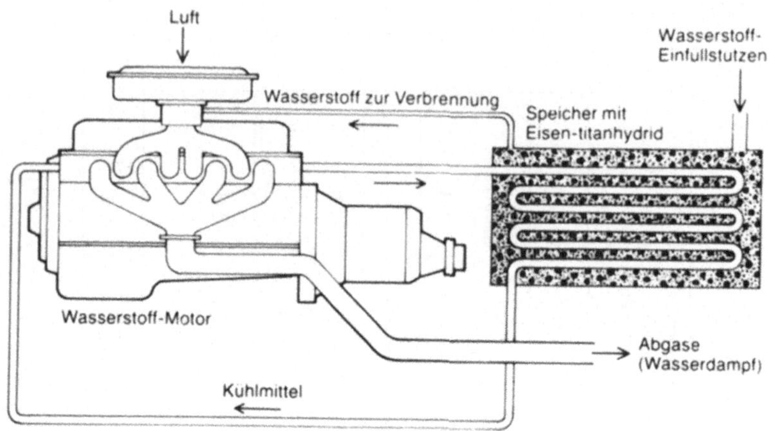

Bild 9.6 Motor mit Metallhydridspeicher [9.4]

Speicherdichte beträgt 525 ... 570 Wh/kg. Bei Vollastfahrten erhält man 50 % aus dem HTH-Speicher und damit eine Energiedichte von 625 ... 850 Wh/kg. Das Gesamtspeichergewicht beträgt 500 kg, die Speichermenge 11 kg Wasserstoff (42,5 ℓ Benzin), was eine Reichweite von 160 km ergibt [9.7].

Eine weitere Möglichkeit besteht darin, Benzin und Wasserstoff zugleich als Gemisch zu verwenden. Ein Fahrzeug von Daimler-Benz (in Forschungsgemeinschaft mit der Universität Kaiserslautern) ist mit einem Kombinationstank ausgerüstet. Der Hydridspeicher besteht aus FeTi. Im unteren Lastbereich und im Leerlauf (z.B. an Kreuzungen) liefert er allein Brennstoff, bei höherer Leistung wird immer mehr Benzin eingespritzt, bei Höchstlast erhält der Motor reines Benzin [9.7]. Im Mischbetrieb wird durchschnittlich mit 70 % H_2 gefahren. Ein 260-kg-Speicher mit 200 kg Hydrat enthält dazu 3,6 kg H_2, die in der Stadt für ca. 150 km reichen.

Die Wasserstoffversorgung der Kraftfahrzeuge bereitet gewisse Schwierigkeiten, da ein Tankstellennetz sehr hohe Investitionskosten erfordert. An solch einer Wasserstofftankstelle müßte nicht nur Wasserstoff zugeführt, sondern gleichzeitig die Bildungswärme abgeführt werden. Wegen des relativ langsamen Wärmeflusses soll das Betanken mindestens 10 ... 15 min dauern (PKW, siehe [9.7]). Ein Vorschlag geht dahin, die vorhandene Infrastruktur auszunutzen, d.h. sich des bestehenden Stromnetzes zu bedienen, um in jedem Haus eine Kleinelektrolyseanlage zu installieren. Die freiwerdende Elektrolyseabwärme und die beim Tanken entstehende Bildungsenthalpie könnten dann zur Hausheizung verwendet werden. Insgesamt würde dadurch der Primärenergieeinsatz um 40 % auf Kohle und Kernenergie verlagert [9.7]. Dieses Konzept ist bei einer Stromerzeugung in herkömmlichen Kraftwerken abzulehnen. Die „Abwärmenutzung", die insgesamt 60 ... 70 %

beträgt, nützt ja eben Wärme, die aus Strom entstanden ist. Der Wirkungsgrad dieser Stromerzeugung ist mit höchstens 40 % anzusetzen, der Ersatz von Primärenergieheizung durch Stromheizung auf jeden Fall ungünstig. Wird der Strom jedoch per Kraftwärmekopplung erzeugt, so ist das Heimbetankungskonzept günstig.

Metallhydridspeicher werden im allgemeinen 10 ... 20 mal schwerer als Kohlenwasserstoffspeicher sein. Im Falle einer Erdölverknappung sind sie jedoch die einzig vernünftige Alternative für den Individualverkehr.

Stationäre Speicher für das Stromnetz

Bei stationärer Speicherung spielt das größere Gewicht der Hydride gegenüber flüssiger Speicherung keine Rolle mehr. Stationäre Speicher wären zur Vorratshaltung erzeugten Wasserstoffs denkbar, aber auch zur Spitzenlastdeckung im Stromnetz. Dazu ist eine Einheit aus Elektrolysezelle, Kompressor, Hydridspeicher und Brennstoffzelle notwendig. Bedingt durch den niedrigen Wirkungsgrad der Brennstoffzellen (s. Kapitel 10) von 40 % hätte eine solche Anlage einen Wirkungsgrad von ca. 20 %.

Geplant sind zur Zeit große Hydridtanks aus Stahl oder Beton mit 16 000 m^3 Volumen [9.8] (Firma Daimler). Zwei solche Behälter könnten 100 MWh elektrische Energie speichern. Das Speichermaterial ist auch hier FeTi, allerdings mit Zusätzen von Mangan, mit dem die Bindungswärme von 29,7 kJ/mol auf 18,4 kJ/mol sinkt. Trotzdem entsteht bei Beladung einer 100-MWh-Anlage mit 3000 kg H_2 eine Abwärme von 8 MWh. Theoretisch wäre der Speicher innerhalb weniger Minuten aufladbar, wegen der Abwärme nimmt dies 8 h in Anspruch. Die Wärme kann u.U. bis zum Entladen gespeichert werden oder anderen Verbrauchern zufließen. Zur Entladung muß Wärme zugeführt werden, hierbei läßt sich die Abwärme der Brennstoffzelle oder aber Sonnenwärme und Grundwasserwärme verwenden. Hier zeigt sich, daß ein Hydridspeicher immer auch ein Wärmespeicher ist (s.u.).

Der stationäre Hydridspeicher wird als Rohrschlangenspeicher konstruiert: Das Hydrid ist in waagerechte Rohre gefüllt, der Wasserstoff wird im oberen freien Rohrviertel transportiert. Der Rohrdurchmesser ist durch das verwendete Hydrid, die Temperatur und die Ladezeit bestimmt, die Rohrlänge durch die gewünschte Ladekapazität. Ein 50-MWh-FeTi-Speicher hat 2500 m Rohre mit einem Durchmesser von 50 ... 55 mm, entsprechend einem Volumen von 18,5 m^3. Ihn durchströmen zur Kühlung und Aufheizung 65 m^3 Wasser pro Stunde. Ein Stahlzylindertank mit 2,6 m Durchmesser und 10 m Länge wiegt insgesamt 133 t. Bei einer 100-MWh-Anlage mit zwei Zylindertanks belaufen sich die Investitionskosten des Speichers auf 3,2 Mill. DM (1979) [9.8], die Betriebskosten betragen 770 000 DM.

Eine interessante Möglichkeit der Speicherung bietet sich durch eine neu entwickelte Hydrogen-Speicher-Elektrode. Sie besteht aus TiNi und Ti_2-Ni-Hydrid und wird zusammen mit einer Ni-Hydroxid-Elektrode in alkalischem Medium verwendet. Bei der Elektrolyse entsteht an der negativen Hydridelektrode Wasserstoff, der beim Entstehen gespeichert wird. Im Entladezyklus wird der Wasserstoff an Ort und Stelle wieder verbrannt und der Strom freigesetzt. Diese Elektrolysezelle vereinigt also Elektrolyse, Hydridspeicherung und Stromerzeugung per Brennstoffzelle in sich. Der Wirkungsgrad beträgt über 70 %, die Energiedichte 60 Wh/kg [9.8] (Beli-Akku: 30 ... 50 Wh/kg). Leider ist über die Kosten dieses Systems noch nichts in Erfahrung zu bringen.

Wärmespeicherung

Die mehrfach angesprochene Eigenschaft der Wärmespeicherung der Hydridspeicher läßt sich direkt zur Abwärmenutzung und zur Speicherung von Solarenergie einsetzen. Dabei werden zwei Hydride unterschiedlicher Bindungswärme — d.h. auch unterschiedlicher Temperaturniveaus — verwendet. Aus einem Tieftemperaturhydrid wird durch Umgebungswärme (Luft, Erdreich, Grundwasser) Wasserstoff abgespalten und unter Druck in ein Hochtemperaturhydrid eingelagert. Dabei entsteht Wärme auf einem höheren Temperaturniveau, die beiden Speicher wirken also als *chemische Wärmepumpe.* Mittels Solarenergie (konzentrierende Kollektoren) wird der Wasserstoff aus dem HTH wieder ausgetrieben und unter nochmaliger Wärmeabgabe (bis 50 °C) in das TTH eingelagert. Dort bleibt er gespeichert, bis er wieder benötigt wird. Diese Art der Solarenergiespeicherung und Umweltwärmenutzung kann für Solarfarmen große Bedeutung bekommen, da in solchen Anlagen sowieso die Erzeugung und Speicherung von Wasserstoff vorgesehen ist. Ein umgekehrter Kreislauf könnte in einer Kühlanlage zum Einsatz kommen.

Alle hier angesprochenen technischen Möglichkeiten sind Projekte oder im Versuchsstadium. Die Wasserstofftechnologie hat gerade erst begonnen, langfristig gesehen wird sie große Bedeutung erlangen und zumindest teilweise die Öltechnologie ersetzen können.

Literatur

[9.1]   *Stübler/Dietrich:* Wasserstoff als Energieträger, Seminar Alternativenergien FB Physik, Prof. Mühleisen und Prof. Wahl, Tübingen 1980.

[9.2]   *Bockris, J. O. M.:* Energy: The solar-hydrogen alternative Architectural Press, London 1975.

[9.3]   *Rummich, E.:* Nichtkonventionelle Energienutzung, Springer, Wien 1978.

[9.4]   *Reilly/Sandrock:* Metallhydride als Wasserstoffspeicher, Scientific American 2/1980.

[9.5]   *Wenzel, H.:* Wasserstoffspeicherung in Metallen, Umschau in Wissenschaft und Technik 1/1980.

[9.6]   *Held/Kunz:* Wasserstoffspeicherung, Seminar Alternativenergien FB Physik, Prof. Wahl, Universität Tübingen 1979/80.

[9.7]   *Buchner, H.:* Wasserstofftechnologie, Daimler Benz AG, Stuttgart.

[9.8]   *Schmidt-Ihn/Bernauer/Buchner:* Storage of hydrogen for electrical Load Equilibration, Daimler-Benz, Stuttgart 1979.

[9.9]   *Hauff, V.* (Hrsg.): Programm Energieforschung und Energietechnologie 1977—1980, Bonn 1978.

[9.10] *Peschka, W.:* Die Bedeutung von Wasserstoff ... in der Energie- und Antriebsbtechnik, DFVLR-Nachrichten, Heft 30, Juni 1980.

[9.11] *Bockris/Justi:* Wasserstoff, die Energie für alle Zeiten, Udo-Pfriemer-Verlag, München 1980.

[9.12] *Bockris, J. O. M.:* The Economy of Hydrogen as a Fuel, Int. J. Hydrogen Energie 6, S. 223—241, 1981.

10 Brennstoffzellen

10.1 Entwicklung der Brennstoffzelle

Die Entwicklungsgeschichte der Brennstoffzelle ist erstaunlich lang, sie beginnt bereits im Jahre 1802 mit den Forschungen Sir H. Davys. Er entwarf eine Zelle, in der Kohle oxidiert wurde, wobei immerhin soviel elektrische Energie entstand, daß er sich fühlbare elektrische Schläge versetzen konnte [10.4]. Eine regelrechte Brennstoffzelle heutigen Aussehens entstand 1839 bei W. Grave, der die Wasserelektrolyse umkehrte. Wilhelm Ostwald rief 1894 zu verstärkten Bemühungen auf, Brennstoffzellen zum direkten Kohleeinsatz zu entwickeln, da er glaubte, diese könnten nach kurzer Zeit bessere Wirkungsgrade als die bei früheren Dampfkraftwerken üblichen 10 % erreichen. Leider erfüllten sich die Hoffnungen auf eine Kohledirektumwandlung nicht. Die Forschung konzentrierte sich in den darauffolgenden Jahrzehnten auf Sekundärenergieträger wie Wasserstoff [10.1]. Nennenswerte Fortschritte wurden erst nach 1945 erzielt, Namen wie Bacon, Davtyan, Justi und Kordesch sind hier in erster Linie zu nennen [10.1]. Im amerikanischen Raumfahrtprogramm wurden schließlich Zellen in kW-Bereich entwickelt, die zwar konkurrenzlos teuer waren, aber ein gutes Leistungsgewicht besaßen. Heute werden terrestrische Kraftwerke im MW-Bereich gebaut, deren Wirkungsgrad den der herkömmlichen Kraftwerke übertrifft.

10.2 Theorie der Brennstoffzelle

10.2.1 Das Brennstoffzellenprinzip

Die Brennstoffzelle gehört zu den elektrochemischen Stromquellen. Ihr Prinzip beruht auf der Umkehrung der Elektrolyse. Statt einer Trennung der Reaktionspartner an den Elektroden reagieren in ihr einzelne chemische Substanzen miteinander unter Freisetzung elektrischer Energie. Diese Reaktionen laufen immer in zwei Schritten ab: Zunächst werden die beteiligten Substanzen an den Elektroden ionisiert, d.h., sie geben Elektronen ab oder nehmen sie auf, um dann miteinander ohne weiteren Ladungsaustausch ein Molekül zu bilden. Bei einer alkalischen Wasserstoff-Sauerstoffzelle wird der erste Schritt beispielsweise durch folgende Reaktionsgleichungen ausgedrückt:

$$H_2 \rightarrow 2H^+ + 2e^- \qquad \text{(Minuspol)}$$

$$\tfrac{1}{2}O_2 + H_2O + 2e^- \rightarrow 2OH^- \quad \text{(Pluspol)}.$$

Die entstandenen Ionen vereinigen sich am Minuspol zu H_2O. Insgesamt entspricht dieser Vorgang einer normalen Wasserstoffverbrennung:

$$H_2 + \frac{1}{2}O_2 \rightarrow H_2O + \Delta H.$$

Bei einer chemischen Verbrennung werden elektrische Ladungen zwischen Brennstoff und Oxidant direkt ausgetauscht, es werden also keine Ladungen frei, da diese bereits im Entstehen kurzgeschlossen werden. Die auftretende Reaktionsenthalpie ΔH kann somit als ungeordnete Stromwärme verstanden werden [10.1]. Durch die Trennung der Ionisationsprozesse in der Brennstoffzelle wird dieser „Kurzschluß" vermieden, die Reaktionsenthalpie steht zumindest zum Teil als elektrische Energie zur Verfügung. In Bild 10.1 sind diese Vorgänge dargestellt, der ionenleitende Elektrolyt ist hier KOH. Die Vereinigung der Reaktanten geschieht in diesem Beispiel am Minuspol, das OH-Ion wandert also durch den Elektrolyten zum Pluspol, wo es sich mit einem H^+-Ion verbindet. Die Bezeichnungen Anode und Kathode für Minus- und Pluspol sind etwas verwirrend, da die Ausdrücke in der Elektrotechnik unglücklicherweise genau umgekehrt definiert sind wie hier in der Elektrochemie. Es werden deshalb die Ausdrücke „Pluspol" und „Minuspol" bzw. „Pluselektrode" und „Minuselektrode" verwendet werden.

Die Oxidationsreaktion in der Brennstoffzelle wurde von Justi recht treffend als „kalte Verbrennung" bezeichnet [10.3]. Der beschriebene Ladungsträgertransport ist innen und außen am Verbraucher im wesentlichen derselbe wie bei

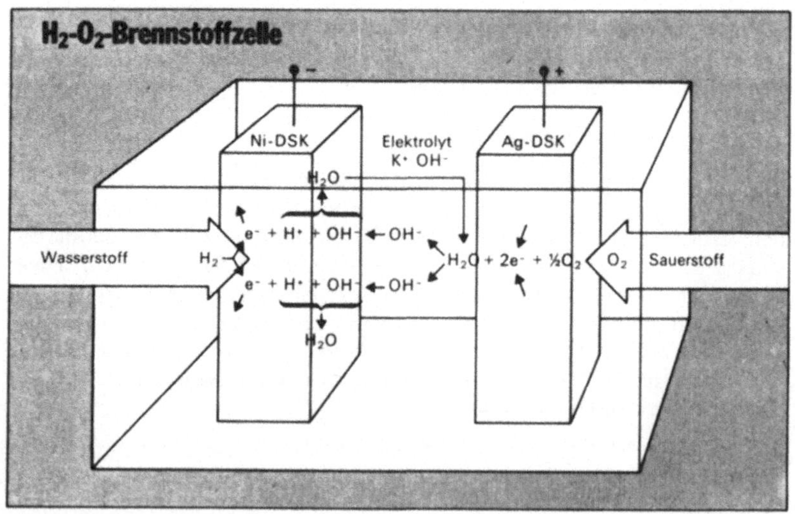

Bild 10.1 H_2–O_2-Brennstoffzelle [10.1]

Akkumulatoren und Batterien. Der große Vorteil ihnen gegenüber besteht darin, daß die Reaktanten nicht in der Zelle selbst enthalten sind, sondern bei Strombedarf von außen zugeführt werden. Dadurch ist ein kontinuierlicher Betrieb über Jahre hin möglich. Bei den Batterien ist die lieferbare Menge an elektrischer Energie dagegen immer von den Elektrodengrößen abhängig, da diese selbst aus den Reaktionsstoffen bestehen bzw. diese enthalten.

10.2.2 Einteilungsmöglichkeiten der verschiedenen Zellen

Die Weiterentwicklung der Brennstoffzelle hat zu vielen verschiedenen Zellentypen geführt, die sich in Konstruktion und Reaktionsablauf deutlich unterscheiden. Die Einteilung in Zellengruppen mit gemeinsamen Merkmalen kann nach verschiedenen Kriterien vorgenommen werden. Tabelle 10.1 gibt eine Übersicht über die wichtigsten Möglichkeiten.

Ein Unterscheidungsmerkmal ist der verwendete Brennstoff. Hier werden zumeist *Gase* verwendet, wobei Zellen mit H_2 am weitesten entwickelt sind. Daneben gibt es Zellen, die Kohlenoxid, Kohlenwasserstoffe und Ammoniak verarbeiten. Flüssige Brennstoffe wie Hydrazin (N_2H_4) und Methanol werden mit dem Elektrolyten gemischt. Daneben gibt es Versuche, Dieselöl als Suspension in einen Elektrolyten einzubringen.

Bei *festen Brennstoffen* wird weiterhin mit Kohle experimentiert, ohne daß bisher Erfolge zu melden sind [10.3].

Die Oxidationsmittel eignen sich wenig zur Unterscheidung verschiedener Zellentypen, da in den meisten Fällen Sauerstoff verwendet wird. Bisher wurde

Tabelle 10.1 Übersicht über Brennstoffzellenparameter [10.2]

Reaktionsstoffe		Betriebs-temperaturen	Elektrolyt	Elektroden
Brennstoffe	Oxidations-mittel			
Wasserstoff	Sauerstoff (Luft)	bis 150 °C	*wäßrige Elektrolyte* alkalisch	*poröse Elektroden* (mit Dreiphasen-grenze)
Kohlenoxid Alkohole	Wasserstoff-peroxid	150 ... 250 °C	sauer Ionenaustauscher-membranen	Metall Kohle
Kohlen-wasserstoffe		500 ... 800 °C	*Schmelzen* Alkalihydroxid	*nichtporöse Elektroden* (mit Zweiphasen-grenze)
Ammoniak Hydrazin		800 ... 1100 °C	Karbonate *Festelektrolyte* dotiertes Zirkondioxid	Metallfolie (gasdurchlässig) Metallelektrode (Reaktionspartner im Elektrolyten gelöst)

mehrheitlich reiner Sauerstoff eingesetzt, in Zukunft wird aber die Beschickung mit Luft den Vorrang haben. Mit anderen Oxidationsmitteln, vor allem H_2O_2 und Cl_2 wird in einigen Laboratorien experimentiert [10.3].

Ein guter Unterscheidungsparameter ist die Betriebstemperatur der Zelle. Die Temperaturbereiche bis 150 °C und die bis 250 °C werden zumeist zusammengefaßt, die zugehörige Zelle ist die *Niedrigtemperaturbrennstoffzelle.* Im Bereich von 500 ... 800 °C liegt die *Mitteltemperaturzelle,* darüber im Bereich bis 1100 °C die *Hochtemperaturzelle.* Somit ergeben sich ziemlich klare Abgrenzungen. Darum soll die Temperatur hier als Einteilungsparameter gewählt werden.

Die Wahl des *Elektrolyten* ist weitgehend von der Betriebstemperatur abhängig. In Niedrigtemperaturzellen werden hauptsächlich wäßrige Elektrolyte verwendet, im mittleren Bereich Karbonatschmelzen und Alkalihydroxide, bei höchsten Temperaturen Feststoffelektrolyte, meist dotiertes Zirkondioxid. Bei den wäßrigen Elektrolyten werden saure und alkalische Medien eingesetzt. Meist arbeiten solche Zellen mit KOH, selten mit NaOH. Saure Zellen enthalten H_2SO_4 oder H_3PO_4. Eine neuere Entwicklung sind Zellen, die statt eines Elektrolyten eine ionentransportierende Feststoffmembran (Ionenaustauschermembran) enthalten.

Die Gestaltung der *Elektroden* hängt vom verwendeten Brennstoff und vom Temperaturniveau ab. Bei Gasen als Brennstoff findet meist die poröse Gasdiffusionselektrode Verwendung, in der eine Dreiphasengrenze zwischen Elektrolyt, Gas und Feststoff verläuft. In Zellen mit flüssigen Brennstoffen sind nichtporöse Elektroden mit Feststoff/Flüssigkeitsgrenze (Zweiphasenelektrode) üblich. Als Elektrodenmaterial kommt Metall in Frage, aber auch Kohle und Halbleitermaterialien. Kunststoffe werden als Stützstoffe und Sperrschichten verwendet. Eine entscheidende Rolle spielen beim Reaktionsablauf die Katalysatoren. Sie sind entweder in die Elektrodenoberflächen eingearbeitet oder bilden selbst das Elektrodenmaterial, so ist z.B. Nickel beim Minuspol oft Trägermaterial mit katalytischen Eigenschaften.

10.2.3 Thermodynamik und Wirkungsgrad

Die in der Brennstoffzelle ablaufenden Verbrennungsreaktionen sind alle exotherm, d.h., sie setzen eine Reaktionsenthalpie $-\Delta H$ frei. (Die Enthalpieänderung ist bei energieliefernden Prozessen definitionsgemäß negativ.) Diese Enthalpie kann immer nur zu einem gewissen Teil in Arbeit oder in elektrische Energie umgewandelt werden. Dieser Teil wird als freie Enthalpie ΔG der Reaktion bezeichnet:

$$\Delta G = \Delta H - T \Delta S.$$

Bei einer Brennstoffzelle, die isobar und isotherm betrieben wird, kann im idealen Fall ΔG vollkommen in elektrische Energie umgewandelt werden:

$$\Delta G = -nUF \ [10.3],$$

wobei n die Anzahl der Ladungsträger pro Molekül, U die thermodynamische Zell-spannung und F die Faradaykonstante ist. Die theoretisch errechnete Zellspan-nung beträgt damit

$$U = -\frac{\Delta G}{nF} \, .$$

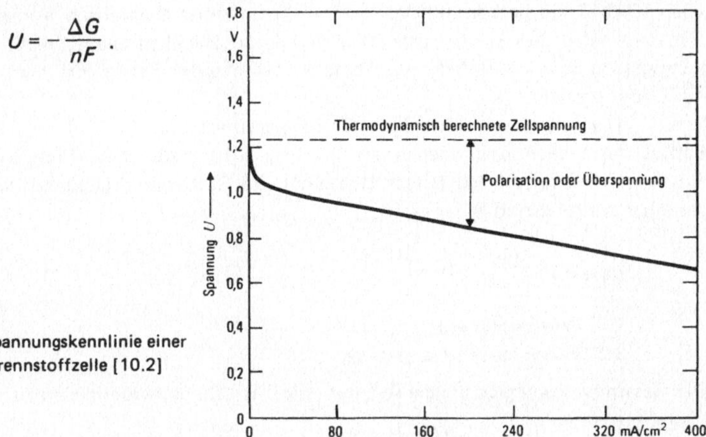

Bild 10.2

Strom-Spannungskennlinie einer H_2-O_2-Brennstoffzelle [10.2]

Die praktisch auftretenden Zellspannungen liegen unter diesem Wert. Dafür sind ohmsche Widerstände des Elektrolyten und besonders Polarisationserscheinungen im Elektrodenbereich verantwortlich.

Die Definition des Wirkungsgrades der Brennstoffzelle ist etwas proble-matisch. Um Vergleichsmöglichkeiten zu anderen Energieumwandlungen zu erhal-ten, muß der Zellenwirkungsgrad wie auch sonst üblich als Verhältnis von zugeführ-ter Energie zu erhaltener Arbeit definiert werden [10.4]. In der Literatur verwendet man die Abnahme der Reaktionsenthalpie als Maß für die zugeführte Energie. Da die elektrische Energie durch ΔG ausgedrückt wird, ergibt sich als Wirkungsgrad

$$\eta = \frac{\Delta G}{\Delta H}$$

oder, da $\Delta G = \Delta H - T \Delta S$ gilt:

$$\eta = 1 - \frac{T \Delta S}{\Delta H} \, .$$

Daraus folgt, daß der so definierte Wirkungsgrad auch über 100 % steigen kann, wenn $T \Delta S$ positiv ist (da ΔH negativ sein muß). In diesem Fall würde die Brenn-stoffzelle der Umgebung Wärme entziehen.

Wie man weiter aus der Wirkungsgradformel ersieht, ist η von der Tempe-ratur T abhängig. Bei Erhöhung der Temperatur nimmt der Wirkungsgrad im allgemeinen ab. Der Carnotwirkungsgrad bei Wärmekraftmaschinen zeigt gerade ein umgekehrtes Verhalten. Daraus wird der Schluß gezogen, daß im unteren Temperaturbereich bis 850 °C die Brennstoffzelle günstiger ist, während bei Temperaturen über 1000 °C ein herkömmliches Kraftwerk zumindest theoretisch Vorteile hätte. Für den realen Betrieb darf man, dies sei hier ausdrücklich betont, nicht mit Wirkungsgraden über 100 % rechnen. Heute werden in guten Zellen Wirkungsgrade von 40 ... 50 % erreicht.

Der tatsächlich erreichbare Wirkungsgrad wird als das Verhältnis der beim Betrieb tatsächlich gewonnenen elektrischen Arbeit zur theoretisch möglichen Arbeit $-\Delta G$ ausgedrückt. Dieser Quotient wird Betriebswirkungsgrad oder energetischer Wirkungsgrad genannt:

$$\eta_{Betrieb} = \frac{U' dQ}{-\Delta G} \quad [10.4]$$

U' Betriebsspannung

dQ transportierte Ladungsmenge

Der Gesamtwirkungsgrad ergäbe sich mit obiger Wirkungsgraddefinition zu

$$\eta_{Ges} = \frac{-\Delta G}{-\Delta H} \cdot \frac{U' dQ}{-\Delta G} = \frac{U' dQ}{-\Delta H},$$

ist also das Verhältnis von wirklich gewonnener elektrischer Energie zum Heizwert des eingesetzten Brennstoffes.

10.3   Niedrigtemperaturzellen

Brennstoffzellen im Temperaturbereich bis 250 °C sind zur Zeit am weitesten entwickelt und schon seit Jahren im praktischen Einsatz. Sie werden in der Literatur häufig Zellen der ersten Generation genannt. Ihr bedeutendster Vertreter ist die schon mehrmals erwähnte H_2-O_2-Zelle. Sie soll hier als Beispiel für die Niedrigtemperaturzellen ausführlich beschrieben werden. Andere Zellen dieser Kategorie sind heute noch unbedeutend, sie werden deshalb am Ende dieses Abschnittes nur kurz erwähnt.

10.3.1 Aufbau und Wirkungsweise einer H_2-O_2-Zelle

Wegen ihres relativ einfachen Aufbaus hat die H_2-O_2-Zelle schon vor Jahren Bedeutung erlangt. Durch die Möglichkeit einer zukünftigen Wasserstofftechnologie bleibt sie auch für die kommenden Jahrzehnte interessant. Der Brennstoff Wasserstoff wird seit langen Jahren großtechnisch durch Kohlevergasung und durch Dampfreformierung von Erdölprodukten gewonnen. Die Bedeutung von elektrolytisch gewonnenem Wasserstoff wird im Zuge der Entwicklung von Solarkraftwerken sicherlich noch zunehmen.

Bei der Verbrennung entsteht pro Mol eine Reaktionsenthalpie von
−285,8 kJ, die freie Enthalpie beträgt −237,2 kJ bei 25 °C. Der theoretische Wirkungsgrad ergibt sich daraus mit 83 %, bei einer theoretischen Zellspannung von
1,23 V.

10.3.1.1 Elektrolyte der Zelle

Als Elektrolyte werden wäßrige Lösungen von Säuren und Basen verwendet. Die Reaktionsabläufe sind in beiden Medien etwas verschieden: Während
in alkalischen Elektrolyten die OH^--Ionen den Ladungstransport übernehmen und
sich am Minuspol mit den H^+-Ionen vereinigen (s. Abschnitt 10.2), wandern im
sauren Medium die H^+-Ionen zur negativen Elektrode. Das Reaktionsprodukt Wasser verdünnt den Elektrolyten und muß bei kontinuierlichem Betrieb abgeführt
werden.

Alkalische Elektrolyte bieten sich überall dort an, wo reines H_2 zur
Verfügung steht. Eine Verunreinigung durch CO und CO_2, wie sie gerade bei Wasserstoff aus der Kohlevergasung oder Methanreformierung unvermeidlich ist, würde
in einer alkalischen Zelle zur Karbonatbildung führen. Neben dem Verbrauch an
Elektrolytsubstanz kommt es zu Karbonatablagerungen in der Zelle, die diese in
kürzester Zeit zerstören. Auf der Sauerstoffseite der Zelle taucht dasselbe Problem
auf, wenn Luft (4 % CO_2) als Oxidationsmittel verwendet werden soll. Werden
nicht reine Gase verwendet, müssen also CO_2-Absorber vorgeschaltet werden, die
natürlich die Gesamtkosten erhöhen. Als Elektrolyt wird zumeist 6-molare KOH
verwendet.

Bei einem sauren Elektrolyten spielen Verunreinigungen durch CO und
CO_2 keine Rolle, in sauren Zellen kann Wasserstoff aus der Kohlevergasung direkt
mit Luft umgesetzt werden. Leider sind diese Zellen aber sehr korrosionsanfällig,
da die Säuren die Katalysatoren angreifen. Eine Möglichkeit, dieses Problem zu
lösen, ist die Verwendung von Katalysatoren aus der Platinmetallgruppe. Da diese
Metalle sehr teuer sind, ist man immer noch auf der Suche nach geeigneten Materialien, wobei vor allem die Sauerstoffelektrode Schwierigkeiten bereitet [10.6].

Am weitesten entwickelt sind Zellen mit hochkonzentrierter Phosphorsäure, um Zellen mit zweinormaler Schwefelsäure von AEG [10.3] ist es ruhiger
geworden.

10.3.1.2 Elektroden

Die Elektroden sind die wichtigsten und problematischsten Bestandteile
der Zellen. Das Gas muß mit Elektrolyt und Elektrode gleichzeitig in Berührung
kommen, diese „Dreiphasengrenze" muß zudem möglichst großflächig sein, denn
nur an ihr laufen Reaktionen ab. Durch die Erfindung der *Gasdiffusionselektrode*
sind diese Probleme weitgehend gelöst worden. Diese Elektrode bildet die Trennwand zwischen Elektrolyt und Gas und ist zugleich eine Seitenwand des Elektrolytgefäßes. Das Elektrodenmaterial ist hochporös, so daß Gas von außen durch die
Elektrode bis zum Elektrolyten diffundieren kann. Umgekehrt wird Flüssigkeit

durch die Kapillarkräfte in die Elektrode gezogen. Im Idealfall stellt sich ein Gleichgewicht zwischen Gasdruck auf der einen und hydrostatischem Druck plus Kapillardruck auf der anderen Seite ein. Da aber die Porengröße, von der die Kapillarkraft abhängt, nicht genau vorausbestimmbar ist, wird es immer enge Poren geben, die ganz mit Flüssigkeit gefüllt sind und weite Poren, die vom Gas freigeblasen sind. In beiden Fällen ist die Dreiphasengrenze verschwunden (Bild 10.3), der Elektrolyt dringt in den Gasraum oder es gelangt Gas in den Elektrolyten (Knallgasbildung). Abhilfe schafft hier eine Anordnung, die Bacon erfunden hat (Bild 10.4): Auf der Elektrolytseite befindet sich eine feinporige Schicht, die als Deckschicht oder Gassperrschicht fungiert. Sie saugt sich mit Flüssigkeit voll, so daß wegen des hohen Kapillardruckes kein Gas mehr in den Elektrolyten diffundieren kann. Auf der Gasseite befindet sich ein grobporiges Material, in das die Flüssigkeit wegen des Gasdruckes (einige bar) nicht gelangen kann. Bei richtig eingestelltem Gleichgewichtsdruck verläuft die Dreiphasengrenze an der Grenze der Materialschichten. Wegen der flüssigkeitsabsorbierenden Deckschicht trägt diese Elektrode den Namen „hydrophile Doppelschichtelektrode". Daneben gibt es eine hydrophobe Doppelschichtelektrode, in der statt dem grobporigen Außenmaterial eine extrem dünne Teflonschicht verwendet wird. Diese Schicht sperrt den Elektrolyten auch ohne Gasdruck ab, läßt aber Gasmoleküle durchdiffundieren [10.3].

Die Reaktionsabläufe im Inneren einer Pore sind in Bild 10.5 für eine Brennstoffelektrode im alkalischen Medium dargestellt. Im gasgefüllten Porenteil

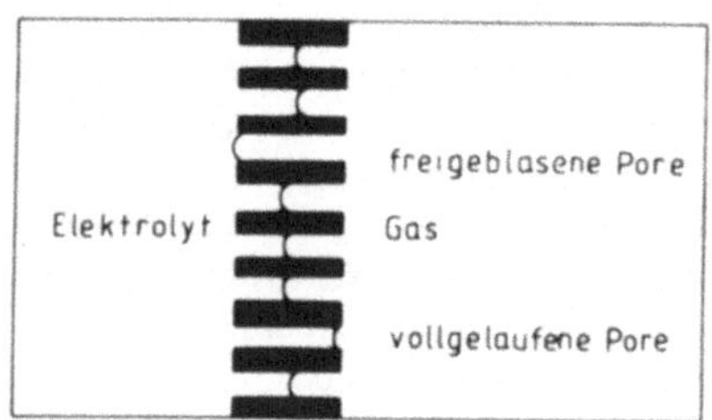

Bild 10.3 Einschichtelektrode [10.1]

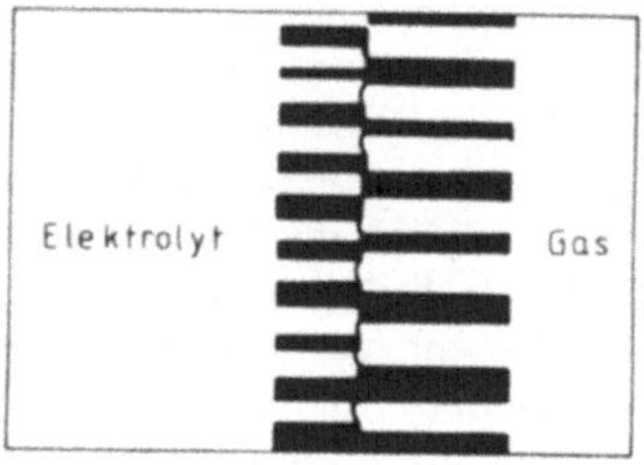

Bild 10.4 Zweischichtelektrode [10.1]

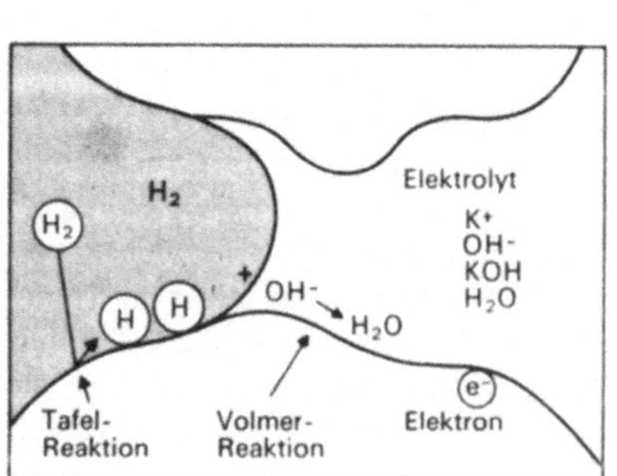

Bild 10.5
Reaktionsablauf an einer Pore [10.1]

dissoziieren Wasserstoffmoleküle unter Katalysatoreinfluß zu einzelnen Atomen (Tafel-Reaktion, vgl. Hydridbildung). Dabei geben sie ihr Elektron an den Metallverband ab. Die Protonen diffundieren nun oberflächennah durch das Metall bis zur Dreiphasengrenze. In einer sogenannten Durchtrittsreaktion gehen sie dann in den Elektrolyten über und reagieren mit den dort befindlichen OH^--Ionen (Volmerreaktion). Die Elektronen bleiben im Minuspol zurück und fließen über elektrische Kontakte und einen Verbraucher zur Sauerstoffelektrode.

Ähnlich hat man sich die Reaktion am Pluspol vorzustellen: Sauerstoff dissoziiert, nimmt Elektronen auf, wird vom Metall der Elektrode adsorbiert und geht nach einigen Zwischenreaktionen in die Verbindung OH^- über. Die Zwischenschritte bis zur Ionenbildung sind zum Teil noch ungeklärt, es scheint aber, daß die Reaktion über eine Wasserstoffperoxidbildung abläuft [10.4]. Als *Elektrodenmaterialien* werden zumeist Metalle, seltener auch Kohle verwendet. Die Metalle haben meist selbst kataltytische Eigenschaften, die Unterscheidung von Trägermaterial und Katalysatoren ist also nicht einfach. Elektrodenmetalle sind z.B. Nickel und Nickellegierungen auf der Brennstoffseite (−) und Silber auf der Sauerstoffseite (+). In sauren Zellen findet gepreßte Aktivkohle als Minuspol Verwendung. Als *Katalysatoren* sind Platinmetalle, Nickel, Wolframkarbid, Cobalt- und Eisenphosphid an der negativen Elektrode in Gebrauch, während sich auf der positiven Seite bisher nur Silber bewährt hat. Wie schon erwähnt, muß hier die Suche nach weiteren billigeren Katalysatoren noch fortgesetzt werden. Ist der Katalysator nicht zugleich Elektrodenmaterial (was sich bei den teuren Pt-Metallen von selbst versteht), so wird er als Pulver oberflächlich auf das Trägermaterial gesprüht. Eine möglichst ungeordnete Struktur erhöht die Aktivität [10.2].

10.3.2 Praktische Anwendungen

10.3.2.1 Einzelzellen

Der Aufbau einer Zelle soll an einigen gängigen Beispielen erläutert werden. Alle Konstruktionskonzepte zu schildern, ist hier kaum möglich.

Die Firma Siemens hat schon vor Jahren eine *Zelle mit Pulverelektroden* entwickelt (Bild 10.6). Diese Elektroden bestehen aus einer Schicht aus Katalysatorpulver (Ni, Ag mit Zusätzen), die zur Elektrolytseite hin mit Asbestpapier als Diaphragma abgegrenzt sind. Zur Gasseite hin hält ein enges Netz aus Nickel das Pulver zusammen. Ein Stützgewebe fixiert die Elektroden, äußere Kontaktplatten übernehmen den Ladungstransport und begrenzen den Gasraum. Durch einen äußeren Preßdruck auf diese Platten wird das Katalysatorpulver komprimiert, so daß sich die notwendige Porenstruktur ausbildet. Die Zelle wird innen von unten nach oben von KOH durchströmt. Der äußere Gasdruck beträgt ca. 2 bar [10.2].

Einen anderen Elektrodenaufbau hat die von Justi, Winsel u.a. entwickelte *alkalische Zelle mit Raneymetallen*. Solche Metalle weisen eine hochporöse, schwammartige Mikrostruktur auf und sind in der Aktivität mit Platinmetallen vergleichbar. Sie werden aus einer Metall-Aluminium-Mischung (nicht Legierung)

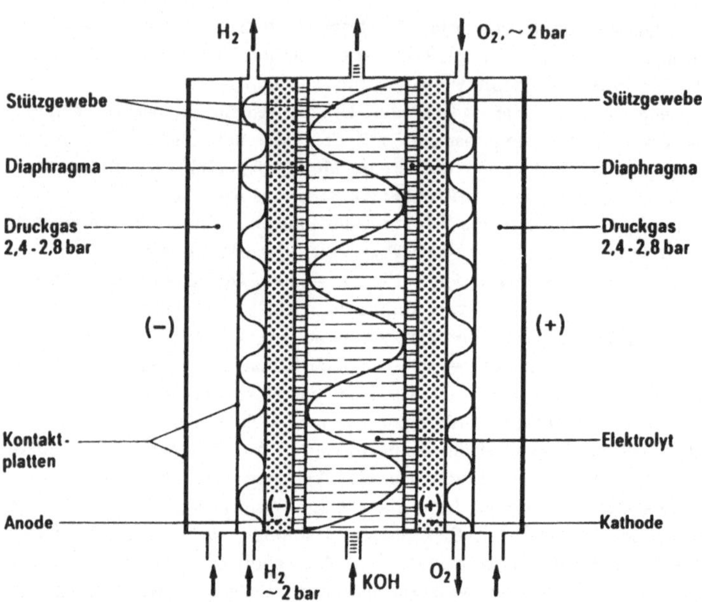

Bild 10.6 Brennstoffzelle mit gestützten Pulverelektroden [10.2]

hergestellt, aus der das unedle Aluminium mit konzentrierter Alkalilauge herausgelöst wird [10.4]. Die so entstandenen inneren Oberflächen haben Größen von ca. 100 m²/g, die zulässigen Stromdichten betragen einige 100 m A/cm² äußere Elektrodenfläche. In der Zelle wird für den Minuspol Raney-Nickel und für den Pluspol Raney-Silber verwendet. Die Brennstoffelektrode ist aus Raney-Nickel und Carbonyl/Nickel-Pulver gesintert, eine dünne Reinnickelschicht auf der Elektrolytseite saugt durch enge Poren Flüssigkeit auf. Ähnlich ist die Silberelektrode aufgebaut [10.3]. Beide werden oft als Doppelskelett-Katalysator-Elektroden, kurz DSK-Elektroden, bezeichnet.

Eine *saure Zelle mit 2n-H_2SO_4* hat vor Jahren bereits AEG entwickelt [10.3]. In ihr sind Wolframkarbid an der Brennstoffseite und Aktivkohle an der Sauerstoffseite die Katalysatoren. Eine Probezelle mit 5 cm² Oberfläche erbrachte bei 160 °C eine Stromdichte von 200 mA/cm² bei 0,5 V, also gerade 0,5 W.

Bereits in der Praxis bewährt hat sich die *Phosphorsäurezelle* der Firma United Technologies in New York (s.u.). Sie besteht aus einer inaktiven Stützmatrix, die hochkonzentrierte Phosphorsäure aufsaugt. Die Matrix ist von beiden Seiten sehr dünn mit dem Katalysator, Platin auf Aktivkohle, belegt. Die Aktivkohleschicht ist außen mit Graphitpapier kontaktiert, dahinter befinden sich die Gasräume. Der Elektrolytraum der Matrix steht über flüssigkeitsanziehende Materialien mit einem

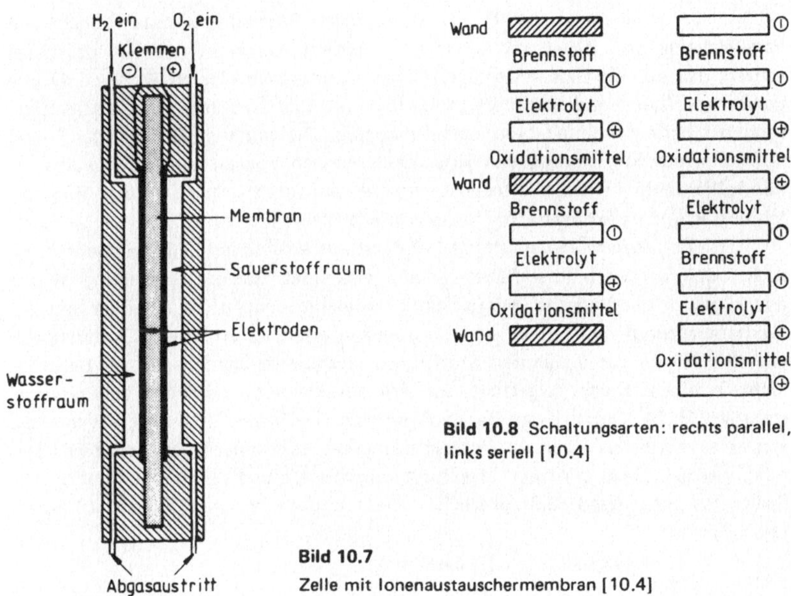

Bild 10.8 Schaltungsarten: rechts parallel, links seriell [10.4]

Bild 10.7
Zelle mit Ionenaustauschermembran [10.4]

Elektrolytreservoir in Verbindung. Oxidationsmittel ist Luft, Wasserstoff wird durch Dampfreformierung gewonnen. Der Wirkungsgrad liegt bei 40 % [10.6].

Ganz ohne Elektrolyt ist die Zelle mit *Ionenaustauschermembran* (Bild 10.7). In ihr ersetzt eine Membran, die geeignete Ionen enthält, die Elektrolytflüssigkeit. In der Membran gibt es keine Strömungsprobleme, eine Gasdiffusion ist unmöglich, außerdem kann die Membran als tragendes Element der Zellenstruktur aufgebaut werden. Zur Herstellung solcher Membranen geht man zumeist von Polystyrolen oder Polyvinylfluorid aus, die sulfoniert oder in die Sulfonsäure und andere aktive Stoffe eingelagert werden. Der Sulfonsäurerest $-CH_2-SO_2-O^-$ übernimmt den Kationenaustausch (H^+), eine Ammoniumgruppe, z.B. $-CH_2-N(CH_3)_3^+$, den Anionenaustausch. Beide Gruppen liegen dabei ortsfest in der Polymermatrix. Membranen gibt es in Form dünner Folien und als Polymerkügelchen [10.4]. Ein großes ungelöstes Problem ist die Hydrolyse der ionisierten Gruppen. Der praktische Einsatz der Zellen wird noch einige Zeit auf sich warten lassen.

10.3.2.2 Zellenbatterien aus Niedrigtemperaturzellen

Einzelne Brennstoffzellen sind wegen ihrer geringen Spannung nicht verwendungsfähig, sie müssen zu größeren Zellenbatterien zusammengeschlossen werden. Solche Aggregate wurden in der Raumfahrt beim Apollo-Programm eingesetzt. Die damaligen H_2-O_2-Zellenbatterien lieferten 2 kW.

Je nach der in der Praxis notwendigen Spannung werden Reihen- und Parallelglieder von Zellen miteinander kombiniert. Dabei ist natürlich darauf zu achten, daß sich die Gase in der Batterie nicht vermischen können. Außerdem sollte der innere Widerstand möglichst gering sein. Wie Bild 10.8 zeigt, ist die Gaszuführung bei Serienschaltung besonders aufwendig. Bei solchen „Zellensäulen" muß außerdem der Stofftransport in jeder Zelle möglichst gleich sein, damit keine unkontrollierbaren Leistungsverluste im Inneren auftreten [10.2]. All dies sind verfahrenstechnische Probleme, die heute zufriedenstellend gelöst sind.

Die *Siemens-Zellenbatterie* [10.2] ist aus alkalischen Zellen aufgebaut, als Elektroden werden hierbei Raney-Metalle verwendet. Bei der Herstellung werden abwechselnd quadratische Minus- und Pluselektrodenplatten aufeinandergefügt (Serienschaltung) und in einem Filterpressenverfahren zu einem Batterieblock gepreßt. Wegen der erwähnten Stofftransportprobleme werden größere Batterien nicht in einem Stück hergestellt, sondern aus kleineren Einheiten zusammengeschaltet [10.2]. Das bei der Reaktion entstehende Wasser (0,5 kg/kWh) und die Verlustwärme müssen zur Aufrechterhaltung des kontinuierlichen Betriebes abgeführt werden. Dazu wird der Elektrolyt umgepumpt und durch einen Diffusions-Spaltverdampfer (Bild 10.9) gedrückt. Dieser besteht im wesentlichen aus einem

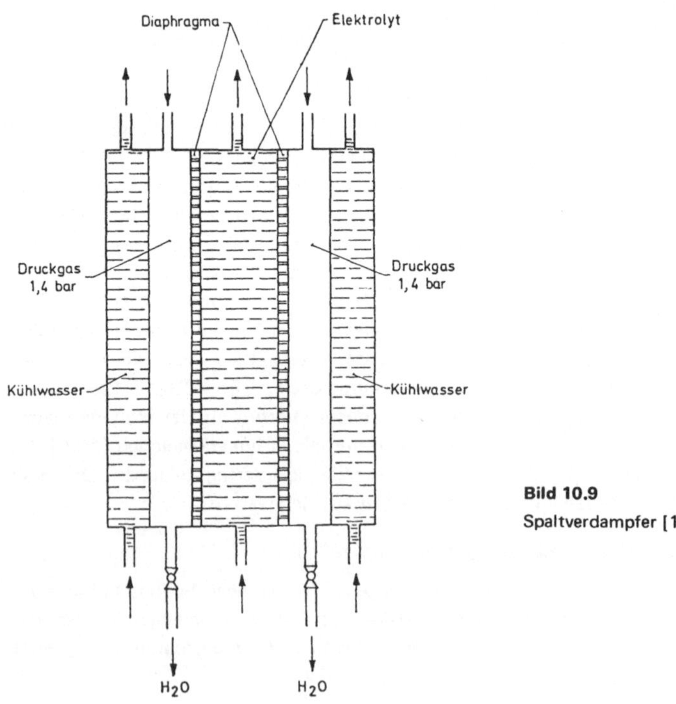

Bild 10.9
Spaltverdampfer [10.2]

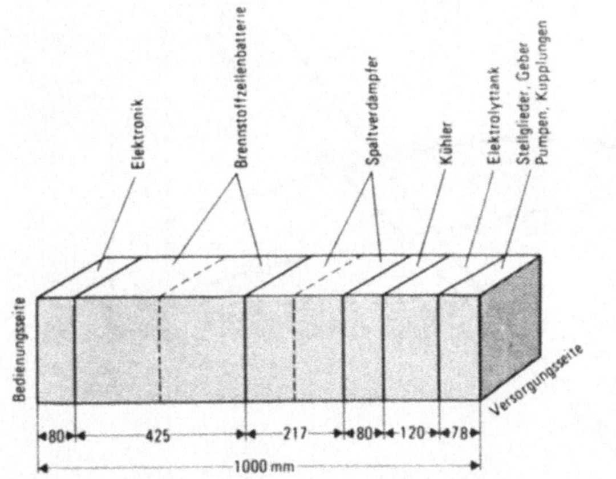

Bild 10.10
Brennstoffzellenkompakt-
aggregat, schematisch [10.2]

Behälter, der von Asbestmembranen begrenzt ist. Die Räume zwischen den Membranwänden und den dahinter liegenden wassergekühlten Wänden sind mit H_2 unter 1,5 bar Druck gefüllt. Wasser kann als Gas durch die Membranen diffundieren und schlägt sich auf den gekühlten Flächen nieder. Die notwendige Verdampfungsenthalpie wird dem erwärmten Elektrolyten entzogen. Da Verdampfer und Zelle äußerlich ähnliche Strukturen aufweisen, läßt sich aus beiden ein einheitlicher Block aufbauen (Bild 10.10). Zum Betrieb der Batterie ist möglichst reiner Wasserstoff nötig, bei Anwesenheit von Inertgasen können die Poren der Elektroden von diesen verstopft werden [10.2]. Die Kennlinie im Bild 10.11 zeigt, daß die Klemmspannung E_{Kl} proportional mit dem Lastfaktor abnimmt, während der H_2-Verbrauch $\dot{V}_{H_2}$ sich erhöht, was insgesamt einem Abfall des thermischen Wirkungsgrades entspricht. Das Wirkungsgradoptimum liegt bei 30 % Leistung, bei noch kleinerem Lastfaktor wirkt sich der Energieverbrauch der peripheren Geräte (Umwälzpumpe) ungünstig aus.

Eine komplette Batterie besteht aus zwei Blöcken mit je 35 Zellen. Die Leistung beträgt 7 kW bei 82 °C und 2 bar Gasdruck. Die Spannung beträgt pro Zelle 0,77 V, insgesamt 53,7 Volt. Die quaderförmige Batterie wiegt 85 kg bei einem Volumen von 60 ℓ, hat also ein Leistungsgewicht von 82,3 W/kg. Gefüllt ist sie mit sechsmolarem KOH. Der Gesamtwirkungsgrad bei Nennleistung liegt bei 51 %, bei 30 % Leistung beträgt er 60 %. Über die Kosten sind nur Schätzungen bekannt: Der Preis bei Serienfertigung wird 350 ... 1500 $/kW betragen, ersterer Wert gilt bei größeren Stückzahlen.

Ein regelrechtes *Brennstoffzellenkraftwerk* hat die Firma United Technologies aus den schon beschriebenen Phosphorsäurezellen errichtet. Es steht mitten in New York City, wo der Betrieb eines herkömmlichen Kraftwerkes wegen der Schadstoffemission Probleme hervorrufen würde [10.8]. In einem Vorversuch

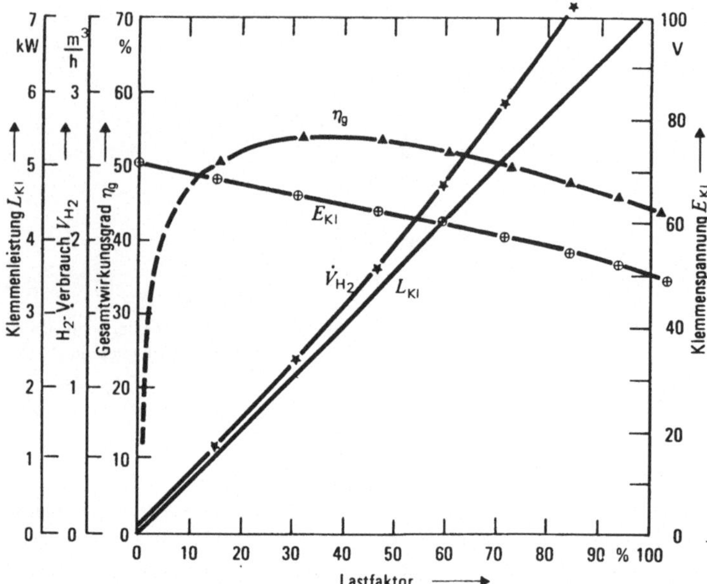

Bild 10.11 Kennlinie der 7 kW-Batterie von Siemens [10.2]

wurde bereits vor Jahren ein 1-MW-Block in Betrieb genommen. Zur Zeit liefert ein 4,8-MW-Kraftwerk Strom ins Netz. In Planung ist nun ein 26-MW-Block.

Das 4,8-MW-Kraftwerk besteht aus 20 Einzelbatterien mit je 460 Zellen, die in Serie geschaltet sind. Jede Zelle hat eine Leistung von ca. 500 W bei einer Spannung von 0,65 V [10.8]. Die Batterien sind in 3 m hohen, unter 3 bar Druck stehenden Zylindern untergebracht, die Einzelzellen liegen horizontal [10.6]. Die Reaktionspartner sind Luft und ein Gasgemisch aus der Dampfreformierung von Naphta, das Wasserstoff enthält. Problematisch sind in diesem Gemisch die Gase CO und H_2S. Schwefelwasserstoff greift das Elektrodenmaterial an, nach geeigneten resistenteren Katalysatoren wird noch gesucht. Das CO kann die Platinschichten inaktiv machen, die Zellen werden deshalb bei 190 °C betrieben, da sich bei dieser Temperatur das CO in CO_2 umsetzt. Die hohe Betriebstemperatur drückt natürlich die Lebensdauer, da die Materialien stärker angegriffen werden. Erwartet werden für das New Yorker Kraftwerk 6700 h, Ziel der Entwicklungsarbeiten sind 40 000 h (= 4,5 Jahre) [10.8]. Der Wirkungsgrad des Kraftwerkes einschließlich des Wechselrichters liegt bei 38 %. Durch Abwärmenutzung ließe er sich noch erhöhen. Die gesamte Anlage kostete 10 000 $/kW, beim Nachbau werden 1000 $/kW erwartet [10.6]. Bei einer etwaigen Serienproduktion von 500 MW/a könnte dieser Preis auf 350 $/kW (Preisbasis 1980) sinken [10.8]!

Ein anderes Konzept wird von der Forschungsgruppe TARGET verfolgt (Team to Advance Research for Gas Energy Transformation). Ziel ist ein Allgashaus, in dem sämtliche Energie aus Erdgas gewonnen wird. Zur Stromversorgung ist eine Brennstoffzellenbatterie aus Phosphorsäurezellen entwickelt worden. Da die Abwärme der Zellen direkt zur Hausheizung verwendet werden kann, ist mit 90 % Primärenergieausnutzung zu rechnen. 1973 wurden 60 Einheiten mit 12 kW elektrischer Leistung gebaut [10.1], die mehr als 5000 Betriebsstunden ohne Beanstandung liefen [10.6]. Im Jahr 1978 waren 50 Versuchsanlagen mit je 40 kW$_{el}$ in Häusern installiert. Die Brennstoffversorgung übernimmt ein kleiner erdgasgespeister Dampfreformer, dessen Abwärme wiederum zur Heizung dient. Für 1982 ist die Kommerzialisierung vorgesehen.

Außer zur stationären Stromversorgung sind H_2-O_2-Zellen auch für die Elektrotraktion von Kraftfahrzeugen im Gespräch. Die Direktverbrennung von H_2 in einem Ottomotor erfolgt unter einem Wirkungsgrad von 30 %, ein Elektromotor hat dagegen 70 % Wirkungsgrad. Ein Konzept in den USA [10.7] geht von einem Fahrzeug mit Methanoltank aus. Ein Konverter wandelt das Methanol in ein H_2-reiches Gas um, das in einer H_3PO_4-Zelle verbrannt wird. Der Gesamtwirkungsgrad, der sich aus dem Umwandlungswirkungsgrad Kohle-Methanol (45 ... 55 %), dem des Konverters und der Zelle (38 %) und des Motors (70 %) zusammensetzt, beträgt beachtliche 15 %.

Andere Konzepte mit alkalischen H_2-Luftzellen und Wasserstoffspeicher erreichen 25 ... 27 % Gesamtwirkungsgrad [10.7]. Hierbei ist allerdings ein CO_2-Entzugssystem für die Luft notwendig [10.9]. Ein 15-kW-H_2-Luft-System wiegt etwa 250 kg, für 100 km Fahrstrecke sind ca. 40 kg flüssiger Wasserstoff notwendig (PKW) [10.9].

10.3.3 Niedrigtemperaturbrennstoffzellen mit flüssigen Brennstoffen

10.3.3.1 Hydrazinzelle

Hydrazin N_2H_4 wird als flüssiger Brennstoff im Elektrolyten gelöst. Meist wird dazu KOH verwendet; saure Elektrolyten sind auch möglich. Die Elektrodenreaktion in alkalischen Zellen sieht folgerdermaßen aus:

$$N_2H_4 + 4OH^- \rightarrow H_2 + 4H_2O + 4e^-.$$

Da entgegen der Theorie genau dieselbe Spannung wie bei der H_2-O_2-Zelle gemessen wird [10.4], liegt die Vermutung nahe, daß Hydrazin schon vor der eigentlichen Reaktion in $2H_2$ und N_2 zerfällt, also lediglich Wasserstofflieferant ist.

Die Brennstoffelektrode kann als Zweiphasengrenze (fest/flüssig) gestaltet werden, übliche Materialien sind Kohle und Nickel [10.3]. Die Sauerstoffelektrode besteht aus Raney-Nickel mit Palladium. Mit einer 23 %igen KOH-Lösung mit 3 % Hydrazin sind Stromdichten von 500 mA/cm^2 bei 70 °C erreicht worden. Zur Aufrechterhaltung der Hydrazinkonzentration und zur Abführung des Stickstoffes sind viele periphere Geräte notwendig. Eine kommerzielle Anwendung dieser Brennstoffzelle ist wegen diesem Aufwand unwahrscheinlich.

10.3.3.2 Methanol-Brennstoffzelle

Die Direktverbrennung von Methanol wäre besonders für Brennstoffzellen in Kraftfahrzeugen eine attraktive Möglichkeit, der Wirkungsgrad des Gesamtsystems würde sich spürbar erhöhen. Leider sind bisher trotz intensiver Forschungsarbeit die Erfolge noch spärlich.

Die Oxidationsrekationen, die das Methanol durchläuft, sind im Einzelnen noch unbekannt. Das vorwiegende Reaktionsprodukt ist CO_2 [10.4], bei Verwendung alkalischer Elektrolyte ergibt sich also eine Karbonatreaktion. Dadurch wird Elektrolyt verbraucht, außerdem muß das Karbonat abgeführt werden. In saurem Medium verläuft die Oxidationsreaktion des Methanol sehr viel zögernder als in alkalischem. Außerdem sind bei Verwendung von Säuren wieder teure Platinmetall-katalysatoren notwendig [10.3]. Ein technischer Durchbruch dieses Zellenkonzeptes wird wohl noch einige Jahre auf sich warten lassen.

10.4   Mitteltemperaturbrennstoffzellen

Gegenüber den Niedrigtemperaturbrennstoffzellen werden diese Mitteltemperaturzellen oft als die „2. Generation" bezeichnet. In der Entwicklung liegen sie ca. 5 Jahre hinter der Phosphorsäurezelle zurück [10.8]. Ihr praktischer Einsatz wird 1982 erwartet [10.9].

Die Mitteltemperaturzellen verwenden Alkalikarbonatschmelzen im Temperaturbereich um 600 °C. Bei solch hohen Temperaturen stehen die Korrosionsprobleme natürlich im Vordergrund. Ein großer Vorteil ist, daß sehr unreine Gase aus der Kohlevergasung direkt verwendet werden können. Zugleich läßt sich die dabei entstehende Abwärme in der Zelle nutzen. Vorteilhaft sind auch die erwarteten praktischen Wirkungsgrade zwischen 40 % und 60 %. Am weitesten gediehen ist ein Projekt des Argonne National Laboratory [10.7]. Dort wird ein eutektisches Gemisch aus Li_2CO_3 und K_2CO_3 in einer Matrix aus $LiAlO_2$ verwendet. Die Zellen sind in Sandwichbauweise konstruiert. Die Elektroden bestehen aus gesintertem Nickelpulver, spezielle Katalysatoren sind nicht notwendig. An der Sauerstoffelektrode entsteht beim Betrieb aktives Nickeloxid. Als Oxidationsmittel ist Luft vorgesehen, Brennstoff ist H_2 oder CO. Wird von Steinkohle als Primärenergieträger ausgegangen, so ist einschließlich Kohlevergasung ein Wirkungsgrad von 41 ... 49 % zu erwarten.

Die Einzelzellen liefern ca. 0,1 W/cm^2 bei 0,785 V. Eine Versuchszelle hat bereits 14 000 h gearbeitet [10.8], wobei in 10 000 h nur 8 % Leistungsrückgang zu beobachten war. Eine 2-kW-Batterie lief bereits 1400 Stunden. Die Korrosions- und Zersetzungsprobleme sind also in der Praxis lösbar. Das Kostenziel für diese Zellen liegt, große Stückzahlen vorausgesetzt, bei 350 $/kW (1980) [10.8].

10.5 Hochtemperaturbrennstoffzellen

In Hochtemperaturzellen mit Temperaturen um 1000 °C kommen Festelektrolyten zum Einsatz. Diese Materialien müssen hohen Anforderungen genügen: Sie sollen Ionen leiten, gegenüber Elektronen aber Isolatoren sein, sollen chemisch und mechanisch auch in dünnen Schichten stabil sein und eine gute Wärmeleitfähigkeit besitzen. Bisher genügt nur Zirkonoxid solchen Anforderungen. Es wird zur Herstellung der Ionenleitfähigkeit mit CaO und Y_2O_3 dotiert, der Ladungstransport geschieht durch O^{2-}-Ionen an den entstandenen Fehlstellen. Der elektrische Widerstand des Materials, der zur Vermeidung von Kurzschlüssen sehr hoch sein muß, sinkt leider mit steigender Temperatur.

Bild 10.12 zeigt das Funktionsschema am Beispiel einer Zelle von BBC, in der Propan C_3H_8 als Energieträger umgesetzt wird [10.3]. In einem vorgeschalteten Konverter werden mit H_2O und CO_2 aus dem Propan CO und H_2 gewonnen. Die Zellenabwärme liefert die notwendige Energie für diese endotherme Reaktion. Am Minuspol wird CO unter Sauerstoffaufnahme zu CO_2 und H_2 unter Sauerstoffaufnahme zu H_2O verbrannt, wobei je 2 Elektronen aufgenommen werden.

Die BBC-Zelle ist als konisches Rohr gestaltet, das innen von Luft durchströmt wird und außen von Brennstoff umgeben ist (Bild 10.13). Die einzelnen Rohrsegmente werden zu einem Modul ineinandergefügt, dabei ergibt sich eine Serienschaltung. Die Pluselektrode besteht aus Lanthan-Kobalt und Lanthan-Nickel bzw. Lanthanmanganoxid mit Strontium, die Minuselektrode aus reinem Nickel. Als Elektrolyt findet ein mit 8 ... 10 % Y_2O_3 dotiertes ZrO_2 Verwendung.

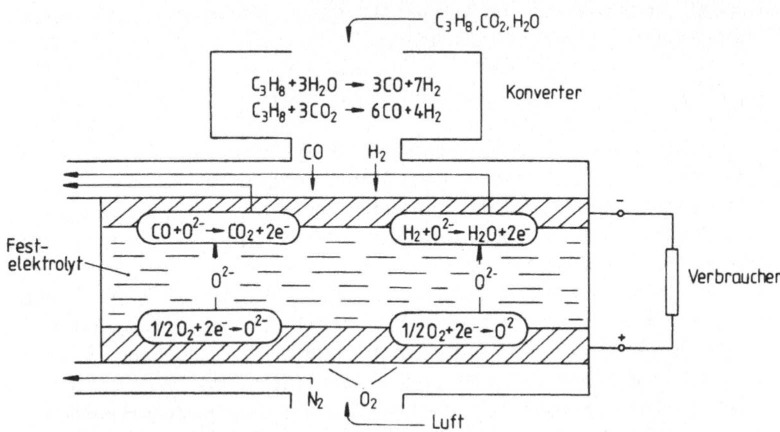

Bild 10.12 Funktionsschema einer Hochtemperaturzelle [10.3]

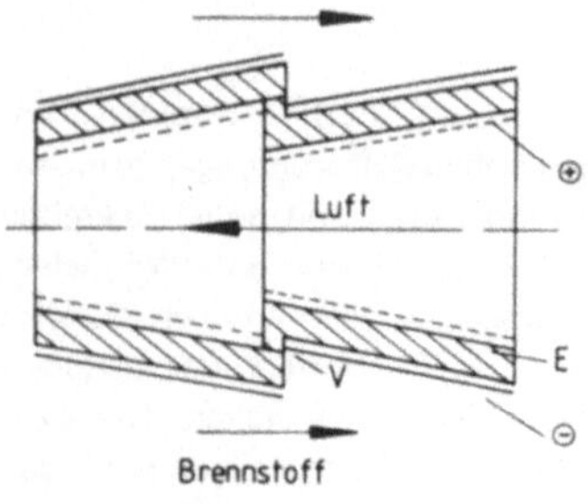

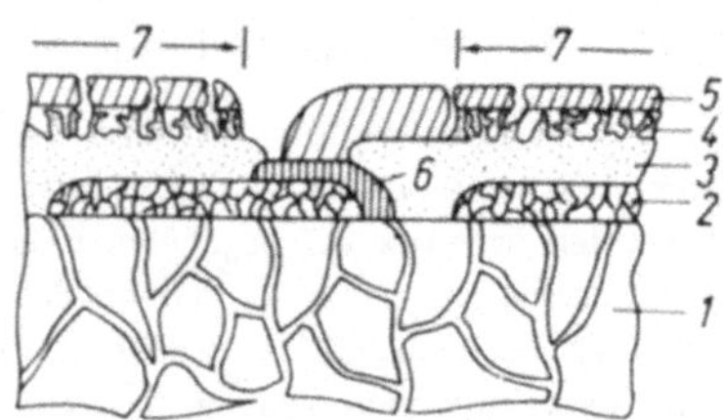

Bild 10.14 Westinghouse-Zelle: Verbindung zweier Zellen [10.6]

Bild 10.13 BBC-Zelle [10.3]

Eine Laborzelle erbrachte $100 \ldots 200 \, \text{mW/cm}^2$ Leistung bei $0,5 \ldots 1 \, \text{V}$. Die Lebensdauer betrug $44\,000\,\text{h}$, eine 120-W-Batterie lief $2000\,\text{h}$ ohne Störungen. Der Gesamtwirkungsgrad wird (mit Kohlevergasung) auf 50 % geschätzt [10.6].

Die Firma Westinghouse verfolgt seit einigen Jahren ein Dünnschicht-Zellenkonzept (Bild 10.14). Auf einem porösen Trägermaterial 1 aus ZrO_2 mit CaO-Zusätzen wird eine Brennstoffelektrode 2 aus Ni und ZrO_2 als dünne Schicht aufgetragen. Darüber liegt eine $30 \ldots 40 \, \mu\text{m}$ dicke Festelektrolytschicht 3 aus dotiertem ZrO_2. Als Pluselektrode 4 dient mit Zinn dotiertes Indiumoxid. Darüber liegt eine metallische Kontaktierungsnetzschicht 5. Durch eine innenliegende Verbindung 6 sind die nebeneinanderliegenden Zellen in Serie geschaltet [10.6]. Betrieben wird die Zelle mit H_2 und Luft oder CO und Luft. Stromdichten liegen bei $200 \ldots 400 \, \text{mA/cm}^2$ [10.6].

In der Forschung bemüht man sich intensiv, noch geeignetere Materialien zu finden. Die schwierigen Probleme des Materialverschleißes werden aber erst nach längerer Entwicklung gelöst werden können.

10.6 Zukunftsaussichten

Die Zukunftsaussichten einzelner Brennstoffzellen, insbesondere der Niedrigtemperatur-H_2-O_2-Zelle und der Mitteltemperaturzelle sind zur Zeit recht gut. Es ist zu erwarten, daß die kompakten, umweltfreundlichen und netzunabhängigen Batterien mit ihrem relativ hohen Wirkungsgrad viele Abnehmer finden werden. In der Energiespeichertechnik werden sie im Zusammenhang mit Elektrolyse- und Hydridspeichersystemen Bedeutung erlangen. Bei der Produktion größerer Serien von Batterien kann, wie bei herkömmlichen Batterien, zur Großserienfertigung der Einzelkomponenten übergegangen werden, was zu weiteren Kostensenkungen führen würde. In Verbindung mit anderen alternativen Technologien könnte aus Sonnenenergie gewonnenes H_2 etwa zur Elektrotraktion eingesetzt werden.

Die Suche nach anderen flüssigen, in der Zelle umsetzbaren Materialien, sollte weitergehen. Dabei ist besonders die Möglichkeit eines chemischen Kreisprozesses ins Auge zu fassen, bei dem die Verbrennungsprodukte direkt durch Wärmezufuhr (Sonnenenergie) wieder synthetisiert werden. Dadurch ließe sich die Wasserstofferzeugung durch Kohlevergasung, bei der extrem viel CO_2 anfällt, vermeiden. Auch die Reaktionen flüssiger unedler Metalle wie Na und Li müssen noch auf ihre Eignung in der Brennstoffzelle untersucht werden.

Literatur

[10.1] *Gutbier, H.:* Brennstoffzellen: Stromerzeugung ohne Umwege, in Bild der Wissenschaft 11/1974.

[10.2] *Gutbier, H.:* Aufbau und Wirkungsweise von Brennstoffzellen, Technische Rundschau, Nr. 38, 18.9.1979.

[10.3] *Rummich, E.:* Nichtkonventionelle Energienutzung, Springer Verlag, Wien 1978.

[10.4] *McDougall, A.:* Brennstoffzellen, Technik und Zukunft thermodynamischer Stromerzeugung, Udo Pfriemer Verlag, München 1980.

[10.5] *Penner, S. S.:* Thermodynamics für Scientists and Engineers, Addison-Wesley, Menlo Park, ca. 1968.

[10.6] *von Sturm, F.:* Brennstoffzellen — Stand und Entwicklungstendenzen, in etz — a Band 99, Heft 10, Okt. 1978, S. 615—624.

[10.7] *Vielstich, W.:* Kohle als Basis: I. Elektrizität, in Nachrichten Chem. Techn. Lab. 27/1979, Nr. 8.

[10.8] *Frickett, P.:* Fuel-Cell-Power Plants, in Scientific America, Dec. 1978, Nr. 6.

[10.9] *Kordesch, K.:* Vortrag 155th Meeting, The Electrochemical Society, Boston, May 6—11, 1979, Abstract 13.

11 Speichertechniken

Die Verwendung von Sonnenenergie, Meeresenergie und Windenergie scheitert häufig daran, daß diese Energieformen nicht kontinuierlich verfügbar sind oder in Zeiten menschlichen Spitzenbedarfes gerade am wenigsten verfügbar sind (Sonnenenergie). Abhilfe schaffen können hier nur Speicher, die in der Lage sind, diese Schwankungen auszugleichen und genügend Energie für Spitzenbedarfszeiten zu liefern. Nicht jede physikalisch mögliche Speicherung ist technisch und wirtschaftlich machbar: Zum einen entscheiden Größen wie Zugriffszeit, Haltbarkeit bei vermehrtem Laden und Entladen und Energieverlustrate über die Verwendungsfähigkeit, zum anderen sind die Faktoren Baukosten und Betriebskosten, üblicherweise ausgedrückt in DM pro gespeicherte Energieeinheit, entscheidend. Hinsichtlich der Speicherungsdauer unterscheidet man vier Speicherarten, wobei die sogenannte Ladungszahl das entscheidende Kriterium ist. Sie gibt an, wie oft Ladungs-/Entladungsvorgänge pro Jahr anfallen [11.1]:

- Kurzzeit- oder Tagesspeicher   200 ... 365 Zyklen/a,
- Wochenspeicher   10 ... 52 Zyklen/a,
- Monatsspeicher   10 ... 12 Zyklen/a,
- Langzeit- oder Jahresspeicher   1 ... 2   Zyklen/a.

Da die Speichertechnik heute von solch entscheidender Bedeutung ist, wird auf diesem Gebiet sehr viel gearbeitet. Die Vorschläge zur Energiespeicherung sind so zahlreich, daß die einzelnen Projekte nur auswahlweise berücksichtigt werden können. Welche der vielen angebotenen Konzepte sich letztlich durchsetzen werden, ist zur Zeit noch kaum abzusehen. Darum sollen hier nur beispielhaft einige Projekte dargestellt werden. Dabei ist auf den Bereich der elektrischen Batteriespeicher bewußt verzichtet worden, da diese im Vergleich zu anderen Speichern heute wenig Chancen haben. Die Speicherung von Wasserstoff wurde im Kapitel über die Wasserstofferzeugung behandelt.

11.1 Warmwasserspeicher

11.1.1 Physikalische Grundlagen

Warmes Wasser wird als Brauchwasser oder als Heizungswasser gespeichert. Die Temperaturen liegen im Bereich von 45 °C bzw. 50 ... 80 °C. Es ergeben sich also erhebliche Temperaturdifferenzen zur Umwelt. Entscheidend für die Verwendbarkeit eines Wärmespeichers ist der über die Speicherzeit auftretende Verlust. Dieser Verlust ergibt sich aus der vom Wasser an die Speicherwandungen oder -begrenzungen abgegebenen Wärmemenge und der durch diese Wandung nach außen fließenden Wärmemenge.

Ein *Wärmeübergang* zwischen einer Flüssigkeit (oder einem Gas) und einem festen Körper erfolgt durch Wärmeleitung und Konvektion. Die Berechnung der übertragenen Wärmemenge erlaubt das *Newtonsche Abkühlungsgesetz:*

$$d^2Q = \alpha(T_2 - T_1)\, dF\, dt.$$

dQ ist diejenige Wärmemenge, die ein Oberflächenelement der Temperatur T_1 in der Zeit dt an seine Umgebung der Temperatur T_2 abgibt. Der Faktor $\alpha\,(\text{W/m}^2\text{K})$ ist der Wärmeübergangskoeffizient und ist ein Erfahrungswert, der sehr stark von der Oberflächenbeschaffenheit des Körpers und der Konvektion der Flüssigkeit oder des Gases abhängt. Bei Speichern (z.B. Warmwasserboilern) wird man also sowohl auf die Beschaffenheit der inneren Wandungsfläche als auch der äußeren Oberfläche (glatt, weiß) zu achten haben. Außerdem ist eine Formgestaltung mit möglichst wenig Oberfläche natürlich günstiger.

Der Wärmeübergang von der Innenfläche zur Außenfläche findet als Wärmeleitung statt. Der Wärmestrom, der dabei durch eine Fläche F in die Richtung x des Temperaturgefälles $-dT/dx$ strömt, läßt sich durch die Wärmeleitungsgleichung ausdrücken:

$$\phi := \frac{dQ}{dt} = -\lambda F \cdot \frac{dT}{dx}.$$

Dabei ist dQ die Wärmemenge, die in der Zeit dt durch die Fläche F unter Wirkung des Temperaturgefälles $-dT/dx$ in Richtung der Flächennormalen strömt. Die Wärmezahl λ (in W/mh) ist eine von der Temperatur abhängige Stoffkonstante. Der Wärmestrom durch eine Platte der Dicke d ergibt sich zu

$$\phi = \frac{Q}{t} = -\frac{\lambda F}{d}\,(T_2 - T_1).$$

Für einen Speicher hat λ zur Minimierung des Wärmestromes also möglichst gering zu sein (Dämmstoffe), während die Wanddicke d groß sein sollte.

Entscheidend für die Wärmespeicherungsfähigkeit eines Mediums ist dessen Wärmekapazität. Diese gibt an, welche Wärmemenge notwendig ist, um 1g eines Stoffes um 1 K zu erwärmen.

Einige Materialien	J/g K	kJ/m^{3}K
Wasser 20 °C	4,18	4170
Eis	2,0	1900
Erdreich	1,84	3760
Parafin	2,9	2600
Beton	0,9	2100
Granit	0,8	2100
Sand	0,8	1200
Luft 0 °C, c_p	1,0	1,3

Die hier zusätzlich angegebene Wärmekapazität pro Volumeneinheit ist in der Praxis oft entscheidend, denn diese Zahl bestimmt die Größe eines Speichers.

Wasser ist als Speichermedium kaum zu überbieten. Das gilt allerdings nur für die fühlbare, sensible Wärme. Bei latenter Wärme (Schmelzwärme, Kondensationswärme) ist dies anders (s.u.). Neben Wasserspeichern sind vor allem Schotterspeicher vorgeschlagen worden, die mit Luft oder Öl als Transportmedium auf Temperaturen von mehreren hundert °C aufgeheizt werden können. Verwirklicht ist diese Technik in den Nachtspeicheröfen, in denen mit Strom Steinplatten aufgeheizt werden, die ihre Wärme tagsüber an Luft abgeben. Eine größere technische Verwendung, etwa als Speicher für Solarkraftwerke, ist in den USA geplant (180-MWh-Speicher mit Öl/Gesteinfüllung [11.2]), aber noch nicht verwirklicht. Hier soll nun die Verwendung von Wasser als Speichermedium beschrieben werden. Die „normalen" Hauswasserspeicher, wie 200 ... 500-ℓ-Boiler, sollen als längst eingeführte Technik außer Betracht bleiben. Als Tagesspeicher verwendet bieten sie heute die wenigsten Probleme. Neuere Speichertechnologien gibt es vor allem auf dem Bereich der Mittel- und Langzeitspeicher. Beschrieben werden hier nur Schöllspeicher und Aquiferspeicher.

11.1.2 Schöll-Speicher

Das zur Zeit größte Problem in der Solartechnologie sind Langzeitspeicher, die die sommerliche Wärme für die Heizperiode aufsparen können. Wird dieses Problem zufriedenstellend gelöst, so kann die Sonnenenergienutzung auch in unseren Breiten sehr wirksam fossile Energieträger einsparen helfen: Ein gut gedämmtes Einfamilienhaus könnte z.B. mit 40 m^2 Kollektorfläche ca. 55 % Öl einsparen, bei geeigneten Speichern sogar autonom werden. Will man als Jahresspeichermedium Wasser verwenden, das sich beispielsweise während einer Heizperiode von 70 °C auf 50 °C abkühlt, so wäre ein Speichervolumen von weit über 1000 m^3 notwendig, ein Speicher von der Größe eines ganzen Hauses [11.3]. Ein solcher Speicher wäre unwirtschaftlich teuer, schon allein wegen der notwendigen ca. 1 m dicken Isolation. Bestehende Hauswarmwasserspeicher liegen zur Zeit in der Größenordnung von einigen m^3 und können die Wärme für einige Tage halten. Ein ungewöhnlich großer 43-m^3-Speicher im Phillips-Experimentierhaus z.B. hatte Anfang Dezember nur noch eine Temperatur von 40 °C [11.3].

Das Konzept des Schöll-Speichers geht von der Überlegung aus, daß bei der Vergrößerung des Speichervolumens die spezifischen Speicherkosten sinken. Auch die Wärmeverluste nehmen mit steigenden Volumina sehr rasch ab.

Die Tabelle in Bild 11.1 zeigt sehr deutlich, daß eine Langzeitspeicherung von warmem Wasser erst ab 20 000 m^3 Speichervolumen möglich ist. Dies ist vor allem in Zeile 11 (Zeitvergleich) zu sehen, wo die Zeit für die Temperaturabnahme um 1 K angegeben ist: Speicher II etwa verliert die entsprechende Wärmemenge bereits in 2,75 Tagen, während Speicher V erst nach 100 Tagen um 1 K abgekühlt ist. Der Kostenvergleich in Zeile 10 ergibt, daß dieser Speicher gerade halb so teuer

Behälter-Nr.		I	II	III	IV	V	VI
1 Bauform		Zyl.	Zyl.	Zyl.	Zyl.	Schale	Schale
2 Durchmesser	m	2	5	10	30	100	220
3 Höhe	m	3,18	5,09	12,73	28,29	12,73	13,15
4 Volumen	m^3	10	100	1000	20000	100000	500000
5 Oberfläche	m^2	26,26	119,22	400	4080	19707	85115
6 Wassersäule	m	5,00	7,00	12,73	28,29	12,73	13,15
7 Dicke der Wärmedämmung	cm	7,6	16,8	50	98	101	117
8 Versorgte Personen		–	–	(1)	200	1000	5000
9 Speicherkennzahl S	m	0,38	0,84	2,5	4,9	5,07	5,87
10 Kostenvergleich $K_1 \cdot H/S$	%	524,3	331,9	202,8	229,5	100	89,24
11 Zeitvergleich $K_2 \cdot S^2$	%	0,56	2,75	24,32	93,4	100	134
12 Wertvergleich $K_3 \cdot S^3/H$	%	0,107	0,83	12,01	40,62	100	150,2

Konstanten: $K_1 = 39,84$; $K_2 = 3,891$; $K_3 = 9,76$;

Speicherkennzahl $S = \dfrac{V}{O}$; V Volumen; O Oberfläche;

H Höhe der Flüssigkeitssäule im Behälter.

Bild 11.1 Vergleichszahlen verschiedener Wärmespeicher [11.3]

ist wie die 1000-m^3-Speicher III. Insgesamt schneidet der größte Speicherbehälter VI am besten ab. Zur wirtschaftlichen Wärmespeicherung ist mindestens ein Speicher der Größe V erforderlich. Dieser Speicher hat 100 m Durchmesser und 13 m Höhe und ist in Form einer flachen Schale gebaut. Als Wärmedämmung ist eine 1 m dicke Schicht aus Schaumstoffhohlquadern mit Torffüllung vorgesehen. Ein solcher Speichersee würde sich in der Zeit von Herbst bis Frühjahr bei 73 ... 75 °C Anfangstemperatur ohne Wärmeentnahme nur um 2 °C abkühlen! Die Wärmeentnahme erfolgt an der Oberfläche, die Zurückführung des ca. 35 ... 45 °C warmen Wassers am Grund, wodurch eine Temperaturschichtung entsteht, die den schnellen Temperaturausgleich verhindert. Dazu müssen Ein- und Auslässe speziell gestaltet werden, um Turbulenzen zu vermeiden.

Bei ca. 30 °C Temperaturgefälle hätte der Speicher einen Nutzwärmeinhalt von 12 500 GJ. Zur Aufheizung eines solchen Sees wären mindestens 25 000 m^2 Kollektorfläche erforderlich, die zu 30 % auf der Speicheroberfläche Platz finden könnten. Die Oberflächenabdeckung besteht z.B. aus einem schwimmenden Deckel aus Dämmplatten, die bei größerer Dicke sogar mit Humus bedeckt und bepflanzt werden könnten.

Die Kosten betrugen 1978 incl. Erdbewegungsarbeiten 28 DM/m^3 oder 224 DM/GJ. Dies ist im Vergleich zu 1-m^3-Druck-Speichern mit ca. 2000 DM/m^3 [11.1] extrem wenig (wobei die letzteren natürlich als Tagesspeicher wegen der hohen Ladungszahl schlecht vergleichbar sind).

Der Bau eines solchen Speichers ist bisher an den enorm hohen Investitionskosten gescheitert. Da eine Größe von 100 000 m^3 mindestens erforderlich ist, ist der Bau eines kleinen Versuchsspeichers unsinnig. Das Risiko einer Ausgabe von ca. 10 Mio. DM für eine komplette „Versuchsanlage" war bisher niemand zu tragen bereit. Daneben ist die Anlage solcher Heißwasserseen nicht gerade umweltfreundlich. Zur Vermeidung von Transportverlusten müßten die Speicher in unmittelbarer Umgebung von Wohnsiedlungen gebaut werden. Die Zukunft dieses Konzeptes ist zur Zeit sehr fraglich.

(Die Zahlenangaben in diesem Abschnitt entstammen einem Vortrag von Prof. Schöll [11.3].)

11.1.3 Aquifer-Speicher

Aquifer-Speicher sind Großspeicher, bei denen heißes Wasser in wasserdurchlässigen Erdschichten gelagert wird. Je nachdem, ob die durchlässige Schicht an der Oberfläche oder zwischen zwei undurchlässigen Formationen liegt, spricht man von offenen und geschlossenen Aquifern. Letztere stehen zumeist unter Druck (artesische Brunnen), bei den ersteren hebt und senkt sich je nach Wassergehalt der Wasserspiegel. Geschlossene Aquifere werden nur an geologisch günstigen Orten, z.B. in den USA ausgenutzt [11.4]. Wirtschaftlich günstiger erscheint besonders in Deutschland die Nutzung offener Systeme. Sie sollen deshalb hier beschrieben werden.

Als Aquifer-Speicher bieten sich bei uns vor allem die Flußschotterbänke des Pleistozäns an, die in einer Mächtigkeit von 10 ... 20 m über einer impermeablen Flinzschicht liegen. Solche Böden haben, wenn sie mit Wasser gesättigt sind, Wärmekapazitäten von 2000 ... 2700 kJ/m^{3}K [11.5]. Das Wasser dient zugleich als Wärmespeicher und Transportmedium für die im Schotter enthaltene Wärme, die ca. 1/3 des Gesamtwärmeinhaltes ausmacht.

Zur Herstellung eines solchen Speichers muß der Untergrund 1,5 ... 2 m abgehoben werden (Bild 11.2). In den Schotterboden werden 2 Schmalschlitzwände in geringem Abstand eingerammt, die den Grundwasserstrom ablenken sollen. Die Wände, die bis in den undurchlässigen Untergrund reichen, werden zusätzlich mit einer Dichtungsmasse versehen. Die Entnahmerohre werden auf die Speicheroberfläche gelegt, darüber kommt eine Schwarzdecke als Dampfsperre, 2 ... 3 m Kies zur Wärmeisolation und eine 2. Schwarzdecke als Regenschutz. Dann werden wieder

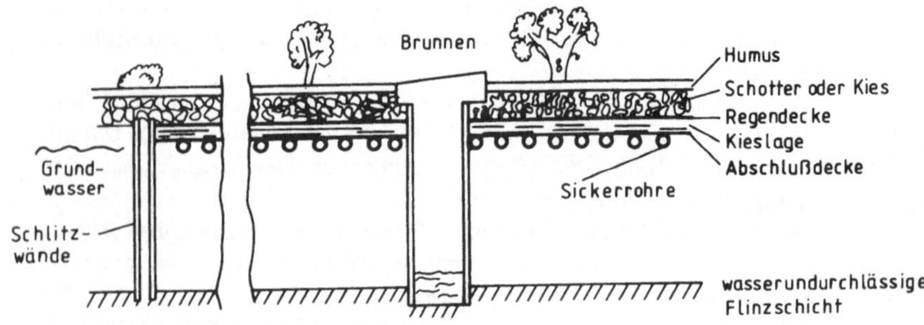

Bild 11.2 Aufbau eines Aquifer-Speichers [11.5]

Schotter und Humus aufgebracht [11.6]. In der Speichermitte wird ein Entnahme-brunnen bis zum Untergrund niedergebracht, der zur Führung des kalten Wassers dient. Der so entstandene Speicher hat bei einer Größe von 400 × 400 m Grund-fläche eine Kapazität von 240 TJ [11.5]. Die Ladung erfolgt durch Einleiten von Warmwasser über die oberen Sickerrohre bei gleichzeitiger Kaltwasserentnahme aus dem Brunnen. Dadurch bleibt der Wasserstand im Speicher konstant, was Grund-wassereinbrüche von außen verhindert. Die Entladung erfolgt durch einfache Um-kehrung der Strömungsrichtung. Der Speicher verhält sich im Betrieb wie ein Heißwasser-Schichtenspeicher mit horizontaler Temperaturschichtung, wobei wegen der Schotterfüllung die Wasserflußgeschwindigkeit etwa dreimal höher ist als die Wanderungsgeschwindigkeit der Temperaturfront [11.5].

Verluste treten vor allem an der oberen Deckschicht und als innere Ver-luste durch Temperaturausgleich auf. Der Untergrund hingegen nimmt nach einiger Zeit eine mittlere Temperatur an, so daß dort kaum noch Wärme verloren geht. Die Gesamtverluste pro Jahr liegen bei 25 % [11.5].

Da man den Speicher nicht beliebig schnell von Wasser durchströmen lassen kann, ist die Zeit, um eine bestimmte Wärmemenge herauszuziehen, relativ groß. Daher eignen sich Aquiferspeicher nicht als Tagesspeicher. Etwas problema-tisch ist die Wasserqualität in solchen Speichern. Das warme Wasser löst insbeson-dere Erdalkalisalze aus dem Boden, die u.U. den Speicher oder die Zuleitungen ver-stopfen oder angreifen können. Temperaturen über 80 °C sind wegen der stark an-steigenden Löslichkeit vieler Stoffe daher nicht ratsam.

Die erwarteten Kosten lagen 1977 bei 6 ... 12 DM/m^3 entsprechend 85 ... 300 DM/GJ [11.5], allerdings bei weit aufwendigerer Bauweise (Betonab-schirmwände) und Isolierung (Schaumstoffdecke). Bei der beschriebenen Bauweise dürften die Kosten erheblich unter den angegebenen Werten liegen.

Die ersten praktischen Erfahrungen wurden bisher von der Auburn Uni-versität an einem geschlossenen Aquifer-System gemacht [11.4]. Dort wurden 2 Bohrlöcher in die wasserführende Schicht abgeteuft, zwischen denen eine verti-kale Temperaturfront verläuft, die heiße und kalte Region trennt. Bei genügendem Abstand der Löcher gibt es in solchen Systemen kaum eine Grenze der Speicher-kapazität, oder besser gesagt, der Bohrlochumfang bestimmt die Kapazität. Theore-tisch sollen pro Lochpaar $4 \cdot 10^6$ kg Wasser pro Tag speicherbar sein. Das sind bei 100 d und 55 °C Temperaturdifferenz 100 TJ [11.7]. Beim Versuch der Auburn-Universität werden 55 000 m^3 Wasser von 55 °C eingebracht und nach 51 Tagen innerhalb von 46 Tagen bis zur untersten Temperaturgrenze von 33 °C heraus-gepumpt. Als Hauptproblem erwies sich die Verstopfung der Bohrlochumgebung durch Schwemmpartikel. Immerhin konnte im Zeitraum von 47 Tagen 65 % der eingespeisten Energie zurückgewonnen werden. Die geschätzten Kosten des Speichers betragen 2 $/GJ Kapitalkosten und 0,50 $/GJ Betriebskosten.

11.2   Speicherung in Form von Bindungsenergie

Bei dieser Speicherungsart wird die Wärmeenergie in Form von chemischer Bindungsenergie gespeichert. Die erste Möglichkeit besteht darin, unter Wärmezufuhr den Aggregatszustand eines Stoffes zu ändern, wobei zumeist der Übergang fest-flüssig gewählt wird. Zum Schmelzen eines Stoffes wird eine bestimmte Wärmemenge, Umwandlungsenthalpie ΔH_F oder Latentwärme genannt, verwendet, die beim Erstarren wieder freigesetzt wird.

Bei der zweiten Möglichkeit werden chemische Bindungen durch Wärmezufuhr aufgebrochen und der Speicherstoff in Komponenten zerlegt. Bei der Wiedervereinigung der Einzelstoffe wird Reaktionswärme frei.

Beide Wege sind beschritten worden, der erstere führt zum Latentspeicher, der zweite zur chemischen Wärmepumpe.

11.2.1 Latentspeicher

Die Speicherung von Wärme durch Phasenübergänge beschränkt sich in fast allen Fällen auf Schmelz- und Erstarrungsvorgänge. Andere Phasenwechsel sind wegen der schwierigen Handhabung, z.B. von Gasen, unrentabel, auch wenn sie vom physikalischen Standpunkt wegen ihrer hohen Umwandlungsenthalpie sehr verlockend erscheinen.

Führt man einem festen Körper Wärme zu, so führen die einzelnen Bausteine vermehrte Schwingungen um ihre festen Plätze aus. Bei Kristallen sind diese Plätze die Orte minimaler potentieller Energie. Insgesamt ergibt sich ein größerer Teilchenabstand, der Körper dehnt sich bei Temperaturzufuhr aus. Die Schwingungsbewegungen entsprechen der kinetischen Energie der Teilchen, durch Erhöhung der Temperatur, d.h. Zufuhr sensibler Wärme, wird also E_k erhöht. Bei einer bestimmten Grenztemperatur brechen die festen Bindungen von Teilchen zu Teilchen auf, die Energiezufuhr erhöht nun hauptsächlich die potentielle Energie, die Teilchenabstände werden in der Regel größer, der Körper schmilzt. Da nun die freier gewordenen Teilchen Stöße ausführen können, geben sie zusätzlich erhaltene kinetische Energie rasch ab, insgesamt bleibt die Temperatur konstant, bis der Stoff ganz geschmolzen ist. Die zum Lösen der Bindungen verbrauchte Wärmemenge ist nun als potentielle Energie gespeichert. Ganz ähnlich läßt sich der Übergang flüssig gasförmig verstehen.

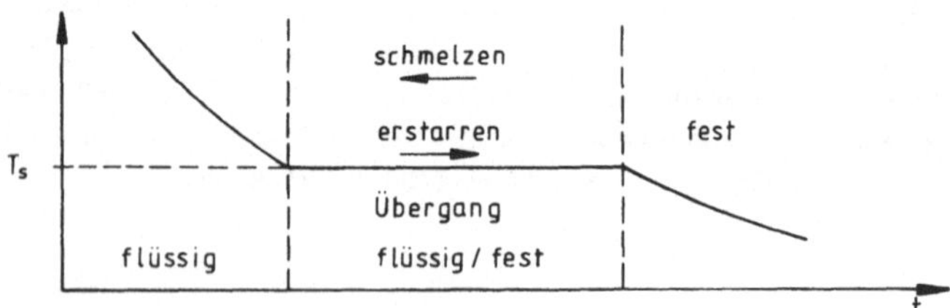

Bild 11.3 Phasenübergang fest-flüssig

Bild 11.3 zeigt das gewöhnliche Phasendiagramm für einen Übergang fest-flüssig.

Der Begriff Umwandlungsenthalpie ist bereits verwendet worden. Die Enthalpie ist allgemein die Summe aus innerer Energie U und dem Produkt aus Druck und Volumen.

$$\boxed{H = U + pV.}$$

Eine Änderung der inneren Energie bei konstantem Druck läßt sich nach dem ersten Hauptsatz ausdrücken als

$$dU = -p\,dV + dQ.$$

Mit $dU = U_2 - U_1$ und $p\,dV = p(V_2 - V_1)$ ergibt sich für dQ:

$$dQ = U_2 + pV_2 - (U_1 + pV_1).$$

Unter Verwendung von H erhält man

$$dQ = H_2 - H_1 = dH.$$

Die Änderung der Enthalpie entspricht also der aufgenommenen oder abgegebenen Wärmemenge eines Systems bei konstantem Druck. Die *Umwandlungsenthalpie* ΔH ist diejenige Wärmemenge, die man zuführen muß, um den Aggregatszustand zu ändern und die Volumenausdehnung gegen den Außendruck zu erreichen.

Die Schmelztemperatur eines Stoffes hängt wesentlich vom äußeren Druck ab. Dies beschreibt die Gleichung von Clausius-Clapeyron

$$\frac{dT_s}{dp} = \frac{T_s(V_l - V_s)}{\Delta H_F}$$

T_s Schmelztemperatur (K)

V_l, V_s spezifische Volumina der flüssigen und der festen Phase (m^3/kg)

ΔH_F Schmelzenthalpie (J/kg)

Ist das Volumen der flüssigen Phase größer als das der festen $(V_l > V_s)$, so ist dT_s/dp positiv, bei steigendem Druck erhöht sich die Schmelztemperatur. Ist V_s dagegen größer als V_l (z.B. bei Wasser/Eis) so wird die Schmelztemperatur mit zunehmendem Druck kleiner.

Wesentlich für die Brauchbarkeit eines Stoffes für Latentspeicher ist neben einer möglichst hohen Enthalpie ΔH_F sein Kristallisationsverhalten, d.h., ob er wieder so kristallisiert, wie er in Lösung gegangen ist und ob er dies bei der erwarteten Temperatur tut. Meist tritt das Phänomen der Unterkühlung auf, da dem Stoff Kristallisationskerne fehlen (Bild 11.4). Da man über einen bestimmten Zeitraum vom Speicher Energielieferungen einer konstanten Temperatur erwartet (während der Haltezeit), ist eine Unterkühlung mit anschließender plötzlicher Auskristallisation nicht wünschenswert. Man behilft sich in der Praxis hier mit Zusätzen ähnlich aufgebauter Festkörper mit höheren Schmelzpunkten. Bei der Mischung

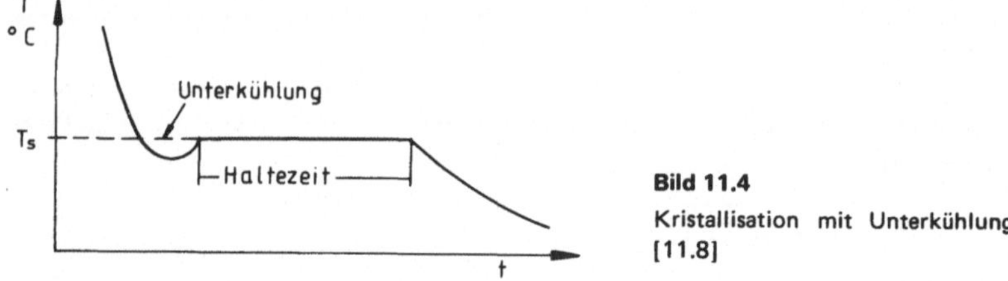

Bild 11.4
Kristallisation mit Unterkühlung [11.8]

von Festkörpern ergeben sich allgemein niedrigere Schmelzpunkte. Solche Mischungen oder Lösungen werden als eutektische Gemische bezeichnet.

Für einen Latentspeicher kommen zunächst nur Stoffe in Frage, deren Schmelztemperatur in der Nähe der gewünschten Nutztemperatur liegt. Anderenfalls muß die gespeicherte Wärme über eine Wärmepumpe transformiert werden. Außerdem ist eine hohe latente Wärme pro Volumeneinheit wünschenswert. Bei dem System Wasser/Eis mit einer latenten Wärme von 301,4 MJ/m^3 ist dies schon in der praktischen Anwendung (s.u.). Für die direkte Nutzung im Niedrigtemperaturbereich kommen Salzhydrate mit 140 ... 650 MJ/m^3, organische und salzorganische Eutektika mit 150 ... 250 MJ/m^3, organische Verbindungen und Clathrate mit ca. 250 MJ/m^3 in Betracht (Clathrate sind „Käfigverbindungen", bei denen ein Molekül oder Atom bei seiner Kristallisation Fremdatome gitterförmig um sich herum baut). Im Hochtemperaturbereich (300 ... 900 °C) sind vor allem Salze und eutektische Gemische bis 2300 MJ/m^3 in der Erprobung, auch an Metalle wird gedacht.

Leider sind damit noch nicht alle Kriterien für Speichermedien genannt. Wesentlich ist noch die Wärmeleitfähigkeit, damit ein guter Temperaturübertrag zustande kommt, die Ungiftigkeit und Unentflammbarkeit, die Haltbarkeit des Stoffes bei vielen Zyklen, das Korrosionsverhalten und nicht zuletzt der Preis [11.8].

Es gibt nicht viele Stoffe, die all diese Voraussetzungen erfüllen. Das Material, das bisher zu den größten Hoffnungen Anlaß gegeben hat, ist Glaubersalz, Natriumsulfatdekahydrat $Na_2SO_4 \cdot 10\,H_2O$. Es schmilzt bei 32,4 °C und hat eine Umwandlungsenthalpie von 354 MJ/m^3. Leider gibt es auch hier Nachteile. Glaubersalz schmilzt inkongruent, d.h. in der flüssigen Phase können mehrere Zonen entstehen, die verschiedene Anteile an Hydratwasser enthalten [11.8]. Diese Zonen bleiben beim Erstarren getrennt und das Verhalten des gesamten Speichers ändert sich. Dieses Problem ist bis heute noch nicht zufriedenstellend gelöst. Trotzdem gibt es Versuchsspeicher der Deutschen Forschungs- und Versuchsanstalt für Luft- und Raumfahrt in Stuttgart, die mit Glaubersalz und einem Thermoöl als Übertragungsmittel angeblich gute Ergebnisse erzielt haben. Über die Lebensdauer und die Zyklenzahl wurden leider auf Anfrage keine Angaben gemacht.

Vor kurzem wurde von der Consolidated Energy Corporation ein Clathrat vorgestellt, das bei einer Schmelztemperatur von 25 °C eine Umwandlungsenthalpie von 267,5 kJ/kg hat [11.9]. Dabei handelt es sich um Tetra-n-Butyl-Ammoniumfluorid. Das Material ist nichttoxisch und könnte in Decken, Wände und Fenster als passives Speichermaterial eingelagert werden. Leider kann über den Stoff zur Zeit noch nicht viel gesagt werden.

Bei der technischen Konstruktion von Latentspeichern gibt es sehr viele Vorschläge und Verfahrensweisen. Da die zumeist verwendeten Salze an Speicherwandungen und Rohren Korrosionsschäden verursachen können, werden sie oft in Plastikbehälter in Zylinder- oder Kugelform eingekapselt (Universität Stuttgart, University of Delaware). Um das inkongruente Schmelzen und Wiedererstarren zu vermeiden, verwendet General Electric rotierende Stahlzylinder von ca. 15 cm Durchmesser und ca. 2 m Länge. Damit wurde ein 100 %iger Phasenübergang in nunmehr schon 200 Zyklen erreicht [11.10].

Aus der Fülle der übrigen Konstruktionen sei hier nur noch eine „Wärmebatterie" der Thermal Instrument Company/USA vorgestellt [11.11] (Bild 11.5). Dabei handelt es sich um einen isolierten Stahltank, in dem sich ein niedrigschmelzendes Salz befindet (z.B. Na-acetattrihydrat mit einem Schmelzpunkt von 72 °C). Über die Schmelze ist eine damit unmischbare Flüssigkeit (Öl) geschichtet. Mittels einer Pumpe und einem Motorrührer wird im oberen Teil des Öls ständig eine Emulsion erzeugt. Im Öl befinden sich Wärmetauscher, die bei Wärmebedarf der Emulsion Energie entziehen. Dadurch kristallisieren die kleinen Flüssigkeitströpfchen des Salzes aus und fallen durch das Öl und die Salzschmelze auf den Boden des Tanks. Die Wärmetauscher sind durch das Öl geschützt, ein Zusetzen der Flächen wurde nicht beobachtet. Die Ladung des Speichers kann durch elektrische Heizelemente oder durch Sonnenenergie (Wärmetauscher in der Salzschmelze) erfolgen. Bisher

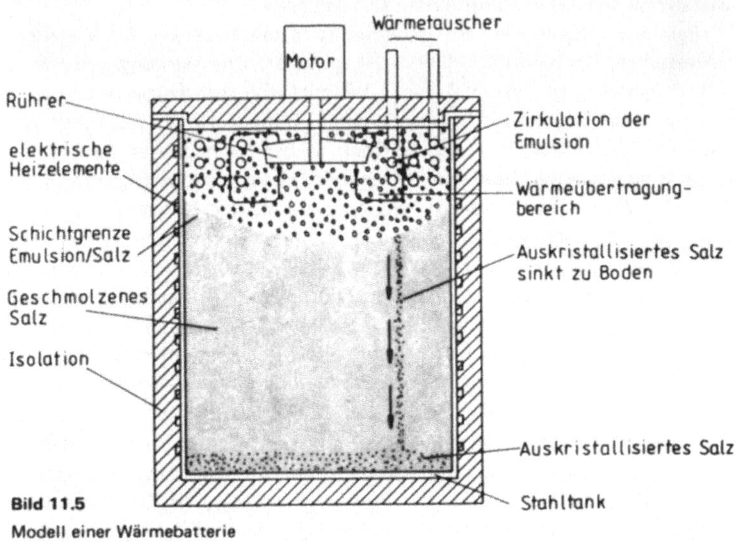

Bild 11.5

Modell einer Wärmebatterie
[11.11]

wurde ein 106-MJ-Speicher (29 kWh) gebaut und in Betrieb genommen. Er arbeitet zwischen 60 °C und 70 °C und liefert 53 MJ/h (14,5 kW). Größere Speicher sind in der Planung.

11.2.2 Thermochemische Speicherung, chemische Wärmepumpe

In einem thermochemischen Speicher wird Wärmeenergie in Form von Reaktionsenthalpie (freie Enthalpie ΔG) gespeichert. Eine chemische Reaktion

$$A + B \rightleftharpoons AB$$

kann z.B. mit Energiezufuhr ΔG von links nach rechts verlaufen, während bei der Rückreaktion dieselbe freie Enthalpie wieder freigesetzt wird. Besonders einfach zu handhaben sind Reaktionen, bei denen sich die Einzelkomponenten A und B gut trennen lassen, also etwa eine Komponente als Flüssigkeit oder Feststoff vorliegt, während die andere gasförmig ist. Die räumlich getrennte Lagerung kann ohne Isolation bei niedriger Temperatur erfolgen, die Einzelkomponenten können ohne weiteres transportiert oder durch Rohrleitungen an den Ort gebracht werden, an dem sie durch Wiedervereinigung wieder Wärme erzeugen. In der Praxis ist zumeist eine Komponente gasförmig, etwa NH_3, SO_3 oder H_2O-Dampf. Typische Beispiele sind

$$H_2SO_4 \times H_2O \rightleftharpoons H_2SO_4 + H_2O$$
$$(NH_4)_2CO_3 \rightleftharpoons 2NH_3 + H_2O + CO_2$$
$$Mg(OH)_2 \rightleftharpoons MgO + H_2O$$
$$NH_4HSO_4 \rightleftharpoons NH_3 + H_2O + SO_3 \quad [11.2].$$

Viele weitere mögliche Reaktionen ließen sich anführen.

Bei einer chemischen Wärmepumpe wird die Reaktion $A + B \rightleftharpoons AB$ in einem reversiblen Kreisprozeß geführt. Die grundsätzliche Wirkungsweise ist in Bild 11.6 dargestellt. Im linken Behälter befindet sich konzentrierte Säure, im rechten Wasser. Das System steht unter leichtem Unterdruck, so daß schon Umgebungswärme Wasser aus dem rechten Tank treiben kann. Dieser Wasserdampf wird unter Freisetzung der Enthalpie ΔG von der Säure absorbiert. Die im linken Tank nutzbare Wärme besteht also aus Reaktionswärme und Kondensationswärme des Wassers. Die so verdünnte Säure wird nun bei höherer Temperatur wieder in die Bestandteile Säure und Wasser zerlegt. Dabei wird im Wassertank wieder Kondensationswärme frei, während im Säuretank Reaktionswärme gespeichert wird. Zur hier nicht eingezeichneten reversiblen Führung wären zwei Einheiten mit Säure- und Wassertanks und je ein Vorratsbehälter für beide Reinkomponenten nötig. Die Bereitstellung der Hochtemperaturwärme könnte durch Hochtemperaturkollektoren erfolgen.

Da die Verwendung von Schwefelsäure trotz großer industrieller Erfahrung nicht ganz unbedenklich ist, sind in jüngster Zeit andere Reaktionen vorgeschlagen worden. Zur Zeit ist besonders *Zeolith* $(NaALO_2)_x$ $(SiO_2)_y$ $(H_2O)_x$ recht erfolgversprechend. Auch hierbei geht es um die Anlagerung von Wasser, nun aber an

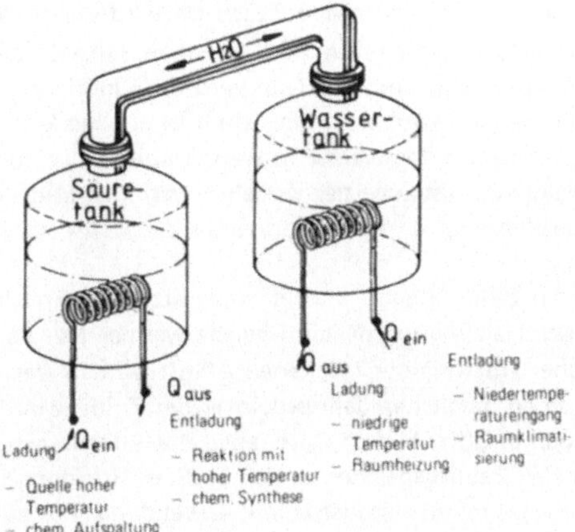

Bild 11.6

Chemische Wärmepumpe: Schema
(ohne Kreis) [11.12]

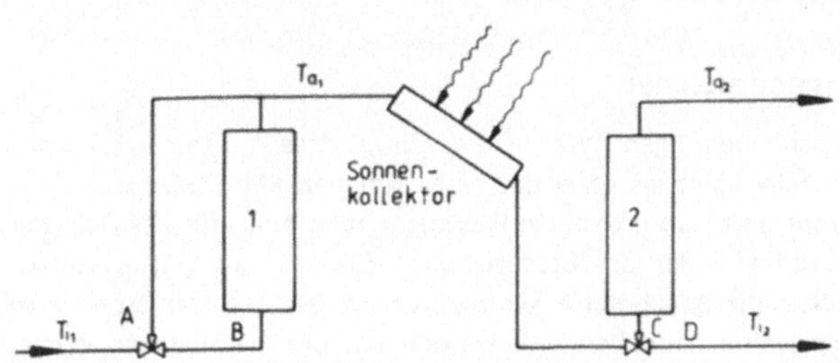

Bild 11.7 Zeolith-Sonnenkollektorspeichersystem [11.13]

einen völlig ungefährlichen, in der freien Natur oft vorkommenden Feststoff. Besonders einfach wird die technische Nutzung dadurch, daß zum „Entladen" des trockenen Zeoliths lediglich feuchte Luft benötigt wird und umgekehrt zum Laden trockene warme Luft, wobei schon $10\,°C$ ausreichen (alle Angaben stammen aus der Veröffentlichung [11.13]).

Bild 11.7 zeigt ein Speichersystem mit Zeolithspeichern. Die vertikalen Säulen 1 und 2 sind mit Zeolith gefüllt und werden von unten nach oben von Luft durchströmt. In die Säule 1 wird feuchte Umgebungsluft geleitet, die dort Wasser an das Speichermaterial abgibt. Durch die entstehende Adsorptionswärme wird die oben austretende Luft erwärmt. Diese vorgewärmte Luft tritt in den Sonnenkollektor (Luftkollektor), in dem sie weiter aufgeheizt wird. In der zweiten Säule regeneriert diese Luft das Zeolith, nimmt also Feuchtigkeit auf und kühlt sich dabei ab. Da dieser Vorgang wegen der höheren Temperatur T_{i2} im Vergleich zu T_{i1} schneller abläuft als der Entladevorgang in Säule 1, wird ein Teil der im Kollektor erwärmten

Luft direkt abgeleitet (*D*). Der zur Säule 2 gelangende Teilstrom wird durch ein Regelsystem so bemessen, daß sie gerade dann regeneriert ist, wenn Säule 1 vollständig mit Wasser beladen ist (0,3 g H_2O/g Zeolith). Nun wird die Flußrichtung umgekehrt, Säule 1 regeneriert und Säule 2 wird entladen. Somit ist also ein kontinuierlicher Betrieb möglich, bei dem Umgebungswärme in Wärme höherer Temperatur gewandelt wird. Die abgezweigten Teilströme der Kollektorwarmluft können einem dritten, größeren Zeolithspeicher zugeführt werden, der als Langzeitspeicher die sonnenlosen Zeiten überbrückt.

Bei der hier beschriebenen Betriebsweise und einer zusätzlichen Frischluftvorwärmung mit der Abluft der Heizung wurde ein Speicherwärmeinhalt von 950 MJ/m^3 erreicht. Bei zusätzlicher Nutzung der trockenen Abluft wurden Werte von 1500 MJ/m^3 gemessen. Für einen möglichen Jahresspeicher der Zyklenzahl 2 ergibt sich als effektive Speicherdichte 3000 MJ/m^3, also etwa das 9-fache eines Warmwasserspeichers. Damit gibt der Zeolithspeicher zu den größten Hoffnungen Anlaß. Bestätigen sich die Laborwerte in der industriellen Anwendung (die zur Zeit gerade in Angriff genommen wird), so ist damit ein Hauptproblem der solaren Heizung und Brauchwasserbereitung praktisch gelöst.

11.3   Wärmepumpenspeicher

Wärmepumpen benötigen Wärmereservoire, deren Temperaturniveau wesentlich niedriger sein kann als etwa das eines üblichen Warmwasserspeichers. Damit entfallen komplizierte und kostenaufwendige Isolationen für die Speicher. Grundsätzlich ist natürlich jeder der beschriebenen Speicher als Wärmereservoir geeignet; denn je höher die angebotene Temperatur ist, desto besser arbeitet bekanntlich die Wärmepumpe. Üblicherweise werden bei der Hausheizung Wasserspeicher mit mehreren m^3 und Erd- bzw. Kiesbettspeicher verwendet. Dabei heizen im Sommer Kollektoren den Speicher bis auf mittlere Temperaturen auf.

Auch Latentwärmespeicher sind für den Wärmepumpenbetrieb geeignet. Da die handelsüblichen Pumpen auch im Temperaturbereich um 0 °C arbeiten, läßt sich nun Wasser als Latentwärmemedium verwenden. Dabei ergibt sich natürlich eine niedrigere Leistungsziffer als beispielsweise bei der Nutzung von Erdwärme von 10 °C. Überhaupt ist die Speichernutzung nur sinnvoll, wenn die Außentemperatur unter 0 °C sinkt. Eislatentwärmespeicher sind bereits im Handel erhältlich, so z.B. der Speicher CEL 2000 der Chemowerke Bayern. Der 2000 ℓ Speicher mit Glykol als Wärmetauscherflüssigkeit wird in die Erde versenkt und entzieht seiner unmittelbaren Umgebung zusätzlich Wärme. In Zusammenarbeit mit Wärmepumpe und Absorberdach soll ein monovalenter Betrieb möglich sein. Ein Einfamilienhaus mit einem Wärmebedarf von 15 kW benötigt dazu 2 Speicher zum Preis von je 4950 DM o. Mwst. und Montage (also ca. 13 000 Dm als fertige Anlage). Bei einer Einsparung von ca. 30 % der Heizölmenge und 3500 ℓ Heizöl/a bei einem gut isolierten Haus (15 MWh/a) lassen sich also ca. 630 DM/a einsparen. Dagegen liegen die jährlichen Kapitalkosten bei 20 Jahren Laufzeit eines Kredites (8 %) von 10 000 DM bei ca. 1000 DM. Ob sich solch eine Speicheranlage amortisiert, muß offen bleiben. Normale Wasserspeicher erscheinen dem gegenüber wesentlich lohnender.

11.4 Speicherung potentieller und kinetischer Energie

Zu dieser Gruppe von Speichern gehören Pumpspeicherwerke, Druckluftspeicher und Schwungradspeicher.

11.4.1 Pumpspeicherwerke

Die einzigen Energiespeicher, die sich bisher bei der Elektrizitätswirtschaft bewährt haben, sind Pumpspeicherwerke [11.14]. Bei diesen wird überschüssiger Strom in Schwachlastzeiten verwendet, um Wasser von einem tieferen auf ein höheres Niveau zu pumpen. In Stromspitzenzeiten wird das Wasser durch Turbinen wieder abgelassen und erzeugt die zusätzlich benötigte Energie. Jedes Wasserkraftwerk, das aus einem höher gelegenen See gespeist wird, eignet sich für den Pumpspeicherbetrieb. Es existieren aber auch spezielle Pumpspeicherwerke, die kein zusätzliches Wasser ausnützen. Ein typisches Beispiel für diese Werke — und das größte seiner Art — ist das Speicherwerk am Michigansee/USA [11.14]. Ein künstlich angelegter Obersee ist durch einen 10 km langen Staudamm vom Michigansee getrennt. Der Unterschied der Wasserniveaus beträgt ca. 80 m. Sechs Pumpenturbinen fördern nachts Wasser aus dem See in das Becken und erzeugen tagsüber im Umkehrbetrieb Strom. Das Kraftwerk leistet 2000 MW, der Energieinhalt des Sees beträgt $15 \cdot 10^6$ kWh, die Baukosten beliefen sich (1974) auf 300 Mio. $. Trotz dieser imponierenden Zahlen machen die Pumpspeicherleistungen aller Kraftwerke der USA nur 2 % der Kraftwerksgesamtleistung aus. Der Installation neuer Pumpspeicherwerke stehen vor allem die geographischen Gegebenheiten entgegen, d.h., es gibt nur wenige Plätze, die zur Anlage eines solchen Werkes geeignet sind.

Gewisse Erfolgschancen scheint zur Zeit der Plan zu haben, unterirdische Pumpspeicherwerke anzulegen. Dazu wird ein größerer Hohlraum in 500 ... 1000 m Tiefe in undurchlässigen Fels gesprengt und je nach Strombedarf mit Wasser gefüllt oder leergepumpt. Bei der relativ großen Höhendifferenz wäre bereits ein kleineres unterirdisches Becken ausreichend. In den USA wird eine Versuchsanlage erbaut von der man sich Aufschlüsse über die Durchführbarkeit und Rentabilität dieses Projektes erhofft.

11.4.2 Druckluftspeicherwerke

Der Gedanke, Energie in Form von Preßluft zu speichern, ist keineswegs so exotisch, wie es zunächst erscheinen mag. Es existiert bereits ein solches Kraftwerk in Huntorf bei Oldenburg. Als Behälter für komprimierte Luft kommen Kavernen im Fels oder in Salzstöcken in Betracht. Die Dichte der gespeicherten Energie ist größer als bei Pumpspeicherwerken. Technische Schwierigkeiten gibt es kaum. Die komprimierte Luft muß vor der Einlagerung abgekühlt werden, damit die

Wärme nicht die Kaverne aufsprengt bzw. das Salz aufschmilzt. Zur Energieentnahme wird die kompromierte Luft über einer Gasturbine ins Freie geleitet. Allerdings muß sie nun vor der Turbine aufgeheizt werden, damit sie nicht beim Expandieren die Turbine vereist.

In Huntorf wird Druckluft von ca. 70 bar in einer Salzkaverne gespeichert. Die Leistung des Kraftwerks beträgt während zweier Stunden 290 MW. Durch die Kühlung und Wiedererwärmung geht Energie verloren, der Wirkungsgrad der Speicherung beträgt insgesamt 43 % [11.14].

Solche Speicher sind bei geeigneten geologischen Formationen durchaus günstig. Leider ist ebenfalls aus Gründen der Geologie ihre mögliche Anzahl stark begrenzt.

11.4.3 Schwungradspeicher

Das Prinzip des Schwungrades ist seit alters her bekannt und wird in vielen technischen Anwendungen genutzt. Schwungräder gibt es beispielsweise in Dampfmaschinen und Ottomotoren, aber auch in Stromversorgungsanlagen, wo sie bei Stromausfall die Totzeit bis zum Anlaufen eines Notstromaggregates überbrücken. Die Idee, größere Mengen kinetischer Energie als Rotationenergie eines Rades zu speichern, ist dem gegenüber relativ neu. Die speicherbare Energie

$$E = \frac{1}{2} I \left(\omega^2_{max} - \omega^2_{min} \right) \quad [11.15]$$

hängt vom Trägheitsmoment I und von der maximalen und minimalen Winkelgeschwindigkeit ω_{max} und ω_{min} ab. Genauere Rechnungen unter Berücksichtigung der zulässigen Spannungen im Schwungradmaterial ergeben, daß die speicherbare Energie um so größer ist, je größer die maximal zulässige Zugbeanspruchung und je *kleiner* die Dichte des Materials ist. Spezifisch schwereres Schwungradmaterial erreicht sehr viel schneller die Grenze der zulässigen Beanspruchung als spezifisch leichteres Material. Bisher sind in Ermangelung anderer Stoffe dennoch Stahlschwungräder verwendet worden. Zukünftige Schwungradmaterialien werden Kunststoffe wie Kevlar (Nylon) oder Quarzfaserverbundstoffe sein. Zumeist werden Schwungräder als Scheiben oder Walzen gestaltet, es gibt aber auch Konstruktionen mit wenigen Speichen ohne Außenrad. Bisher werden Schwungräder nur dort eingesetzt, wo kurzzeitig sehr hohe elektrische Leistungen gebraucht werden, die nicht aus dem Netz entnommen werden können. So sind zu den Fusionsexperimenten in Garching bei München Spitzenleistungen von 150 MW notwendig. Diese Leistung liefert ein Schwungradspeicher, der aus vier walzenförmigen Stahlkörpern besteht. Die Schwungmasse hat eine Länge von 5,7 m, einen Durchmesser von 2,9 m und wiegt 223 t. Der Antrieb erfolgt über einen 5,7-MW-Elektromotor, der die Walze auf 1650 U/min beschleunigt. Die Auskoppelung der gespeicherten Energie erfolgt über einen 165-MW-Generator.

Anwendungsmöglichkeiten sind die Speicherung überschüssiger elektrischer Energie im Verbundnetz und die Speicherung kinetischer Antriebsenergie bei Kraftfahrzeugen. Während das erstere in stationären Speichern durchaus realisierbar und schon heute wirtschaftlich erscheint, ist das letztere wegen der noch zu lösenden technischen Probleme vorerst Zukunftsmusik.

Insgesamt ergibt sich in der Speichertechnologie folgendes Bild:

- Realisierte und im Handel erhältliche Speicher sind vor allem Kleinwärmespeicher, wie Nachtspeichergeräte und Warmwasserspeicher bis zu mehreren Kubikmetern Inhalt. Erhältliche Eis-Latentspeicher sind noch nicht allzu rentabel.

- Realisierte Großspeicher gibt es zur Zeit nur als Pumpspeicherwerke, daneben existiert ein Druckluftkraftwerk.

- Im Versuchsstadium (Pilotprojekt) sind Latentspeicher und chemische Wärmepumpen. In den nächsten 3 Jahren werden solche Speicher auf den Markt kommen.

- Ebenfalls in der Erprobungsphase sind Großwärmespeicher, wobei vor allem der Bau von Aquifer-Speichern vorangetrieben wird. Ob die Schöll-Speicher realisiert werden, ist noch nicht abzusehen.

Literatur

[11.1]   *Dietrich, G.:* Probleme der Speicherung in „Arbeitsgemeinschaft Solarenergie", Vortragsbericht 4.2.77, Essen.

[11.2]   *Wettermark, G., Carlson, Stymne:* Storage of heat, Swedish council for Building, Research 1979.

[11.3]   *Schöll, G.:* Die wirtschaftliche Nutzung der Sonnenenergie, Akademie für Solar- und Speichertechnik, Wolfschlugen 1978.

[11.4]   *Parr/Molz/Warman/Anderson:* Storage of thermal energy in confined aquifers in „Proceedings of Solar Energy Storage Options", 19.–22.3.1979, San Antonio/Texas.

[11.5]   *Weißenbach, B.:* Speicherung fühlbarer Wärme in Schotterböden, VDI-Berichte Nr. 288, 1977.

[11.6]   *Zwisler, H.:* Bautechnik und wasserwirtschaftliche Maßnahmen bei der Errichtung von Großwärmespeichern, VDI-Berichte Nr. 288, 1977.

[11.7]   *Eissenberg, D. M.:* The use of aquifers for seasonal storage of solar energy in „Proceedings of Solar Energy Storage Options", 19.–22.3.1979, San Antionio/Texas.

[11.8]   *Bruck, M.:* Latentspeicher, Grundlagen und Anwendungen, ASSA-Informationsdienst Sonnenergie, Wien 10/1978.

[11.9]   *N. N.:* Thermtech, Mtu 6701, Research Division of the Michigan Technological University.

[11.10] *Herrik, C. S.:* The rolling cylinder heat store (General Electric) in [11.4].

[11.11] *Greene, N. D.:* An immiscible fluid, phase change, heat storage battery, in [11.4].

[11.12] *Clark/Hiller:* Chemical heat pump, in [11.4].

[11.13] *Sizmann/Jung/Khetila:* Zeolithe als Langzeitspeicher, in „Bericht zum Internationalen Sonnenforum", Hamburg 6/1980.

[11.14] *Kalhammer, F. R.:* Energiespeicherung in Scientific American, Dezember 1979.

[11.15] *Ziegelmaier, E. M.:* Schwungradspeicher, Vortrag zum Seminar Alternativenergien, Prof. Mühleisen und Prof. Wahl, Tübingen 1980.

[11.16] *Alefeld, G.:* Zeitschrift Phys. Chem. 1980, Bericht der Bunsengesellschaft.

12 Nutzung der Biomasse

12.1 Einleitung

Der Begriff *Bioenergie* umfaßt die gesamte chemische Energie, die in organischen Verbindungen durch biologische Prozesse festgelegt ist. Demnach sind eigentlich auch die fossilen Brennstoffe wie Erdöl oder Steinkohle ursprünglich Bioenergie, da sie ebenfalls in früheren Erdzeitaltern auf biologischem Weg entstanden sind und durch einen Mineralisationsprozeß in großen Lagerstätten bis heute erhalten blieben. Sinnvollerweise trennt man aber diese fossilen Energieträger von der übrigen Bioenergie, da die Lagerstätten durch eine übermäßige Ausbeutung schnell erschöpft werden können, während die übrige Bioenergie, die *Biomasse*, jedes Jahr erneut aus Sonnenenergie durch die Photosynthese der Pflanzen nachgebildet wird. Diese Tatsache verleiht der Bioenergie den Charakter einer *unerschöpflichen Energiequelle*, denn solange unser Sonnensystem besteht und die notwendigen ökologischen Voraussetzungen für ein Pflanzenwachstum auf der Erde gegeben sind, wird die Wiedererneuerung der *Biomasse* stattfinden.

Die fossilen Energieträger und die *Biomasse* sind chemisch verschieden, aber beide Stoffklassen sind Verbindungen des Kohlenstoffs und somit den Reaktionsmechanismen der organischen Chemie zugänglich. Dies bedeutet, daß es grundsätzlich möglich ist, die fossilen Rohstoffe der chemischen Industrie durch Biomasse zu ersetzen. Während sich in der Vergangenheit durch billiges Erdöl vor allem die Chemie der Kohlenwasserstoffe und der daraus abgeleiteten Verbindungen sprunghaft entwickelte, könnte sich in Zukunft ein ähnlicher Vorgang mit der Chemie polymerer Kohlenhydrate oder niedermolekularer biochemischer Verbindungen abspielen. In den Möglichkeiten der energetischen Nutzung ist Biomasse heute schon gleichrangig mit den fossilen Energieträgern, sie ist sogar ein Spitzenkandidat für die Substitution des Erdöls im Bereich des Verkehrs.

In der geschichtlichen Entwicklung der Biomassenutzung durch den Menschen gibt es zwei entscheidende Phasen, die eine in der Jungsteinzeit durch die Einführung des Ackerbaus und die zweite zu Beginn dieses Jahrhunderts durch die chemische Revolution der Anbaumethoden in der Landwirtschaft.

Beide Phasen waren Eingriffe in den Stoffhaushalt der Natur, aber mit unterschiedlicher Tragweite. Während der Ackerbau steinzeitlicher Kulturen häufig nur ein vorübergehender Eingriff war (Brandrodung, Wanderackerbau) — von den steinzeitlichen Hochkulturen im Nildelta oder Mesopotamien einmal abgesehen — haben die chemischen Landbaumethoden bereits viele Arten vollständig oder teilweise durch den Einsatz von mineralischen Kunstdüngern, Insektiziden und Herbiziden ausgerottet. Trotzdem blieben in beiden Fällen noch genügend Reservate einer naturbelassenen Umgebung erhalten.

Eine vollständig neue Dimension erhält die dritte Phase, an deren Schwelle wir uns gerade befinden: die technische Biomassenutzung des Computerzeitalters. Während in der Vergangenheit die Biomasse überwiegend als Nahrungsenergie genutzt wurde, ist — bei dem weltweit gegenüber der Nahrungsenergie etwa fünffach höheren Bedarf an technischer Energie — ein spürbarer Beitrag der Biomasse als Energiequelle nur nach erneuten erheblichen Eingriffen in die natürlichen Kreisläufe auf der Erde zu erwarten. Das harte technologische Konzept der Erschließung neuer Nutzflächen für die Landwirtschaft zur ausschließlichen Produktion von technischer Bioenergie (energy-farming) [12.13, 12.14], wie es ansatzweise in den USA oder Brasilien versucht wird, ist angesichts des Hungers auf der Welt und der möglichen weltweiten ökologischen Auswirkungen kritisch zu betrachten. Dennoch scheint es möglich, durch eine Intensivierung der Biomasseproduktion, durch neue Sorten und neue Anbauzyklen auf den bestehenden land- und forstwirtschaftlichen Nutzflächen der Industriestaaten ein begrenztes Potential an technisch nutzbarer Biomasse zu erzeugen. Einen weiteren Weg bieten die Möglichkeiten der gezielten Nutzung von Abfallbiomasse oder der Integration einer energetischen Nutzung in schon bestehende natürliche Kreisläufe. Beispiele hierfür werden in den folgenden Abschnitten aufgeführt.

Diese Aufgabe stellt ein reizvolles interdisziplinäres Arbeitsgebiet für Wissenschaftler verschiedener Fachrichtungen dar und ist wegen des bisher noch ungenutzten Potentials eine Herausforderung der Zukunft. Hierbei müssen gemeinsame Anstrengungen von Technikern, Landwirten, Biologen, Chemikern und Systemanalytikern erfolgen, um große ökologische Eingriffe zu vermeiden.

12.2. Biologische Grundlagen

12.2.1 Ökologische Zusammenhänge

Wie bereits in der Einleitung betont, ist der jährliche Zuwachs an Biomasse durch die Photosynthese der Pflanzen beträchtlich. Dies soll durch ein kurzes Zahlenbeispiel veranschaulicht werden. 1975 betrug der jährliche Energieverbrauch an fossilen Brennstoffen auf der Welt $2,39 \cdot 10^{17}$ kJ, von denen 50 % aus Erdöl, 30 % aus Kohle und 20 % mit Erdgas gedeckt wurden [12.5]. In demselben Zeitraum wurde dagegen weltweit durch die Photosynthese der Pflanzen eine Menge von $175 \cdot 10^9$ t an Biomasse produziert (Nettoproduktivität), die insgesamt $3,2 \cdot 10^{18}$ kJ entsprechen [12.11]. Davon wurden 69 %, nämlich $2,1 \cdot 10^{18}$ kJ auf den Kontinenten produziert und 1 % direkt für die menschliche Ernährung genutzt [12.3]. Durch Fischfang wurden rund 2 % von den ca. $1 \cdot 10^{18}$ kJ Pflanzenbiomasse der Meere für die menschliche Ernährung genutzt [12.4]. Ein Vergleich dieser Zahlen zeigt:

- Jährlich wird an pflanzlicher Biomasse 14mal soviel Energie auf der Erde produziert wie gleichzeitig aus den fossilen Vorräten gefördert wird.
- Andererseits ist aber der jährliche Bedarf an technisch nutzbaren Energieträgern ca. 5mal so hoch wie der Verbrauch an pflanzlicher Biomasse zu Nahrungszwecken.

Berücksichtigt man ferner, daß sich bis zum Jahr 2000 entsprechend den Prognosen einer detaillierten Studie der US-Regierung [12.1] die Ernährung der Menschen in den unterentwickelten Ländern trotz massiver Ertragssteigerungen (bis zu 60 %) nur auf etwa dem heutigen Niveau halten läßt [12.3], wird deutlich, daß eine weltweite Produktion von Biomasse zu Zwecken der Energiegewinnung (energy-farming) entweder zu Lasten der Welternährung und damit der Menschen in den unterentwickelten Ländern geht oder aber nur durch erhebliche Eingriffe in bisher noch unberührte Regionen der Biosphäre durchgeführt werden kann. Die ökologischen Auswirkungen solcher Maßnahmen sind schwer abzuschätzen, aber mit Sicherheit nicht unerheblich. Dies zeigt, daß eine Biomassenutzung vernünftigerweise erst nach Kenntnis der ökologischen Zusammenhänge und Auswirkungen in den betreffenden Regionen durchgeführt werden darf.

Pflanzen und Tiere existieren auf der Welt nicht isoliert nebeneinander, sondern bilden Regelsysteme mit vielfältigen Rückkopplungen, die man zusammen mit dem jeweiligen Lebensraum (*Biotop*) als *Ökosystem* zusammenfaßt. Sämtliche Ökosysteme der Welt zusammen bezeichnet man als *Biosphäre*. Bild 12.1 gibt schematisch die verschiedenen Stoffkreisläufe in einem natürlichen Ökosystem wieder.

Auf der Ebene der *Produzenten* sind die Organismen zusammengefaßt, die mittels Lichtenergie und Kohlendioxid pflanzliche Biomasse und molekularen Sauerstoff (O_2) erzeugen. In diese Gruppe fallen alle Organismen, die zu *Photosynthese* befähigt sind, insbesondere die grünen Pflanzen, Blaualgen und verschiedene Bakterienarten. Da sie sich ihre Kohlenstoffverbindungen, die sie zum Leben benötigen, selbst erzeugen, nennt man sie auch „C-autotroph".

Auf der nächsten Ebene des Kohlenstoffkreislaufs sind die „Pflanzenfresser" angesiedelt, die *Konsumenten 1. Ordnung.* Sie fressen die pflanzliche

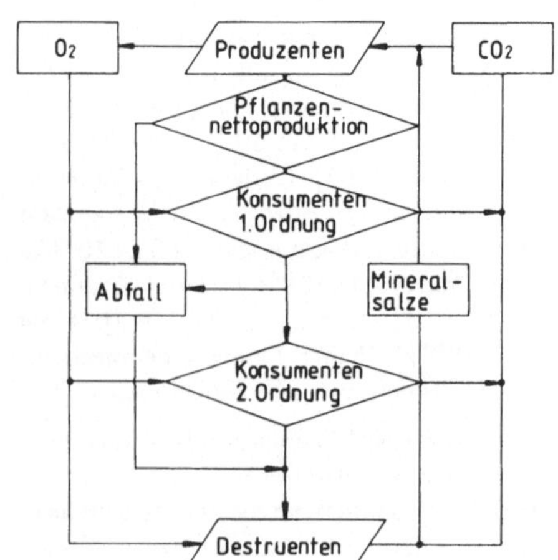

Bild 12.1

Materiefluß durch ein natürliches Ökosystem (schematisch, vereinfacht)

Biomasse und wandeln sie in tierische Biomasse um, wobei 80 ... 90 % in Form von Abfallstoffen und Kohlendioxid an die Umgebung verloren gehen. Ihrerseits dienen sie den *Konsumenten 2. Ordnung,* den „Fleischfressern", als Nahrungsquelle. Bei diesem Umwandlungsschritt gehen rund 70 ... 80 % der Biomasse in Form von Kohlendioxid und Abfallstoffen verloren. Schließlich werden die Abfallstoffe der Produzenten und Konsumenten von den *Destruenten* vollständig in Kohlendioxid und Wärme umgesetzt. In diese Gruppe fallen alle in dem Ökosystem lebenden Bakterien, Pilze, Würmer und Bodeninsekten. Durch ihre Tätigkeit wird der Kreislauf des Kohlenstoffs geschlossen; dieselbe Menge an CO_2, die von den Produzenten der Atmosphäre entzogen wurde, wird jetzt wieder an sie abgegeben. Da Konsumenten und Destruenten auf bereits aufgebaute Kohlenstoffverbindungen als Nahrungsquelle (Substrat) angewiesen sind, bezeichnet man sie als „C-heterotroph".

Neben dem Kreislauf des Kohlenstoffs gibt es auch einen Kreislauf des Sauerstoffs. Die Sauerstoffmenge, die von den Produzenten bei der Photosynthese produziert wird (s. Abschnitt 12.2.2), wird auch wieder von den heterotrophen Folgeorganismen der Nahrungskette zur Oxidation der Biomasse verbraucht. Besondere Bedeutung kommt dem Kreislauf der Mineralsalze zu. Denn während die Produzenten zwar C-autotroph sind, benötigen sie doch eine ständige Zufuhr von Mineralsalzen und Spurenelementen, insbesondere Kalium, Natrium, Phosphor und Stickstoff. Da die meisten unter ihnen den molekularen Stickstoff der Atmosphäre (N_2) nicht nutzen können, sind sie auf oxidierte oder reduzierte Stickstoffverbindungen wie Nitrat- oder Ammoniumionen als Stickstoffquelle angewiesen. Diese werden entweder aus der Biomasse freigesetzt oder von spezialisierten Mikroorganismen (Azotobacter, Rhizobium) aus atmosphärischem Stickstoff neu synthetisiert. Ein Teil der Mineralsalze (Phosphat, Kalium) kann durch Niederschläge (Auswaschung) abhängig von den klimatischen Voraussetzungen und der Bodenbeschaffenheit dem Ökosystem entzogen werden und muß dann von außen zugeführt werden.

Bild 12.2 gibt exemplarisch den Energiefluß durch ein natürliches Ökosystem wieder [12.6]. Von der gesamten Sonnenstrahlung, die die Erdoberfläche nach Absorption und Streuung an der Lufthülle erreicht, wird in diesem Ökosystem nur etwa 24 % von den Produzenten absorbiert. Dieser Anteil ergibt sich aus der Vegetationsdichte. In einem dicht bewachsenen Maisfeld oder einem tropischen Regenwald kann er bis zu 70 % betragen [12.6]. Nur ein Teil des absorbierten Lichtes fällt aber in die spektralen Absorptionsbereiche der photosynthetisch aktiven Pflanzenpigmente (Bild 12.3), so daß viel Energie ungenutzt in Wärme umgewandelt wird. Bei der Umwandlung der Lichtenergie in chemische Energie der Biomasse geht ein weiterer Teil (ca. 80 %) in Wärme über, so daß letztlich nur rund 1 % der einfallenden Sonnenstrahlung von den Pflanzen genutzt wird. 57 % dieser „Primärbiomasse" (Glukose) geht im Stoffwechsel bei der Umwandlung in andere Moleküle und chemische Energie verloren (Entropie). (Abhängig vom jeweils vorliegenden Pflanzenbewuchs kann dieser Anteil auch nur 20 ... 40 % betragen.) Letztlich stehen dann aber nur rund 0,5 % der Sonnenenergie in Form von Biomasse den

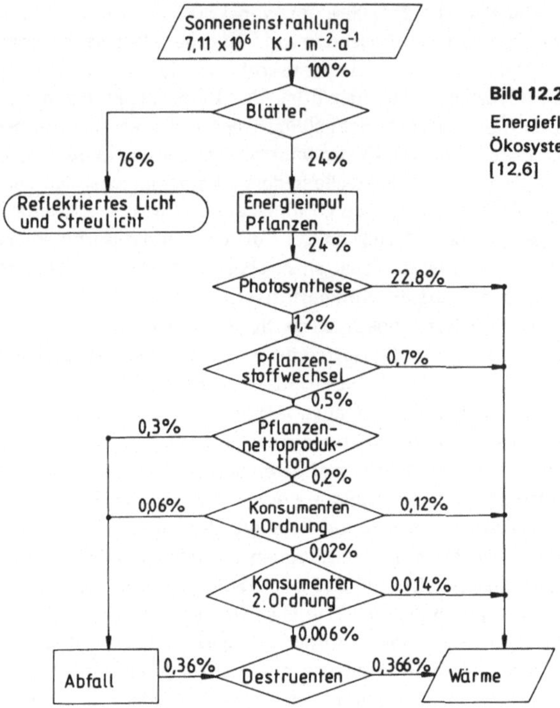

Bild 12.2

Energiefluß durch ein natürliches Ökosystem (Silver-Springs, Florida; [12.6]

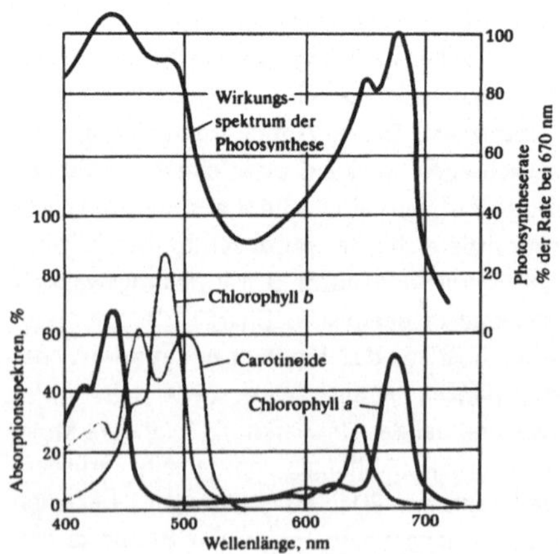

Bild 12.3

Vergleich der Absorptionsspektren von Chlorophyll a und b mit dem Wirkungsspektrum des sichtbaren Lichtes bei der Photosynthese. Deutlich sichtbar ist die Übereinstimmung der Absorptionsmaxima der Chlorophylle mit dem Wirkungsspektrum (aus [12.9]).

Folgeorganismen der Nahrungskette als Substrat zur Verfügung (Pflanzennettoproduktion). Die nachgeschalteten Konsumenten verarbeiten die Biomasse mit einem
durchschnittlichen Wirkungsgrad von jeweils 10 ... 20 % in körpereigene Substanzen, bis letztlich alle Sonnenenergie von den Destruenten in Wärme umgewandelt
wird.

Wie bereits erwähnt, ist der Wirkungsgrad der Umwandlung von Lichtenergie in Biomasse durch die Produzenten eines Ökosystems ganz entscheidend
von der Vegetationsdichte abhängig. Die Umwandlungswirkungsgrade (also das
Verhältnis von Pflanzennettoproduktion und einfallender Sonnenenergie) einiger
typischer Vegetationen sind in Tabelle 12.1 aufgeführt (nach [12.2] und [12.6]).

Tabelle 12.1

Vegetation	Wirkungsgrad (Jahresmittel)
Tropische Wäder	0,3 ... 1,0 %
Wald (Europa)	0,4 ... 0,7 %
Wiesen und Weiden (Europa)	0,04 ... 0,7 %
Sümpfe, Moore	0,4 ... 3,0 %
Prärie	0,1 %
Wüste	< 0,05 %
Futterrübe	0,56 ... 1,2 %
Zuckerrübe	0,76 %
Luzerne	1,6 %
Zuckerrohr	bis 2,0 %

Thermodynamisch betrachtet sind Ökosysteme offene Systeme mit einer
quasistabilen Materiezusammensetzung, wobei sich in der Bilanz aufbauende und
abbauende Prozesse die Waage halten. Ein derartiges „Fließgleichgewicht" kann
nur aufrechterhalten werden, wenn eine ständige Zufuhr an freier chemischer Energie in das Ökosystem gewährleistet ist. Dies geschieht durch die Photosynthese der
Produzenten, die trotz des niedrigen energetischen Wirkungsgrades genügend
chemische Energie erzeugen, um den Zustand einer relativ hohen molekularen
Ordnung im gesamten Ökosystem aufrechtzuerhalten. Die Stabilität eines Ökosystems wird nicht durch eine Spezialisierung auf wenige Arten mit einer hohen
Nettoproduktivität, sondern durch die Vielfalt der verschiedenen Arten, die gegen-
seitig ihre Lebensräume respektieren, erhalten [12.7]. Eine Reduzierung der Arten-
vielfalt und eine starke Erhöhung der Produktivität setzen die ökologischen Kontroll-
und Regelsysteme außer Kraft, wie sehr anschaulich heutzutage in der chemisierten
Landwirtschaft beobachtet werden kann. Das erfordert vom Menschen, daß er in
diesen Fällen die Verantwortung und Kontrolle der Ökosysteme übernehmen muß,
was vielfach auch nach gründlichem Studium der Zusammenhänge unmöglich ist.

Weltweit gesehen ist heute immer noch die Verfügbarkeit von Düngemitteln
(Mineralstoffe) der begrenzende Faktor bei der Biomasseproduktion. Während die
Industrieländer durchschnittlich 100 kg Kunstdünger pro Hektar anbaufähiger Nutz-
fläche verbrauchten, standen den unterentwickelten Ländern nur 20 kg/ha zur Ver-

fügung (Stand 1975) [12.3]. Um die bis zum Jahr 2000 zu erwartende Bevölkerungs-explosion in den unterentwickelten Ländern auffangen zu können, muß vorrangig Dünger — wenn auch nicht unbedingt Kunstdünger — produziert werden, damit der Hektarertrag in die Größenordnung der Industriestaaten steigt. Zusätzlich dazu kann eine gezielte Nutzung von Abfallbiomasse in Biogasanlagen (s. Abschnitt 3.4) den Menschen in diesen Ländern Heiz- und Kochenergie und wertvollen biologischen Dünger liefern. Beispiele hierfür sind Indien und die Volksrepublik China.

Für die Erzeugung mineralischen Stickstoffdüngers wird unverhältnismäßig viel technische Energie benötigt, die aus fossilen Energieträgern gewonnen werden muß. Um z.B. einen Hektar Weizenanbaufläche in Mitteleuropa mit Stickstoff-dünger zu versorgen, benötigt man $8{,}8 \cdot 10^6$ kJ [12.8]. Die Verteuerung des Erdöls hat viele unterentwickelte Länder in die Lage gebracht, sich weder die notwendige Düngemittelmenge noch die zur eigenen Herstellung notwendige Energie finanziell leisten zu können. In Anbetracht von bald einer Milliarde hungernder Menschen auf der Welt steht es außer Frage, daß die Landwirtschaft in den unterentwickelten Ländern intensiviert werden muß. Dies könnte durch mineralische Düngung erfol-gen, aber die möglichen weltweiten ökologischen Auswirkungen eines bis zum Jahr 2000 auf das zweieinhalbfache gesteigerten Kunstdünger- und begleitenden Biozid-einsatzes sind erheblich [12.3]. Es ist zu erwarten, daß dann von Bodenbakterien der mineralische Stickstoffdünger in einem derartigen Ausmaß zu gasförmigen Stick-oxiden umgewandelt wird, daß die Stabilität des Ozonschildes der Erde und damit der Schutz vor der mutagenen UV-Strahlung der Sonne nicht mehr gewährleistet ist [12.2]. Hier tritt ein Zielkonflikt zwischen dem existentiellen Interesse der hungernden Dritten Welt und dem ökologischen Interesse der gesamten lebenden Welt an einem wirksamen Schutz vor erhöhten Mutationsraten (Krebs) auf. Als Lösung bieten sich ökologische Anbauverfahren an, in denen durch Anbau einer Zwischenfrucht bestimmter Pflanzen, die durch symbiontische Bakterien moleku-laren Stickstoff der Luft in Biomasse verwandeln können (Leguminosen), biologisch erzeugter Stickstoffdünger produziert wird. Dieser biologische Stickstoffdünger ist weit weniger als Kunstdünger einer Umwandlung zu Stickoxiden zugänglich. Er wird von den Pflanzen gut verarbeitet. Für die Landwirtschaft Europas gibt es schon jahrhundertelang derartige Verfahren (Ökologischer Landbau); für die speziel-len Klimaanforderungen der Entwicklungsländer müssen diese aber teilweise noch verändert werden. Viele Ansätze dazu finden sich in Arbeiten von Sir Albert Howard aus den 30er Jahren in Indien [12.12].

12.2.2 Biochemische Grundlagen

Die chemische Energie der Biomasse ist in Molekülen enthalten, die nach folgenden Prinzipien durch biochemische Prozesse der Pflanzenzellen synthetisiert werden.

● Die Reaktionen werden von *Enzymproteinen* katalysiert, die durch ihre enorme Substrat- und Wirkungsspezifität es ermöglichen, selbst in einer komplexen Stoffmischung wie dem Zytoplasma einer Zelle ganz bestimmte Reaktionsabfolgen ablaufen zu lassen.

- Schauplatz der meisten Enzymreaktionen in einer Zelle ist der Intermediärstoffwechsel, der sich frei im Zytoplasma oder an bestimmte Zellstrukturen gebunden vollzieht. Seine Funktion ist es, den *Aufbau und Umbau der Biomasse* gesteuert zu vollziehen, so daß die in der Erbinformation festgelegte mikro- und makroskopische Struktur der jeweiligen Zelle ausgeprägt wird.
- Der überwiegende Teil der Biomasse besteht aus *Makromolekülen,* die linear aus einzelnen Bausteinen aufgebaut sind (Biopolymere). Beispiele hierfür sind Zellwandbestandteile, Nukleinsäuren, Speicherkohlenhydrate und Proteine.
- Da das ausschließliche Produkt der Photosynthese Glukose ist, muß die gesamte chemische Energie der Photosynthese über den Weg des *Intermediärstoffwechsels* zu den entsprechenden Makromolekülen der Pflanzenbiomasse umgeformt werden. Wie bereits früher erwähnt (s. Abschnitt 12.2.1) gehen hierbei 20...50 % der chemischen Energie verloren.

Die *Photosynthese* ist bis heute noch nicht voll verstanden. Sicher ist, daß sie sich in den Chloroplasten der grünen Pflanzen abspielt, die durch die Pigmente Chlorophyll a und b den Pflanzenblättern ihre charakteristische grüne Farbe verleihen. Die Lichtenergie wird dabei von den Chlorophyllmolekülen absorbiert (Bild 12.3) und über eine komplizierte Reaktionsfolge zur Reduktion von Kohlendioxid zu Glukose genutzt. Die Reduktionsäquivalente stammen aus Wasser, das mittels Lichtenergie in Wasserstoff und Sauerstoff gespalten wird. Diese Darstellung ist sehr vereinfacht, aber aus Platzgründen muß für ein tieferes Studium auf die entsprechenden Lehrbücher verwiesen werden [12.9, 12.10].

Summarisch lautet die Reaktionsgleichung der Photosynthese:

$$6\,CO_2 + 12\,H_2O' + \text{Lichtenergie} \rightarrow C_6H_{12}O_6 + 6\,O_2' + 6\,H_2O$$
$$\text{Glukose}$$

Der Index ' soll andeuten, daß der gebildete Sauerstoff nicht aus dem CO_2, sondern aus dem gespaltenen Wasser stammt.

Die in der Glukose enthaltene chemische Energie beträgt 2872 kJ/mol. Mit diesem Wert kann man versuchen, den minimalen Wirkungsgrad der biochemischen Vorgänge der Photosynthese abzuschätzen.

Um ein Molekül Glukose zu synthetisieren, werden rund 50...60 Lichtquanten benötigt [12.5, 12.9]. Multipliziert mit der Avogadroschen Zahl ergibt dies einen oberen Quantenbedarf von $3{,}61 \cdot 10^{25}$ Lichtquanten/Mol Glukose. Unter Zugrundelegung der Einsteinschen Gleichung

$$E = h \cdot \nu$$

mit $h = 6{,}625 \cdot 10^{-34}$ J · s; ν = Frequenz, läßt sich der Energiegehalt eines Lichtquants bei vorgegebener Wellenlänge berechnen. Aus Bild 12.3 ist ersichtlich, daß das photosynthetische Wirkungsspektrum des sichtbaren Lichtes zwei Maxima hat, eines bei 420 nm und eines bei 670 nm. Die absorbierte Lichtenergie beträgt bei

420 nm 17 080 kJ/mol Glukose und bei 670 nm 10 709 kJ/mol. Da beide Wellen-
längenbereiche etwa gleich viel zur absorbierten Quantenmenge beitragen (Bild
12.3), ergibt sich überschlagsweise eine mittlere absorbierte Lichtenergie von ca.
13 900 kJ/mol und bezogen auf die absorbierte Lichtenergie ein unterer Wirkungsgrad von rund 20 %. Bezogen auf die Lichtquanten mit dem geringsten Energiegehalt (670 nm) beträgt der Wirkungsgrad rund 30 %. Da aber häufig nur 20 ... 30 %
der einfallenden Lichtenergie von einer Pflanze absorbiert werden können und ca.
40 % der erzeugten Glukose von den Pflanzen verbraucht wird, ergibt sich in einem
Ökosystem selbst bei optimaler Düngung ein oberer theoretischer Wirkungsgrad der
Biomasseproduktion von 2,4 ... 3,6 % des einfallenden Sonnenlichts (Jahresmittel).
Dieser Wert wird allerdings praktisch nie erreicht; nur die Luzerne- und Zuckerrohr-
produktion kommt in diese Größenordnung (Tabelle 12.1).

Die Glukose aus der Photosynthese dient direkt als Baustein zum Aufbau
der verschiedenen Zellbestandteile:

- *Speicherkohlenhydrate* Amylose und Amylopektin. Beide sind Bestandteile der
  natürlich vorkommenden *Stärke* und bestehen aus bis zu 5000 einzelnen Glukosemolekülen, die kettenförmig aneinander gereiht sind und ein verknäultes Makromolekül bilden.
- *Zellwandbestandteil* Zellulose. Sie dient nicht zur Energiespeicherung wie die
  Stärke, sondern als Baustein der Zellwand der Pflanze. Aus diesem Grund sind
  bei diesem Makromolekül die Glukoseeinheiten so aneinandergereiht, daß sich
  kein Knäuel ausbildet, sondern eine lange molekulare Faser aus bis zu 10 000
  Glukosemolekülen. Viele derartige Fasern sind parakristallin zu „Mikrofibrillen"
  zusammengelagert, die die Grundelemente der Zellwand ausmachen. Aufgrund
  dieser Struktur ist die Zellulose auch chemisch sehr viel schwerer angreifbar als
  Stärke, und nur spezielle Destruenten, die über das Enzym Zellulase (= Zellulose-
  abbauendes Enzym) verfügen, können Zellulose abbauen.
- *Pektine und Hemizellulosen.* Es handelt sich chemisch hierbei um modifizierte
  und umgelagerte Zuckermoleküle, die Carboxyl- oder Methylgruppen tragen
  (Pektine) und eine schleimige Grundmatrix bilden, in die die Zellulose-Mikro-
  fibrillen eingelagert sind. Sie sind enzymatisch leicht angreifbar und werden
  von vielen Organismen verdaut.
- *Lignin.* Biochemisch leitet es sich aus dem Stoffwechsel der Aminosäuren her,
  der Bausteine der Proteine. Lignin bildet ein weit verzweigtes Netzwerk von ver-
  knüpften Phenylpropanmolekülen mit verschiedenen Seitengruppen und ist
  gegenüber einem chemischen oder enzymatischen Angriff äußerst widerstands-
  fähig. Nur wenige Pilze sind als Spezialisten überhaupt in der Lage, Lignin abzubauen. Lignin lagert sich in die Zellwand verholzter Pflanzenzellen zwischen
  die Zellulosefribrillen ein und bedingt die hohe Beständigkeit verholzter Pflan-
  zenteile. Aus Glukose kann es nur über den Intermediärstoffwechsel synthetisiert werden.
- *Proteine,* die sich aus einzelnen Aminosäuren zusammensetzen. Sie sind die
  Makromoleküle, die die Funktionen der Enzyme übernehmen und sich bei allen

Pflanzenzellen im Zellsaft, kaum aber in der Zellwand finden lassen. Sie sind von allen Organismen leicht abbaubar.

● *Lipide,* die bei verschiedenen Pflanzen einen ganz erheblichen Teil der Biomasse ausmachen können (Ölfrüchte, Nüsse). Sie besitzen überwiegend Energiespeicherfunktionen, was sich auch in ihrem hohen Brennwert (38 ... 39 kJ/kg) ausdrückt (Bild 12.4). Ein Teil der Lipide ist aber auch für die Aufrechterhaltung der Zellfunktionen in den biologischen Membranen notwendig.

Pflanzliche Biomasse besteht nun aus Zellen und Geweben, die diese Stoffe in ganz unterschiedlichen Verhältnissen enthalten. Als Richtwert kann man sagen, daß über 50 % der pflanzlichen Biomasse aus Kohlenhydraten besteht (Tabelle 12.2), was auch den mittleren Brennwert von 17 ... 19 kJ/kg erklärt. Viel entscheidender für die Möglichkeiten der Biomassenutzung ist aber der Ligningehalt. Denn durch ihn wird festgelegt, ob die Biomasse für mikrobiologische Verfahren, die Rohstoffe und Sekundärenergieträger liefern können, oder für technische Nutzungsverfahren, die Wärme liefern, in Frage kommt.

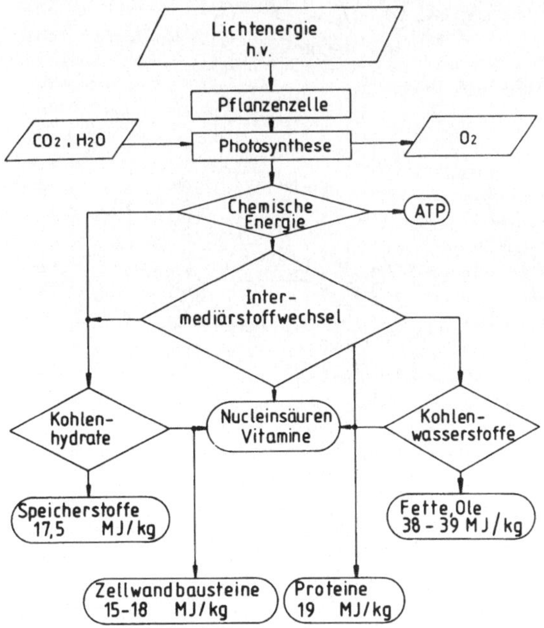

Bild 12.4 a) Stoffwechselwege C-autotropher Organismen (schematisch, vereinfacht)

Amylose

Celluloseformel (Ausschnitt)

b) Aufbau wichtiger Pflanzenbestandteile [12.37, 12.38]

Für ein besseres Verständnis der später dargestellten mikrobiologischen Verfahren sollen kurz die wesentlichen Aspekte der abbauenden Stoffwechselwege der Biomasse dargestellt werden. Es handelt sich dabei *nicht* um die Darstellung der Stoffwechselwege, die alle in einem Organismus gleichzeitig vorkommen; die relativen Anteile können von Art zu Art stark variieren. Bild 12.5 gibt schematisch den Verlauf des Abbaus der Biomasse unter Anwesenheit von Luftsauerstoff wieder (sogenannte „aerobe Bedingungen", wie z.B. auf der Erdoberfläche und in den obersten Bodenschichten). Die Makromoleküle der Biomasse werden zunächst von hydrolytischen Enzymen unter Wasseranlagerung in die Einzelbausteine gespalten und diese dann von den Zellen aufgenommen. Für besonders widerstandsfähige Moleküle, z.B. Lignin, gibt es „Spezialisten", die besondere Enzyme ausgebildet haben, die auch dieses Substrat zerlegen können. Anschließend wandern alle Zuckermoleküle in die „Glykolyse", wo sie in kleinere Einheiten zerlegt (Brenztraubensäure, Wasserstoff) und zwei Moleküle Adenosintriphosphat (ATP) pro Zuckermolekül gebildet werden. ATP ist der universelle Energieträger der Biochemie. Bei der Hydrolyse zu Adenosindiphosphat (ADP) und Phosphat werden ca. 30 kJ/mol

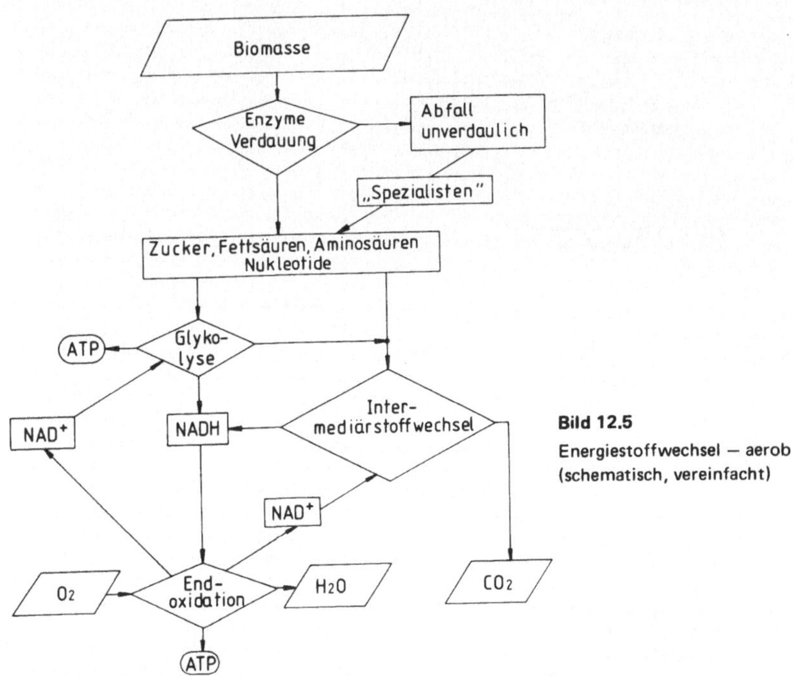

Bild 12.5

Energiestoffwechsel — aerob (schematisch, vereinfacht)

an chemischer Energie frei und können vom Organismus bei Stoffumwandlungen genutzt werden. Die Brenztraubensäure wie auch die übrigen Moleküle (Aminosäuren, Fettsäuren, Nukleotide) wandern in den Intermediärstoffwechsel, wo sie entweder in zelleigene Biomasse oder zu CO_2 und Wasserstoff umgewandelt werden. Hierbei fällt der Wasserstoff nicht molekular als H_2 an, sondern ist an ein Überträgermolekül, das Nicotinsäureamid-Adenin-Dinukleotid (NAD^+), gebunden. Schließlich wird der Wasserstoff in der sogenannten „Endoxidation" mittels molekularem Sauerstoff (O_2) zu Wasser oxidiert. Dabei kann sehr viel ATP produziert werden, nämlich 36 mol ATP/Mol Glukose.

Insgesamt stellt sich damit die Abbaugleichung für Glukose folgendermaßen dar:

$$38\,ADP + 38\,P + C_6H_{12}O_6 + 6\,O_2 \rightarrow 6\,CO_2 + 6\,H_2O + 38\,ATP\,(-1160\;kJ/Mol).$$

Damit läßt sich der Wirkungsgrad des oxidativen Glukoseabbaus berechnen; er beträgt 1160 kJ/Mol: 2872 kJ/Mol $\approx$ 40 %.

Anders dagegen unter „anaeroben Bedingungen" (Bild 12.6). Hier fehlt die Möglichkeit der Endoxidation des Wasserstoffs zu Wasser, da ja kein molekularer

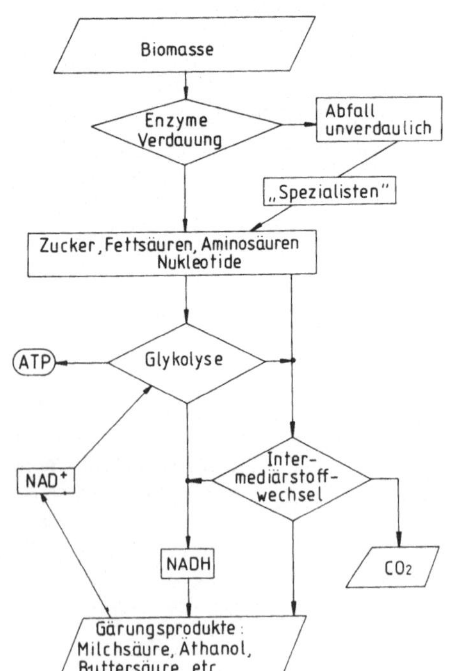

Bild 12.6

Energiestoffwechsel — anaerob (Gärung) (schematisch, vereinfacht)

Sauerstoff vorhanden ist. Damit verschlechtert sich drastisch die Energiebilanz der Zelle, da sie nun auf rund 95 % (-36 ATP) des potentiell gewinnbaren ATP (-38 ATP) als Energiequelle verzichten muß. Die einzige Möglichkeit, die ihr verbleibt, ist, den Stoffdurchsatz zu erhöhen, um noch genügend eigene Energie für ihr Überleben zu gewinnen. So schafft sie sich aber zwei Probleme: Zum einen häufen sich jetzt viel zu viele Stoffwechselprodukte des Intermediärstoffwechsels an, die in derartigen Konzentrationen giftig sind, zum anderen produziert die Zelle große Mengen an Wasserstoff ($NADH_2^+$). Sie löst das Problem mit einem eleganten Trick, den man als *Gärung* bezeichnet. Sie überträgt einfach den überflüssigen Wasserstoff auf die überflüssigen Stoffwechselprodukte und scheidet beides in die Umgebung aus. Deshalb wird eine gärende Zelle zu einem sehr effektiven „Katalysator" für biochemische Stoffumwandlungen, der nur einen ganz geringen Anteil des Substrats für seinen Eigenbedarf benötigt. Hier liegt die Stärke und die Zukunft mikrobiologischer Verfahren. Man kann durch Mikroorganismen hochspezifisch und mit hohen Ausbeuten aus einer komplexen Biomasse ein oder mehrere gewünschte Endprodukte erzeugen, wobei diese durch den Mikroorganismus und die Lebensbedingungen bestimmt werden. Beispiele hierfür sind die alkoholische Gärung oder die Methangärung (s. Abschnitt 12.3).

12.3 Technische Verfahren

Für eine Nutzung der Biomasse im technischen Maßstab gilt es zur Zeit vier verschiedene Verfahren:

- die Verbrennung,
- die Pyrolyse,
- die alkoholische Gärung,
- die Methangärung.

Abhängig von der Zusammensetzung der jeweils eingesetzten Biomasse unterscheiden sich diese Verfahren stark in ihren Anwendungsmöglichkeiten, den energetischen Wirkungsgraden und den gebildeten Produkten. Während Verbrennung und Pyrolyse grundsätzlich mit der gesamten anfallenden Biomasse durchführbar ist, gibt es für die mikrobiologischen Verfahren der alkoholischen Gärung und der Methangärung aufgrund der biochemischen Besonderheiten bereits eine Einschränkung der Einsatzmöglichkeit. Methangärung kann nur mit *Biomasse* durchgeführt werden, die nicht durch eine Lignineinlagerung vor einem enzymatischen Abbau geschützt ist, und für die alkoholische Gärung gilt die zusätzliche Einschränkung, daß die Biomasse aus leicht abbaubaren Kohlenhydraten, wie z.B. Rohrzucker oder Stärke, bestehen muß. Beide Verbindungen sind aber ausgesprochene Nahrungsmittel und kommen in natürlicher Biomasse oder in Abfällen in nur ganz geringen Anteilen vor. Für eine Nutzung von natürlich anfallender oder Abfallbiomasse scheidet die alkoholische Gärung also von vornherein aus, denn dieses Verfahren kann lediglich mit speziell angebauten Pflanzen wie Getreide oder Zuckerrohr durchgeführt werden. Eine Vorbehandlung der Biomasse, die z.B. aus Holz oder Stroh größere Mengen derartiger Kohlenhydrate freisetzen kann, würde den Einsatzbe-

reich der alkoholischen Gärung wesentlich erweitern, ist aber heute noch mit erheblichen Kosten und Umweltbelastungen (Sulfit-Ablaugen usw.) verbunden [12.16].

Tabelle 12.2 gibt grob die Zusammensetzung einiger typischer Biomassen
wieder [12.15, 12.16].

Tabelle 12.2 (Angaben in % organischer Trockensubstanz)

| Biomasse | Kohlenhydrate | | Rohfett | Roheiweiß | Lignin |
	Zellulose	Hemizellulose			
Holz	40 ... 50	25 ... 35	–	–	20 ... 35
Stroh	30 ... 40	35 ... 45	1,6	3	15 ... 20
Rübenblatt	11	70	1,5	12,5	–
tierische Exkremente	30 ... 50		5	10 ... 20	15 ... 30

Es wird deutlich, daß trotz des hohen Kohlenhydratanteils bei Holz und Stroh
(70 ... 80 %) wegen des Ligningehalts beide Substrate nur bedingt für mikrobielle
Verfahren einsetzbar sind, während Rübenblätter wie auch sämtliche „unverholzte"
pflanzliche Biomasse aufgrund des fehlenden Lignins sehr gute Rohstoffe für diese
Verfahren sind.

12.3.1 Verbrennung

Trockene Biomasse (Holz, Stroh) eignet sich ebenso zur Verbrennung wie
die fossilen Energieträger Steinkohle, Braunkohle oder Erdöl). Die Biomasse kann
in denselben Verbrennungsanlagen wie die fossilen Energieträger verarbeitet werden, und es werden auch vergleichbare Temperaturniveaus bei der Verbrennung
erzeugt (800 ... 1000 °C). Somit kann Biomasse z.B. als Primärenergieträger in
Kondensationskraftwerken zur Stromerzeugung und Wärmeproduktion (Kraft-
Wärme-Kopplung) eingesetzt werden. Mit zunehmendem Feuchtigkeitsgehalt verändert sich das Verbrennungsverhalten der Biomasse sehr schnell, denn die im
Brennstoff enthaltene Restfeuchtigkeit muß beim Verbrennungsprozeß verdampft
werden und die dazu notwendige Energie geht für die Nutzung verloren. Da die
Biomasse überwiegend aus Kohlenhydraten besteht (Tabelle 12.2) und dort der
Kohlenstoff nicht so stark reduziert vorliegt wie in der Stein- oder Braunkohle,
ist dementsprechend der Brennwert niedriger. Ein Vergleich verschiedener Brennstoffe ist in Tabelle 12.3 wiedergegeben [12.27, 12.28].
Man sieht aus dem Vergleich, daß der Brennwert von Holz und Stroh etwa halb so
groß ist wie der von Steinkohle, beim Hausmüll liegt der Wert aufgrund der Rest-
feuchte und den nichtbrennbaren Beimengungen (Glas, Metall) noch wesentlich
niedriger.

Gegen eine Verbrennung von Biomasse sprechen aber strukturelle Überlegungen. Denn, wie aus den ökologischen Betrachtungen folgt (Abschnitt 12.2.1)
fällt die Biomasse dezentral (d.h. flächendeckend) in Land- und Forstwirtschaft an,

Tabelle 12.3

Brennstoff	Unterer Heizwert H_u/(MJ/kg)
Steinkohle	34 ... 36
Braunkohle	26
Methangas	50,1
Äthanol	26,7
Heizöl	40 ... 41
Benzin	43 ... 44
Holz (trocken)	17 ... 18
Holz (20 % Feuchte)	14 ... 15
Holz (30 % Feuchte)	12 ... 13
Hausmüll (feucht)	6 ... 10

und zwar mit einer Nettoproduktivität von 2 ... 5 t Trockenmasse (Holz, Stroh) pro Hektar und Jahr. Dies entspricht einer Energieproduktion von 34 ... 85 GJ/ha. Um aber die Energie mit vertretbaren Kosten aus der Biomasse produzieren zu können, kommen nur größere Kraftwerkseinheiten (4 ... 10 MW$_{el}$) in Kraft-Wärme-Kopplung in Frage, die in der Nähe von Wärmeabnehmern, also Klein- und Mittelstädten, gebaut werden müssen. Dies bedingt lange Transportwege, hohe Transportkosten für die Biomasse und nicht unerhebliche Energiemengen, die für den Transport und das Einsammeln benötigt werden. Gleichzeitig fallen am Verbrennungsort große Mengen an Mineralstoffen (Asche) an, die dem Ökosystem, aus dem die Biomasse stammt, wieder zugeführt werden müssen, was weitere Transport- und Energieaufwendungen bedeutet.

Man sieht also sehr deutlich, daß eine zentrale Verbrennung in größeren Verbrennungsanlagen sehr wenig an die strukturellen Anforderungen einer Biomassenutzung angepaßt ist. Bei einer dezentralen Nutzung in kleinen Verbrennungsanlagen (Hausbrand) fällt aber die Möglichkeit der Stromproduktion weg, so daß dann eine hochwertige Energieform (Biomasse) in niederwertige Wärme umgewandelt wird, was einer Verschwendung gleichkommt.

Großtechnische Anwendung findet die Verbrennung von Biomasse bei der Müllverbrennung. Je nach Auslegung laufen diese Anlagen heute schon wirtschaftlich [12.19]; in jedem Fall stellen sie aber eine Möglichkeit zur gewünschten Reduzierung des Abfallvolumens dar. Energetisch und wirtschaftlich gesehen ist eine derartige Verbrennung nur in Kraft-Wärme-Kopplung (η_{el} = 18 %; η_{therm} = 54 %) sinnvoll, so daß eine Müllverbrennungsanlage in die Nähe von Wärmeabnehmern, d.h. bei Siedlungsgebieten, gebaut werden muß. Dies bedeutet häufig enorme Investitionen für den Ausbau des Fernheizungsnetzes (1 ... 2 Mio. DM/km Leitung). Zusätzlich ist der Energiegehalt des Mülls gering (Tabelle 12.3), so daß für eine positive Energiebilanz die Transportstrecken nicht allzu groß sein dürfen und diese Verwertung nur für dicht besiedelte Gebiete in Frage kommt.

Aus diesen immanenten Zwängen ergeben sich erhebliche ökologische Auswirkungen, da sämtliche Emissionen der Anlagen (Cl_2, SO_2, NO_x, Pb, Hg, Cd) in der Nähe von Wohngebieten auftreten und nur durch eine aufwendige Rauchgasreinigung unter den erlaubten Schadstoffgrenzen gehalten werden können.

Ungelöst ist nach wie vor die Verwendung der Rückstände der Müllverbrennung. Eine Verwendung der Schlacken als Untergrundmaterial beim Straßenbau [12.19] ist wegen des noch verbleibenden Schwermetallgehaltes, der als Oxid in den Schlacken leicht wasserlöslich ist, durchaus bedenklich. Nach wie vor scheint auch hier die Mülldeponie die annehmbarste Lösung. Eine echte Alternative zur Müllverbrennung bietet in allen diesen Fragen die Müllpyrolyse.

12.3.2 Pyrolyse

Unter Pyrolyse versteht man die Stoffzersetzung bei hohen Temperaturen unter Ausschluß von freiem Sauerstoff. Pyrolyseverfahren sind in der Petrochemie lange bekannt; so fällt z.B. der Vergang des „Krackens" langkettiger Kohlenwasserstoffe unter den Oberbegriff Pyrolyse. Gegen Ende des Zweiten Weltkriegs und in der Nachkriegszeit fuhren in Deutschland viele sogenannte „Holzvergaser". In ihnen wurden Holzscheite in einem „Gasgenerator", der mit Holz beheizt wurde, zu Holzgas pyrolysiert. Das Holzgas bestand überwiegend aus langkettigen Kohlenwasserstoffen, Methan, Wasserstoff, Kohlenmonoxid und Kohlendioxid, als Rückstand blieb Holzkohle und Asche. Man sieht an den Produkten, daß es sich bei einer Pyrolyse nicht um eine definierte chemische Reaktion, sondern um eine Vielzahl von konkurrierenden und parallel ablaufenden Reaktionen handelt. Führt man zudem als Substrat eine komplexe Stoffmischung zu, z.B. Biomasse, wird die Chemie des gesamten Prozeßablaufs sehr unübersichtlich und kann nur noch deskriptiv erfaßt werden. Abhängig von der eingesetzten Temperatur kann man die Zusammensetzung des Pyrolysegases aus Biomasse variieren. Man unterscheidet drei Verfahren [12.17, 12.26].

- *Niedertemperaturpyrolyse:* Hierbei wird die Biomasse im Reaktor bei 400 ... 500 °C verschwelt. Dadurch destillieren alle flüchtigen Kohlenwasserstoffe und ähnliche Verbindungen aus der Biomasse. Proteine und Kohlenhydrate zersetzen sich zu Wasser, Wasserstoff, Methan, Kohlenmonoxid und Kohlenstoff, wobei letzteres als Pyrolysekohle im Rückstand verbleibt. Man erhält als Produkte Kohlenwasserstoffe, die als Kondensat ein Öl ergeben (Pyrolyseöl), ein Gasgemisch aus Wasserstoff, Methan und Kohlenmonoxid (Schwelgas) und Kohlenstoff (Pyrolysekohle).

- *Hochtemperaturpyrolyse:* Die Reaktortemperaturen betragen hierbei je nach Verfahren zwischen 700 °C und 900 °C. Dabei wird ein Großteil der flüchtigen Kohlenwasserstoffe bereits in niedermolekularen Verbindungen wie Methan, Äthan, Propan, Propylen und Äthylen, die im Gas erscheinen, zerlegt, und im Pyrolyseöl treten überwiegend aromatische Kohlenwasserstoffe auf.

- *Zweistufige Verfahren:* Diese Verfahren sind besonders umweltfreundlich, da sie die krebserzeugenden aromatischen und halogenierten aromatischen Kohlenwasserstoffe in einem separaten Schritt zerlegen. Hierzu wird die Biomasse zunächst einer Niedertemperaturpyrolyse unterworfen, um alle flüchtigen energetischen Bestandteile aus der Biomasse zu extrahieren. Das Rohgas (incl. Kohlenwasserstoffe) wird dann an einem Katalysator bei 1100 ... 1200 °C gekrackt, wobei als Reingas ein Gemisch aus Wasserstoff, Methan, Kohlenmonoxid und Kohlendioxid entsteht. Dieses kann z.B. in Gasmotor-Blockheizkraftwerken zur Stromproduktion in Kraft-Wärme-Kopplung genutzt werden.

Der ausgesprochene Vorteil der Pyrolyseanlagen besteht darin, daß sie sehr flexibel in kleinen und großen Einheiten gebaut werden können, wobei sich die wesentlichen Merkmale des Verfahrens nicht ändern. Damit ist die Pyrolyse für eine energetische Biomassenutzung ideal geeignet, da sie dezentral direkt am Ort der Biomasseproduktion eingesetzt werden kann und durch Gasmotor-Blockheizkraftwerke die hochwertige Bioenergie angemessen nutzen kann.

Als Pionier auf dem Gebiet der Pyrolyse kann wohl der Ingenieur Karl Kiener aus Goldshöfe/Aalen (Württ.) angesehen werden, der ein zweistufiges Pyrolyseverfahren entwickelte, das durch seine Unkompliziertheit besticht [12.27]. Die wesentlichen Merkmale des Kiener-Verfahrens finden sich heute auch in Verfahren anderer Firmen [12.26], weswegen es im folgenden exemplarisch für eine zweistufige Pyrolyse besprochen werden soll.

Bild 12.7 stellt schematisch den Verfahrensablauf dar. Die Biomasse, in diesem Fall Hausmüll, wandert durch einen Shredder und wird bei A der Anlage zugeführt. Der Pyrolysereaktor ist eine Drehtrommel, die bei 450 ... 500 °C betrieben wird. Beim Durchwandern der Trommel wird die Biomasse entgast und verläßt

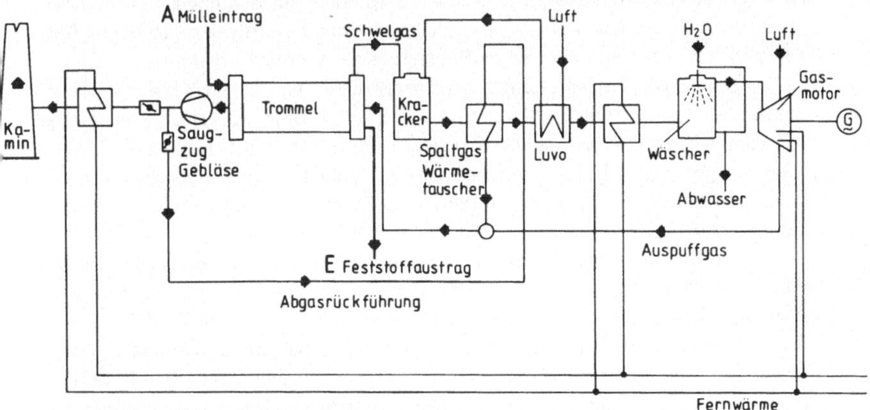

Bild 12.7 Schema der Kiener-Pyrolyse [12.27]

die Trommel bei E. Das Gas kommt anschließend in den Kracker, in dem ein glühendes Koksbett (1100 ... 1200 °C) das Rohgas und den mitgeführten Wasserdampf zerlegt. Hierbei wird der Kracker durch „unterstöchiometrische Verbrennung" des Gases (Verbrennung mit sehr wenig Sauerstoff) und eines Teils des Koksbettes in Betrieb gehalten. Der energetische Beitrag durch den Abbrand des Koksbettes beträgt nur 2,5 % der in der Anlage gewonnenen Energie, so daß es sich hier ausschließlich um einen katalytischen Vorgang handelt. Anschließend durchläuft das Reingas mehrere Wärmetauscher sowie einen Gaswäscher und wird in einem Gasmotor mit angeschlossenem Generator in Strom und Wärme umgewandelt. Die fühlbare Wärme der Auspuffgase heizt wiederum die Drehtrommel, und die Gase verlassen die Anlage über den Kamin. Aufgrund dieser ökonomischen Wärmerückgewinnung erreicht die Anlage einen elektrischen Wirkungsgrad von 23,5 % der Bioenergie und einen Gesamtwirkungsgrad incl. nutzbarer Abwärme von rund 60 %. (Zum Vergleich Müllverbrennung: elektrischer Wirkungsgrad 18 %, Gesamtwirkungsgrad 72 %.)

Nach diesem Prinzip arbeitete eine Versuchsanlage mit 35 kW elektrischer Leistung in Goldshöfe. Der Kreis Aalen baut derzeit eine große Müllentsorgungsanlage, die über Pyrolyse und Gasmotoren eine installierte elektrische Leistung von 3 MW erbringen soll. Diese Leistung entspricht kleineren Heizkraftwerken, die für eine kommunale Energieversorgung geeignet sind.

Der wesentliche Anwendungsbereich der Pyrolyse liegt in der dezentralen Müllentsorgung. Die Vorteile gegenüber der Müllverbrennung bestehen in dem höheren elektrischen Wirkungsgrad, der flexiblen Einsatzmöglichkeit und der größeren Umweltverträglichkeit. Während nämlich bei der Verbrennung erhebliche Mengen an SO_2, Cl_2 und Staub entstehen, die nur durch aufwendige technische Maßnahmen entfernt werden können, treten bei der Pyrolyse aufgrund des Luftausschlusses diese Stoffe nicht auf. Schwefel fällt als Sulfid, Chlor als Chlorid und Stickstoff als Cyanid in der Gaswäsche an, in der diese Stoffe durch einen einfachen chemischen Schritt entgiftet werden können. Lediglich der Gehalt an Stickoxiden ist im Auspuffgas der Gasmotoren höher als im Rauchgas einer Verbrennungsanlage.

Besondere Vorteile besitzt die Pyrolyse bei der Schwermetallentgiftung. Während bei der Verbrennung Cadmium und Blei teilweise als Aerosole im Rauchgas erscheinen, bleiben sie bei der Pyrolyse chemisch in den Rückständen (Aktivkohle) fest gebunden. Diese lassen sich sehr viel unbedenklicher deponieren als die Schlacken aus der Verbrennung, in denen die Schwermetalle als Oxide leicht auswaschbar sind.

Ein weiterer Vorteil der Pyrolyse ist, daß sich mit ihr Rohstoffe mit bis zu 50 % Wassergehalt problemlos verarbeiten lassen (Faulschlämme, Rückstände aus Produktionsverfahren).

Problematisch sind derzeit noch die Kosten. Bei der Großanlage in Aalen werden Entsorgungskosten von 50–60 DM pro t Müll angegeben. Damit ist eine Pyrolyseanlage zwar teurer als eine Müllverbrennung [12.19], hat aber wegen der dezentralen Einsatzmöglichkeit wesentlich geringere Kosten beim Aufbau einer

Fernwärmeversorgung. Ob also eine Verbrennung oder Pyrolyse kostengünstiger ist, kann deshalb nur von Fall zu Fall aufgrund lokaler Gegebenheiten entschieden werden.

12.3.3 Alkoholische Gärung

Die alkoholische Gärung ist ein Vorgang, der ausschließlich von Mikroorganismen durchgeführt werden kann. Wie schon der Name „Gärung" andeutet, findet er unter Ausschluß von freiem Luftsauerstoff statt. Die Mikroorganismen, die sich am besten auf diese Stoffwechselreaktion spezialisiert haben, sind die Hefen aus der Gattung Saccharomyces, wie z.B. der bekannteste Vertreter, die Bierhefe (Saccharomyces cerevisiae). Biochemisch gesehen ist die alkoholische Gärung eine Disproportionierung der Glukose zu Äthanol und Kohlendioxid entsprechend der Gleichung:

$$C_6H_{12}O_6 \rightarrow 2\,C_2H_5OH + 2\,CO_2.$$

Vergleicht man hierbei den Brennwert des Äthanols (1367 kJ/Mol) mit dem des Ausgangsprodukts Glukose (2872 kJ/Mol), so findet man für diese mikrobielle Stoffumwandlung einen energetischen Wirkungsgrad von über 95 %.

Von der freien Reaktionsenthalpie -138 kJ/Mol kann die Hefezelle rund 50 % für den eigenen Stoffwechsel nutzen, indem sie bei der Reaktion pro mol Glukose 2 Mol ATP bildet — die alkoholische Gärung der Hefe stellt also eine extrem effektive chemische Reaktion dar, die nur aufgrund der enzymatischen Katalyse in der Hefezelle so reibungslos ablaufen kann.

Zur Zeit gibt es erhebliche Anstrengungen, sich diese Reaktion zur Energiegewinnung aus Biomasse nutzbar zu machen. Brasilien produzierte 1980 rund 4 Mrd. ℓ reines Äthanol aus Rohrzucker, um es zu etwa 20 % dem Benzin als Kraftstoff beizumengen (Gasohol). In den USA wurden 1980 300 Mio. ℓ Äthanol aus Maisstärke gewonnen; es ist geplant, bis 1983 diese Menge auf 1,9 Mrd. ℓ Äthanol zu steigern; im Jahr 1990 werden 3,8 Mrd. ℓ angestrebt [12.14].

Da die Hefen als Substrate auf ausgesprochene Nahrungsmittel (Rohrzucker, Stärke) angewiesen sind, werden diese auch aus üblichen Kulturpflanzen wie Mais, Zuckerrohr, Zuckerhirse oder Maniok gewonnen. Die Biomasse wird zerkleinert, gemahlen und die zuckerhaltigen Substrate extrahiert. Nach einem enzymatischen Vorverdau kommt die substrathaltige Lösung in den Reaktor — den Fermenter —, in dem sich die Hefe befindet und den Zucker zu Kohlendioxid und Äthanol abbaut. Hierbei werden durchschnittlich im Medium Äthanolkonzentrationen von 5 ... 10 % erreicht, die für viele andere Organismen bereits toxisch wären. Um den Gärungsprozeß gut am Laufen zu halten, führt man häufig ein wenig Luft zu (mikroaerobe Vergärung), da so die Hefen einen kleinen Teil der Glukose aerob nutzen können und besser wachsen. Eine optimale Prozeßführung ist dann erreicht, wenn sich Wachstums- und Absterberate der Hefe gerade die Waage halten (stationärer Zustand). In einem derartigen *kontinuierlichen Verfahren* wird dem Reaktor ständig Medium entzogen und frische Zuckerlösung zugeführt, wobei die dabei ent-

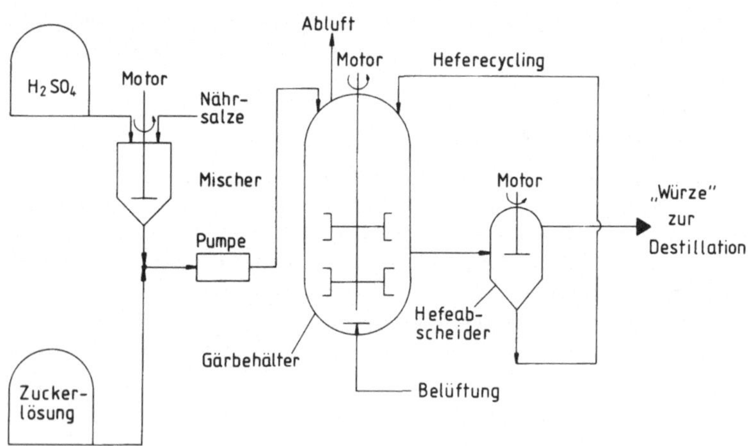

Bild 12.8 Flußschema eines kontinuierlichen Gärverfahrens (vereinfacht nach [12.20])

nommene Hefe in den Prozeß zurückgeführt wird. Dieser Ablauf ist schematisch in Bild 12.8 dargestellt. Wegen der aufwendigen Prozeßführung wird häufig auch ein einfacheres *diskontinuierliches Verfahren* benutzt, bei dem eine feste Menge Zuckersubstrat mit Hefe versetzt und bis zum Ende der Äthanolbildung vergoren wird. Anschließend wird der Alkohol destillativ aus der „Würze" bis zur absoluten Wasserfreiheit gereinigt. Vor allem dieser zweite Verfahrensschritt ist sehr energieintensiv, wenn er mit normalen Destillationstechniken durchgeführt wird.

In Bild 12.9 ist die Energiebilanz der Äthanolherstellung aus Zuckerrohr in Brasilien dargestellt [12.22]. Die Zahlen sind als Prozentsatz der gesamten chemischen Energie der Biomasse, die pro Jahr und Hektar geerntet wurde, wiedergegeben. Rund 50 % der chemischen Energie der Biomasse wurde durch die Vergärung als Alkohol gewonnen. Dieser hohe Anteil rührt aus dem hohen Zuckergehalt des Zuckerrohrs und dem geringen energetischen Eigenbedarf der Hefen her. Für die Prozeßführung bei Vergärung und Destillation ist sehr viel Strom und Wärme notwendig, insgesamt rund 45 GJ/ha, die durch Verbrennen der Rückstände des Biomasseaufschlusses (Bagasse) gewonnen werden. Dadurch wird ein großer Teil der potentiellen Düngewirkung der Bagasse zerstört, so daß andererseits der Landwirtschaft erhebliche Energiemengen in Form von mineralischem Stickstoffdünger zugeführt werden müssen (3,7 GJ/ha · a). Zusammen mit dem benötigten Treibstoff, den Pestiziden und Maschinen verbraucht dieser Posten dann rund 17 GJ/ha · a. Dieser Energiebedarf muß für die Bilanz von dem gebildeten Äthanol abgezogen werden, da er nicht aus Bagasse gedeckt werden kann, so daß insgesamt nur etwa 40 % der Bioenergie als Äthanol gewinnbar sind. Unter Einsatz heute technisch möglicher Verbesserungen des Verfahrens (Wärmerückgewinnung, mehrkolonnige

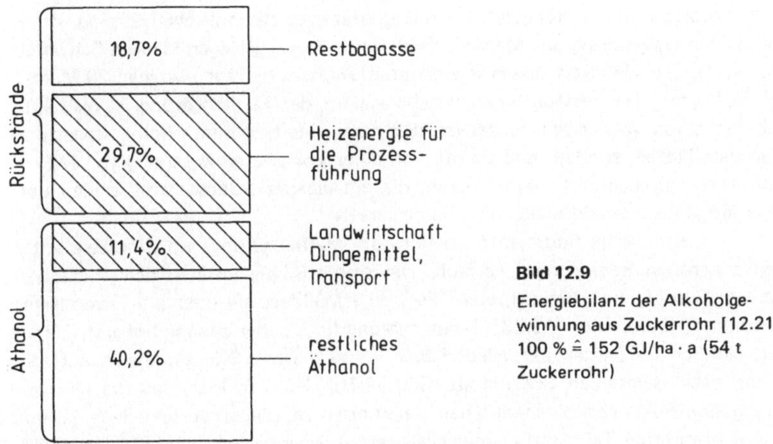

Bild 12.9
Energiebilanz der Alkoholge-
winnung aus Zuckerrohr [12.21]
100 % ≙ 152 GJ/ha · a (54 t
Zuckerrohr)

Vakuumdestillation) ließe sich der Aufwand an Heizenergie für den Prozeß auf etwa die Hälfte senken [12.21], was den Gesamtwirkungsgrad der Äthanolherstellung nicht beeinflussen würde, aber den Anteil an Bagasse, der als Dünger oder Viehfutter genutzt werden könnte, auf etwa das 1,8fache steigen ließe. Berücksichtigt man noch neue Verfahren der Alkoholtrocknung im Labormaßstab, in denen stärkehaltige Substrate als Trocknungsmittel eingesetzt und anschließend selbst vergoren werden, ließe sich insgesamt der Energieeinsatz im industriellen Prozeß auf rund 1/5 des heutigen Wertes senken [12.22, 12.23, 12.24].

Gegenwärtig besitzt die wirtschaftliche Nutzung der alkoholischen Gärung zur Energiegewinnung wenig Aussicht auf Erfolg. Nach Berechnungen der Bundesregierung [12.25] betragen derzeit in der Bundesrepublik Deutschland selbst bei Berücksichtigung der modernsten Verfahren die Produktionskosten für 1 ℓ Äthanol 1,40 DM und Steuern. Da der Brennwert von Äthanol etwa 2/3 des Brennwertes von Benzin beträgt, ist abzusehen, daß erst ab einem Treibstoffpreis von ca. 3,00 DM mit Steuer eine Alkoholproduktion als Treibstoffersatz in Frage käme. Hierfür wären aber etwa 81 % der Fläche der Bundesrepublik notwendig. Bei einer derzeitigen landwirtschaftlichen Nutzfläche von 54 % der Gesamtfläche der Bundesrepublik wird sehr schnell deutlich, daß derartige Projekte unrealistisch sind. Aber auch in Ländern der Dritten Welt gelten diese Einschränkungen. Hier sind weniger direkte wirtschaftliche Überlegungen die Triebkraft für derart riskante Projekte als vielmehr der Wunsch, von Importen unabhängiger zu werden [12.14].

12.3.4 Methangärung

Das zweite, häufig eingesetzte mikrobielle Verfahren zur Biomassenutzung ist die Methangärung. Wie die alkoholische Gärung wird sie nur unter Luftabschluß von Mikroorganismen durchgeführt. Im Gegensatz zur alkoholischen Gärung ist das Produkt ein Gasgemisch aus Methan, Kohlendioxid und geringen Mengen Schwefelwasserstoff. Der Heizwert dieses sogenannten *Biogases* beträgt zwischen 23 MJ/m^3 und 25 MJ/m^3. Der genaue biochemische Ablauf der Methangärung ist bis heute noch nicht voll verstanden. Sicher ist, daß nicht eine bestimmte Bakteriengattung daran beteiligt ist, sondern daß sie nur von einer komplexen Mischung von Mikroorganismen durchgeführt werden kann, die ein eigenes „Ökosystem" bilden und in vielfältige Wechselwirkungen miteinander treten.

In der Natur findet man überall dort Methangärung, wo Biomasse unter strikt anaeroben Bedingungen verfault. Das sind z.B. die unteren Schlammzonen in einem Sumpf, ein „umgekippter" See, eine Mülldeponie oder ein vermoderter Baumstamm (Sumpfgas) [12.28]. Methangärung findet aber auch in höheren Tieren statt, nämlich im Pansen der Wiederkäuer. In all diesen „Ökosystemen" läuft die Gärung nach demselben Schema ab (Bild 12.10). Es wird klar, daß die Methanbildung eine Folge von biochemischen Reaktionen ist, die auf verschiedene, jeweils für eine bestimmte Teilreaktion spezialisierte Bakterien verteilt sind [12.16, 12.28, 12.29]. Der ersten Gruppe, den *acidogenen Bakterien,* werden alle die Organismen zugeordnet, die die polymere Biomasse in ihre Bestandteile zerlegen (Hydrolyse) und diese dann zu Milchsäure, Propionsäure, Buttersäure, Äthanol, Formiat, Koh-

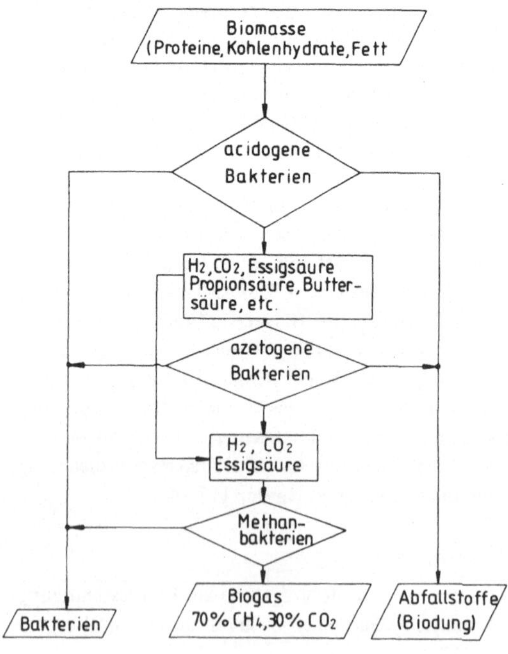

Bild 12.10

Schematische Darstellung der „Methangärung"

lendioxid und Wasserstoff zerlegen. Hierzu zählen Vertreter aus der Gattung Enterobacter, Propionibacterium und Clostridium. In einer zweiten Stufe werden diese primären Gärungsprodukte weiter von den *acetogenen Bakterien* zu Essigsäure und Wasserstoff zerlegt. Dabei geraten beide Bakteriengruppen durch die starke Wasserstoffbildung in Bedrängnis, da sich das thermodynamische Gleichgewicht der einzelnen Reaktionen bei hohen Wasserstoffpartialdrücken auf die Seite der Ausgangsprodukte verschiebt und sie deshalb die Reaktionen nicht mehr zur Energieproduktion nutzen können. So beträgt z.B. die freie Energie für die Zerlegung von Propionat zu Wasserstoff, CO_2 und Acetat unter einem Wasserstoffpartialdruck von 1 bar $+76,5$ kJ/Mol:

$$CH_3-CH_2-COO^- + 3H_2O \rightleftharpoons CH_3-COO^- + HCO_3^- + 3H_2 + H^+$$

$$\Delta G^0: +76,5 \text{ kJ/Mol [12.29]}.$$

Methanbakterien können sehr effektiv diesen überschüssigen Wasserstoff auf das von acetogenen und acidogenen Bakterien produzierte Kohlendioxid in einer stark exothermen Reaktion übertragen:

$$4H_2 + HCO_3^- + H^+ \rightleftharpoons CH_4 + 3H_2O \qquad \Delta G^0: -138,6 \text{ kJ/Mol}.$$

Dadurch sind die Methanbakterien in dem Ökosystem in der Lage, den Wasserstoffpartialdruck sehr niedrig (10^{-6} M) zu halten, was dazu führt, daß die freie Energie z.B. der Propionatspaltung und anderer Wasserstoff produzierender Reaktionen negativ wird und deshalb die beteiligten Mikroorganismen trotzdem daraus Energie gewinnen können [12.28]. Eine weitere wichtige Reaktion der Methanbakterien ist die Spaltung von Azetat:

$$CH_3COOH \rightleftharpoons CH_4 + CO_2 \qquad \Delta G^0: -30 \text{ kJ/Mol}.$$

Man sieht also hieraus den gegenseitigen Nutzen, den die einzelnen Mikroorganismen voneinander haben: acetogene und acidogene Bakterien zerlegen die Biomasse in Azetat, Kohlendioxid und Wasserstoff und die Methanbakterien wirken gewissermaßen als „Kläranlage" des Ökosystems und beseitigen die schädlichen Nebenprodukte Azetat und Wasserstoff.

Der große Vorteil der Methangärung besteht darin, daß in ihr nicht nur Kohlenhydrate wie bei der alkoholischen Gärung umgesetzt werden können, sondern die gesamte Biomasse, mit Ausnahme der Teile, die mit Lignin durchsetzt sind. Summarisch ergeben sich aus allen Teilreaktionen folgende Abbaugleichungen [12.29, 12.30]:

Kohlenhydrate:
$$C_6H_{12}O_6 \rightarrow 3\,CO_2 + 3\,CH_4$$
$$\phantom{C_6H_{12}O_6 \rightarrow } 50\,\% \quad\; 50\,\%$$

Fette (z.B. Tripalmitin):
$$C_{51}H_{98}O_6 + 23,5\,H_2O \rightarrow 14,75\,CO_2 + 36,25\,CH_4$$
$$\phantom{C_{51}H_{98}O_6 + 23,5\,H_2O \rightarrow } 29\,\% \qquad\quad 71\,\%$$

Proteine (Mittelwert):
$$C_{13}H_{25}O_7 + 3,25\,H_2O \rightarrow 5,125\,CO_2 + 7,875\,CH_4$$
$$\phantom{C_{13}H_{25}O_7 + 3,25\,H_2O \rightarrow } 39\,\% \qquad\quad 61\,\%$$

Dagegen findet man in der Praxis eine mittlere Zusammensetzung des Biogases von $60 \ldots 70\,\%$ CH_4, $20 \ldots 30\,\%$ CO_2 und Spuren von NH_3 und H_2S [12.29, 12.30, 12.31]. Das läßt darauf schließen, daß zunächst überwiegend Fette und Proteine bei der Methangärung abgebaut werden, was seine Ursache darin hat, daß ein Teil der Kohlenhydrate als „kristalline Zellulose" mit Lignin durchsetzt ist und nicht abgebaut werden kann (s. Abschnitt 12.2.2 und 12.3.1).

Methanbakterien sind gegen freien, gasförmigen Sauerstoff sehr empfindlich. Sind auch nur geringe Spuren in ihrer Umgebung vorhanden, reduzieren sie den Sauerstoff zu Wasserstoffsuperoxid und vergiften sich deshalb in kürzester Zeit selbst. Des weitern benötigen sie für ein optimales Wachstum einen pH-Wert zwischen 7 und 8 (leicht alkalisch) und sehr konstante Umgebungstemperaturen ($\pm 1 \ldots 2\,^{\circ}C$). Während man über einen breiten Temperaturbereich ($20 \ldots 60\,^{\circ}C$) Ökosysteme finden kann, die Methan produzieren, bestehen diese aus verschiedenen Arten von Methanbakterien, die relativ enge Temperaturoptima besitzen. Durch eine Temperaturschwankung wird die jeweils vorliegende Artenmischung in ihrer Gasproduktionsrate gehemmt, und erst nach einer gewissen Zeit stellt sich eine neue Mischung von Methanbakterien ein, die an die neue Temperatur angepaßt ist. Als optimale Temperaturbereiche haben sich in der Praxis $35\,^{\circ}C$ (mesophile Gärung) und $55\,^{\circ}C$ (thermophile Gärung) ergeben.

Diese Besonderheiten der Methanbakterien machen es notwendig, bei einem gezielten Einsatz in technischen Anlagen die Temperatur, den pH-Wert und die absolute Sauerstofffreiheit ständig zu kontrollieren.

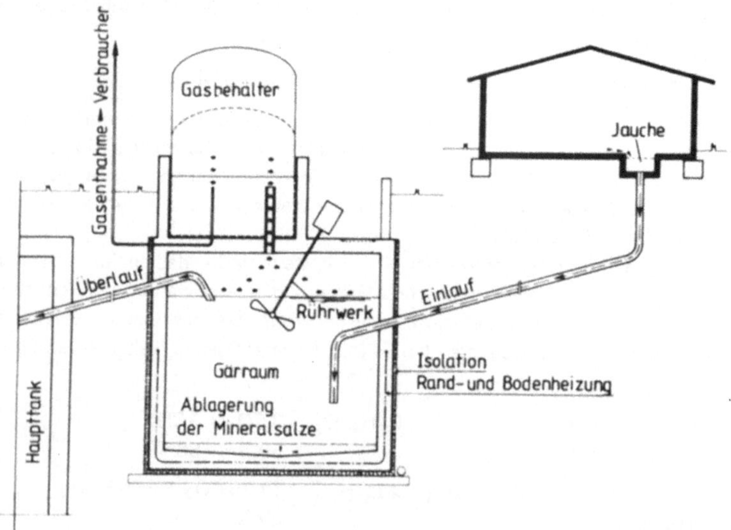

Bild 12.11 Skizze einer Biogasanlage zur Verarbeitung landwirtschaftlicher Abfälle (aus [12.29] leicht verändert)

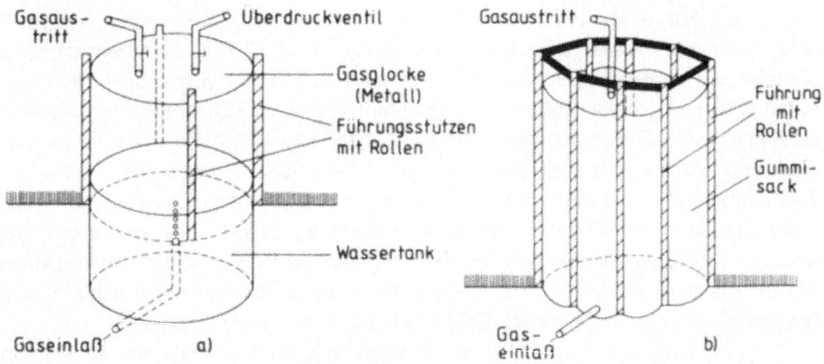

Bild 12.12 Gasvorratsbehälter für kleine Biogasanlagen [12.31]

In diesen sogenannten *Biogasanlagen* oder Faultürmen kann in einem künstlichen Ökosystem Biomasse zu Methan und Kohlendioxid umgesetzt werden.

In einer *Biogasanlage* (Bild 12.11) werden Stallmist oder auch pflanzliche Abfälle verarbeitet. Die übliche Größe des Faulbehälters beträgt je nach anfallender Biomasse zwischen 20 m^3 und 200 m^3 Faulraumvolumen. Die Biomasse, in diesem Fall Rinder- oder Schweinegülle, gelangt durch den Einlauf in den sehr gut wärmegedämmten Gärraum, der durch eine Rand- und Bodenheizung auf 35 °C temperiert wird. Ein Rührer sorgt für eine leichte Durchmischung der Gärmasse und zerstört die sich häufig an der Oberfläche bildende „Schwimmdecke" aus Stroh und Pflanzenresten. Das Biogas gelangt über eine Kondensatfalle (Wasserdampf) und eventuell über einen Schwefelwasserstofffilter in einen Gasbehälter (Bild 12.12), wo es zur Nutzung entnommen werden kann.

Die Heizung des Gärraumes erfolgt durch das Biogas selbst, indem es entweder in einem Gasgebläsebrenner verbrannt wird oder aber eine Gaswärmepumpe antreibt [12.29, 12.32]. Eine weitere Möglichkeit ergibt sich durch die Gasnutzung in einer sogenannten TOTEM-Anlage (Total Energy Modul) [12.29, 12.33], in der das Gas in einem Gasmotor verbrannt wird, die entstehende Kühlwasserabwärme zur Gärraum- und Gebäudeheizung verwendet werden kann und die Kraft über einen Generator zur Stromerzeugung genutzt wird (Kraft-Wärme-Kopplung). Der entstehende Strom steht für eigene Zwecke zur Verfügung (Landwirtschaft) oder kann in das Netz eingespeist werden.

Bei einem kontinuierlichen Betrieb einer derartigen Biogasanlage werden 0,3 ... 0,4 m^3 Biogas/kg organische Trockensubstanz (OTS) mit einem unteren Heizwert von ca. 25 000 kJ/m^3 gebildet. Täglich entstehen pro Kubikmeter Gärraumvolumen 1 ... 2 m^3 Biogas, wovon bei einer gut wärmegedämmten Anlage nur rund 20 % für die Heizung des Faulbehälters benötigt werden [12.31]. Die Wirtschaftlichkeit einer Biogasanlage hängt ganz wesentlich von der Wärmedämmung des Gärbehälters, der Menge der täglich anfallenden Biomasse und der technischen Auslegung der Anlage ab. Wählt man z.B. als Gasspeicher die sehr teuren, aber auch lange haltbaren, wassergedichteten Gasbehälter (Bild 12.12a) und benutzt einen schlecht wärmegedämmten Gärraum, so kann eine heute wirtschaftliche Biogasnutzung erst ab einem täglichen Biomasseanfall von ca. 720 kg OTS durchgeführt werden [12.34]. Dies entspricht etwa dem Abfall von 150 Kühen. Dämmt man dagegen die Anlage gut und verwendet die wesentlich billigeren Gasbehälter aus Gummimaterialien (Bild 12.12b), so ist eine wirtschaftliche Biogasnutzung auch schon bei kleineren Biomassemengen möglich (90 kg OTS/d). In allen diesen Fällen wird das Biogas zu Heizzwecken genutzt (Heizölsubstitution). Geht man von einem in Zukunft stark steigenden Energiepreis aus, dann werden sich auch noch kleinere Anlagen als die hier angegebenen Größen bereits selbst tragen können.

Ein wichtiger Aspekt ist die Verwendung der Überreste aus der Methangärung. Denn während bei der alkoholischen Gärung rund zwei Drittel der Rückstände aus Gründen des Prozeßenergiebedarfs verbrannt werden, kann bei der Biogasgewinnung die Prozeßenergie vollständig aus dem gebildeten Gas gedeckt werden. Damit stehen die Rückstände für eine Nutzung zur Verfügung. In verschiedenen Experimenten mit Stallmist konnte gezeigt werden, daß die Rückstände nach einer Methangärung häufig sogar einen noch höheren Düngewert zeigten als die reine Biomasse [12.15, 12.36]. Dies liegt daran, daß bei der Gärung sowohl der gesamte Stickstoff als auch die Mineralstoffe in den Rückständen erhalten bleiben und nicht verloren gehen. Aufgrund des unvollständigen anaeroben Abbaus ist aber rund die Hälfte bis ein Drittel der Kohlenstoffverbindungen in den Rückständen erhalten geblieben, so daß es sich hier immer noch um einen organischen Dünger handelt, der zur Humusbildung im Boden beiträgt. Im Gegenteil bewirkt sogar das niedrigere C/N-Verhältnis der Rückstände, daß die Pflanzen einen größeren Teil der Mineralstoffe nutzen können.

Im Aufbau ähnlich sind die größeren *Faultürme,* die z.B. in biologischen Kläranlagen eingesetzt werden (Bild 12.13). Sie sind heute bis zu einem Volumen von 12 000 m^3 verfügbar, und man kann in ihnen eine Biogasproduktion von bis

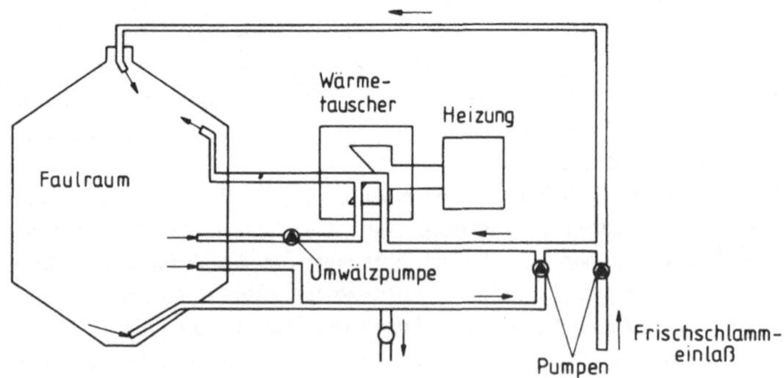

Bild 12.13 Aufbau eines Faulturmes einer Kläranlage

zu 3 m³/m³ Faulraumvolumen erreichen [12.16]. Dadurch wird die Energiebilanz noch günstiger als bei Kleinbiogasanlagen.

Anstatt den Faulrauminhalt mit einem Rührer zu durchmischen, wird er durch starke Pumpen ständig umgepumpt und bei modernen Anlagen durch einen außen liegenden Wärmetauscher auf der Solltemperatur gehalten. Bei derartigen Konzepten läßt sich auf Kläranlagen ein großer Energieüberschuß erzielen, der zum einen für den Eigenverbrauch der Kläranlage voll ausreicht und zum anderen als überschüssiges Gas oder Strom (Blockheizkraftwerk) an das Netz abgegeben werden kann [12.16, 12.29, 12.35].

Basierend auf einem derartigen Faulturmkonzept wurde die Möglichkeit der Energiegewinnung aus Biomasse in größerem Umfang für die Bundesrepublik Deutschland durchgerechnet (s. Abschnitt 12.4.2) [12.32]. Dabei wurde davon ausgegangen, Luzerne und Futterrüben — ertragreiche Pflanzen, die auch in Mitteleuropa wachsen — gezielt zur Energie- und Düngerproduktion anzubauen und in flächenmäßig über die Bundesrepublik verteilten Faultürmen von 7000 m³ Faulraumvolumen in Biogas und Dünger umzuwandeln (s. Abschnitt 12.4.2). Die dabei erzielte Düngermenge würde ausreichen, um fast die gesamte Landwirtschaft der Bundesrepublik mit organischem Dünger zu versorgen. Die dabei erzielbare Energiemenge hätte den Brennwert von rund 20 Mrd. ℓ Heizöl und wäre als Treibstoff für den Verkehr verfügbar. Die Versorgung mit Nahrungsmitteln wäre dadurch nicht gefährdet. Bild 12.14 gibt die Energiebilanz einer derartigen Biomassenutzung wieder. Man sieht, daß selbst nach Abzug der Prozeßenergie und der Aufwendungen in der Landwirtschaft noch mehr Bioenergie in Form von Biogas pro Hektar gewonnen werden kann als bei der Äthanolproduktion in Brasilien (Bild 12.9). Der große Vorteil in diesem Fall ist aber, daß der Anbau nicht als Monokultur, sondern in die

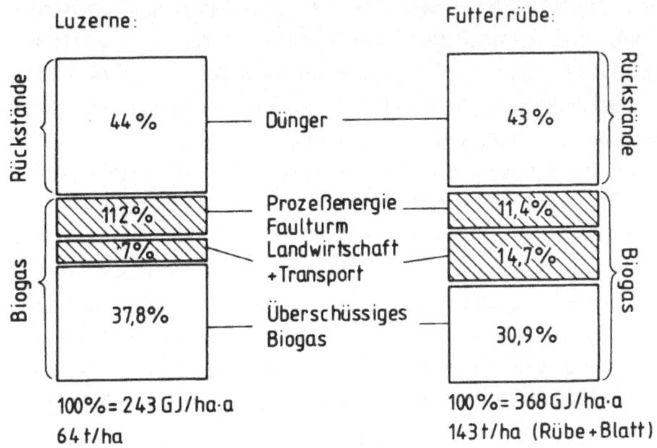

Bild 12.14 Energiebilanz der Biogasgewinnung aus landwirtschaftlichen Anbauprodukten

Landwirtschaft integriert durchgeführt werden kann, durch die dezentrale Nutzung in den Faultürmen sich die Transportaufwendungen gering halten und die Rückstände direkt als Dünger wieder eingesetzt werden können. Gerade der letzte Punkt, die Erhaltung des ökologischen Kreislaufs, ist ein entscheidendes Kriterium, dem eine Biomasseproduktion genügen muß.

12.4   Zukunftsperspektiven

12.4.1 Neue Möglichkeiten

Wie aus den vorherigen Abschnitten klar ersichtlich ist, unterliegt eine extensive Biomassenutzung bestimmten Restriktionen, die übergeordnete Priorität besitzen. Zum einen darf eine ausgedehnte Biomasseproduktion nicht zu Lasten des ökologischen Stoffhaushaltes gehen, zum anderen müssen die Notwendigkeiten des Landschaftsschutzes beachtet werden, und nicht zuletzt darf eine Nutzung nicht die Nahrungsmittelproduktion beeinträchtigen. Welche ökologischen und politischen Auswirkungen ein Verstoß gegen diese Grundsätze hat, wird heute in Brasilien und in Kenia besonders deutlich. In Brasilien wird bis 1985 eine Verdoppelung der jährlichen Äthanolproduktion angestrebt [12.14]. Gleichzeitig aber sind nach einem Bericht der zuständigen Behörde im Nordosten des Landes aufgrund der hohen Preise für Grundnahrungsmittel ca. 85 % der Bevölkerung unterernährt, und es steht zu befürchten, daß dort Generationen von zwergwüchsigen und debilen Menschen heranwachsen [12.39]. Der Wunsch von Politik und Industrie, unabhängig von Mineralölimporten zu werden, verbraucht also hier landwirtschaftliche Nutzflächen, die für die Nahrungsmittelproduktion und damit zur Senkung der Preise für Grundnahrungsmittel ideal geeignet wären.

In Kenia werden jährlich große Waldflächen zur Holzkohleproduktion abgeholzt und nicht neu kultiviert. Die Konsequenz: Der Waldbestand ging zwischen 1965 und 1980 um 24 % zurück, und die Bodenerosion schwemmte wertvolles Kulturland in die Flüsse [12.47]. Weitere Beispiele wären aus der Sahelzone Nordafrikas zu nennen. Eine weltweite Ausdehnung derartiger Vorgehensweisen würde schnell zu einer ökologischen Katastrophe führen [12.1].

Hieraus ergibt sich die Konsequenz, daß, bevor Energieplantagen angelegt werden, zunächst alle verfügbare und wirtschaftlich nutzbare Abfallbiomasse verwendet werden sollte. Darüberhinaus ist vor einer Erschließung neuer Nutzflächen zunächst die Intensivierung der Biomasseproduktion bestehender Anbaugebiete zu versuchen. Deshalb müssen neue Konzepte entwickelt werden, um die bestehende Biomasse effektiver zu nutzen oder Kulturformen zu entwickeln, die unter Berücksichtigung der ökologischen Notwendigkeiten in Gebieten durchgeführt werden, die nicht zu einer Nahrungsmittelproduktion genutzt werden können (z.B. Salzwüsten, Steppen, Küstengewässer).

In jeder Hinsicht gibt es heute vielversprechende Ansätze. Holz und Stroh besitzen erhebliche Anteile an Zellulose (Tabelle 12.2), die für die mikrobiellen Verfahren im Prinzip ideale Substrate wären, aber aufgrund der kristallinen Zellu-

losestruktur und des Ligningehaltes nicht abbaubar sind. Es gibt aber in der Natur
Organismen, die „Weißfäule-Pilze", die Enzyme besitzen, die nur das Lignin im
Holz abbauen und die restliche Zellulose fast unversehrt übrig lassen. Züchtet man
nun Mutanten dieser Pilze, die viel Lignin-abbauende Enzyme, aber keine Zellulose-
abbauende Enzyme (Zellulasen) produzieren, könnte man mit diesen Mutanten
in einem mikrobiellen Verfahren Holzspäne oder Stroh in reine Zellulose verwandeln [12.38]. Führt man diese reine Zellulose in einem weiteren Schritt mit Zellulasen zusammen, die man in reiner Form aus einem weiteren Pilz, Trichoderma
viride, gewinnen kann, so verdauen die Enzyme die Zellulose zu Glukose, die
anschließend entweder als Nahrungs- oder Futtermittel genutzt, oder aber durch
alkoholische Gärung in Äthanol umgewandelt werden kann.

Ein alternativer Weg sieht die Nutzung von nicht mit Lignin durchsetzten,
aber trotzdem schlecht abbaubaren polymeren Kohlenhydraten vor, wie z.B. unverholzte pflanzliche Zellwände in grünen Pflanzenteilen. Eine Vorbehandlung der
Biomasse mit Cadoxen, einer wäßrigen Lösung von 5 % Cadmiumoxid und 28 %
Äthylendiamin in Wasser, führte zu einer bis zu zehnfach gesteigerten Abbaubarkeit des Materials durch Zellulasen [12.40]. Cadoxen ist giftig, und deshalb ist dies
noch nicht der Weg der Zukunft. Es besteht aber gute Hoffnung, daß in Analogie
zu diesem Verfahren mit ungiftigen Lösungsmitteln gleich gute Ergebnisse erbracht
werden [12.40].

Beide Verfahren erweitern erheblich das Spektrum der Einsatzmöglich-
keiten einer alkoholischen Gärung. Die verwendeten Substrate sind nicht wie bisher
typische Nahrungsmittel, sondern typische Abfallstoffe. Eine Etablierung der Verfahren und großtechnische Durchführung würde also letztlich erhebliche Nahrungs-
mittelmengen wieder ihrem eigentlichen Verwendungszweck zuführen, da dann
statt Zucker und Stärke Holz und andere Abfallstoffe zur Äthanolproduktion genutzt werden könnten. Es ist aber im Moment nicht absehbar, wann und ob überhaupt dies wirtschaftlich durchführbar sein wird.

Weitere Konzepte einer Steigerung der Bioenergienutzung kommen aus
den USA. Vor der kalifornischen Küste wachsen große Braunalgen, die Hektarerträge von bis zu 10 t Trockenmasse im Jahr erbringen können [12.41]. Eine Umwandlung dieser Algen in Biogas kann 7000 m^3 Methangas/ha jährlich erbringen,
eine Menge, die etwa 5800 ℓ Heizöl entspricht. Derzeit wird eine Versuchsfarm von
200 ... 400 ha in Corona del Mar in Kalifornien errichtet [12.42]. Die Überreste
der Methangärung sollen als biologischer Dünger eingesetzt werden. Da die Algen
häufig in Gewässern wachsen, die durch die Nährstoffe der Zivilisation verschmutzt
sind, ist dies ein ideales Verfahren zur Rückführung der Nährstoffe in die Landwirtschaft.

Drei weitere Vorschläge denken an eine Nutzung der großen Wüstengebiete
in den USA und Mexiko zum Anbau von dort bereits wild wachsenden Sträuchern.
Diese Pflanzen benötigen keine künstliche Bewässerung und sehr wenig Pflege, so
daß sich ein großflächiger Anbau ohne wesentliche Eingriffe in den ökologischen
Stoffhaushalt durchführen ließe.

Melvin Calvin, ein amerikanischer Botaniker (Calvin-Zyklus) schlägt vor, die Wolfsmilchgewächse Euphorbia lathyrus und E. tyrucalli in großen Plantagen anzubauen [12.43]. Diese Sträucher sind ausgesprochene Wüstenpflanzen und enthalten einen Milchsaft, der aus Isopren und Wasser besteht. Isopren ist ein Kohlenwasserstoff und von seinen chemischen und physikalischen Eigenschaften her Erdölprodukten (Benzin) gleichzusetzen:

$$CH_2 = C-CH = CH_2$$
$$|$$
$$CH_3$$
Isopren

Calvin sieht vor, die ganzen Pflanzen regelmäßig abzuernten und zu zermahlen. Da die Pflanzen aus den Stümpfen wieder nachwachsen, müßte man nur ca. alle 20 Jahre neue Setzlinge in den Boden bringen. Aufgrund von sehr groben Überschlagsrechnungen kommt er auf Hektarerträge von rund 4000 ℓ reinem Isopren pro Jahr. Das sind Erträge, die sich mit jeder Äthanol- oder Biogasproduktion messen lassen können. Leider besteht noch keine Energiebilanz für das Verfahren, so daß zu erwarten ist, daß ein erheblicher Teil als Prozeßenergie abgeführt werden muß. Immerhin stellt dies eine sehr interessante Nutzungsmöglichkeit arider Wüstengebiete dar.

Zwei weitere Pflanzen werden ebenfalls für die Nutzung von Wüstengebieten vorgeschlagen. Die eine ist Jojoba (Simmondsia chinensis) und die zweite Guayule (Parthenium argentatum). *Jojoba* ist ein Strauch, der sehr salztolerant ist und nur 20 mm Niederschlag im Jahr benötigt. Nach etwa vier Jahren trägt die weibliche Pflanze die ersten Samen, die gesamte Lebensdauer des Strauches wird auf über 100 Jahre geschätzt [12.44, 12.45, 12.46]. Die Samen enthalten bis zu 60 Gewichtsprozent ein weißliches, geruchsloses Wachs, das aus ungesättigten langkettigen Fettsäuren und Alkoholen besteht. Erntet man die Samen und extrahiert das Wachs aus ihnen, so kann man pro Hektar ca. 200 kg Wachs erhalten [12.44]. Das Wachs ist ein begehrter Rohstoff. In bestimmten Bereichen der Schmiermittelindustrie benötigte man bisher Pottwalöl, das wegen seiner einzigartigen Schmiereigenschaften durch kein synthetisches Öl zu ersetzen war. Durch das Überjagen der Bestände droht der Pottwal auszusterben und wird deshalb heute geschützt. Jojoba-Öl ist aber chemisch und physikalisch nicht unterscheidbar von Pottwalöl, so daß es als idealer Ersatzstoff fungieren könnte. Hinzu kommt, daß der Strauch in Wüstengebieten angebaut werden kann, in denen zur Zeit mehrere Indianerstämme in Reservaten in Armut leben müssen [12.44]. Ein wirtschaftlicher Jojoba-Anbau, der ohne übermäßige Investitionen durchgeführt werden könnte, würde diesen Indianern eine Existenzgrundlage liefern. Aus diesem Grund wird das Programm von der US-Regierung gefördert. Unabhängig davon laufen Forschungsprojekte mit Jojoba in Israel in der Negev-Wüste [12.46].

Die zweite, äußerst vielversprechende Pflanze ist *Guayule*. Dieser Wüstenstrauch aus der Chihuahua-Wüste Mexikos besitzt in Wurzeln, Stamm und Blättern einen Milchsaft, der bis zu 26 % Kautschuk enthält und fast identisch mit dem Kautschuk des Gummibaums (Hevea brasiliensis) ist. Kautschuk besteht ebenfalls aus Isoprenmolekülen. Um die Jahrhundertwende und erneut während des Zweiten Weltkriegs wurde der Guayule-latex in den USA als willkommener Ersatz für Naturkautschuk gewonnen. Derzeit gibt es in den USA erneute Anstrengungen, Guayule-Plantagen aufzubauen [12.44].

Alle diese Vorschläge müssen aber ihre Wirtschaftlichkeit in der Praxis erst nachweisen. Darüber hinaus muß man ökologische Bedenken bei einem extensiven flächenverbrauchenden Anbau anmelden, denn das wären schon erhebliche Eingriffe in die Ökosysteme der Wüstengebiete. Dagegen wären kleinere Plantagen oder aber die Nutzung wild wachsender Sträucher aus ökologischer Sicht sicher unbedenklich.

12.4.2 Modellrechnungen

Zwei weitere Vorschläge zu einer intensiven Biomassenutzung kommen aus Europa. Im Auftrag des schwedischen Sekretariats für Zukunftsstudien haben Wissenschaftler für Schweden eine Energieversorgung ausgearbeitet, die vollständig auf wiedererneuerbaren Energieträgern basiert (Solar Sweden) [12.48]. In dieser Studie wird davon ausgegangen,

- daß sich bis zum Jahr 2015 der Energiebedarf der schwedischen Gesellschaft noch um 65 % steigert (dies entspricht einem Wirtschaftswachstum von etwas weniger als 2 % pro Jahr),
- daß gleichzeitig sich die totale Produktion verdoppelt,
- daß der Nutzungsgrad der verwendeten Energieträger um 42 % bei der Gebäudeheizung, um 25 % in der Industrie und um 100 % im Dienstleistungsbereich und Verkehr gesteigert wird.

Der größte Teil der verwendeten Primärenergie (ca. 60 %) soll aus Biomasse bereitgestellt werden. Da in Schweden gegenüber z.B. der Bundesrepublik fast die zehnfache Fläche pro Einwohner zur Verfügung steht (5 ha/EW), ist ein derartiges Konzept dort durchführbar. Im einzelnen ist vorgesehen, 5 % der Waldfläche und 34 % des Sumpflandes für eine gezielte Biomasseproduktion zur Energieerzeugung (energy-plantations) einzusetzen. Hierbei sollen künstlich gedüngte und bewässerte Wälder aus schnellwachsenden Laubbäumen (Pappel, Birke, Salweide) jährlich einen durchschnittlichen Biomasseertrag von 324 GJ/ha erbringen. In Versuchsfeldern konnte der doppelte Wert erreicht werden. Dies ist eine erstaunlich hohe Nettoproduktivität von über 1 % des einfallenden Sonnenlichtes (Jahresmittel). Insgesamt sollen 2,9 Mio. ha für dieses Vorhaben genutzt werden, dies entspricht 6 ... 7 % der Gesamtfläche Schwedens und ist etwas weniger als die heute landwirtschaftlich genutzte Fläche (9 %). Zusätzlich ist vorgesehen, auf etwa 10 000 ha Meeresfläche Algen zu kultivieren und diese in Biogasanlagen in Methan umzuwandeln. Landwirtschaftliche Abfälle (Stroh) sollen zu 20 % genutzt, Schilf und Forstabfälle zu etwa 10 % genutzt werden.

Bild 12.15 zeigt das Ergebnis der Szenario-Rechnung bis zum Jahr 2015. Der größte Teil der Biomasse wird zur Erzeugung von Prozeßwärme in der Industrie benötigt (127 TWh), der Rest als Treibstoffersatz in Methanol umgewandelt (120

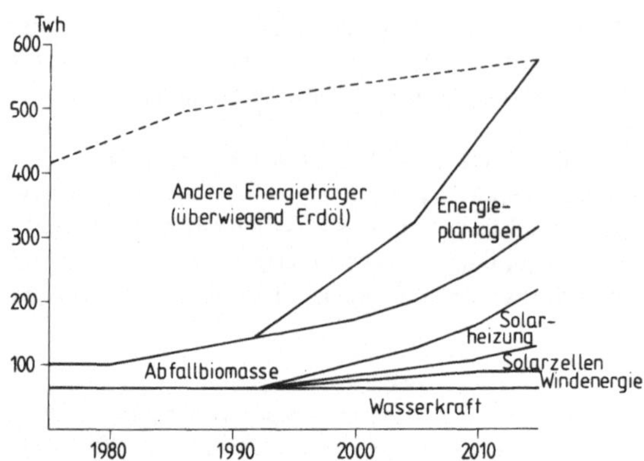

Bild 12.15 Energieversorgung im Jahr 2015 in Solar-Schweden. Deutlich sichtbar ist der große Anteil der Biomasse an der Primärenergieversorgung [12.48]

TWh) und die verbleibende Menge von 44 TWh zur Wärmeproduktion (Gebäudeheizung) in Kraft-Wärme-Kopplung verwendet. Insgesamt ist es dann möglich, den gesamten Energiebedarf Schwedens aus wiedererneuerbaren Energieträgern zu decken.

Die ökologischen Auswirkungen dieser Vorschläge sind schwer abzuschätzen; berücksichtigt man aber, daß 34 % des Sumpflandes künstlich gedüngt werden sollen, sind ökologische Folgeschäden (Eutrophierung der Grundwässer) nicht auszuschließen. Die Autoren selbst bezeichnen dieses Szenario als Diskussionsgrundlage, nicht als vollständiges und detailliert in allen Punkten abgesichertes Konzept der zukünftigen Energieversorgung Schwedens. Nimmt man es als solches, stellt es doch einen sehr interessanten Ansatz dar, der aber schwer auf andere Länder übertragbar ist, die nicht über so viel Fläche verfügen.

Der zweite Vorschlag kommt vom Öko-Institut in Freiburg/Brsg. In einer Szenariorechnung wird gezeigt, daß bis zum Jahr 2030 ca. 70 % des jährlichen Treibstoffverbrauchs der Bundesrepublik aus Biomasse im eigenen Land gedeckt werden können [12.32, 12.49]. Die Annahmen hierzu sind:

- ein durchschnittliches Wirtschaftswachstum von rund 2,5 % bis zum Jahr 2000, das auf 0,5 % im Jahr 2030 zurückgeht;
- eine rund 1,5-fache Steigerung des materiellen Lebensstandards der Bevölkerung bis zum Jahr 2000 mit anschließender Sättigung;
- ein Rückgang der Bevölkerung um 6 % bis zum Jahr 2000 und um 25 % bis 2030;
- eine Verbesserung der Energienutzung um 70 % bei der Raumheizung, 60 % im Verkehrssektor und 30 % im Bereich der industriellen Prozeßwärme und der elektrischen Antriebe.

Aus diesen Annahmen ergäbe sich ein Treibstoffbedarf im Verkehrssektor von 252 TWh.

Durch eine konsequente Nutzung von Abfallbiomasse wäre es möglich, im Jahr 2030 mit Pyrolyse des Hausmülls und Biogasgewinnung aus den landwirtschaftlichen Abfällen 68 TWh an Methan- und Methanoltreibstoff zu gewinnen. Durch einen zusätzlichen Anbau von Luzerne auf den landwirtschaftlichen Nutzflächen, die wegen des Bevölkerungsrückgangs nicht mehr genutzt würden (20 % von 1978), könnten nach einer Umwandlung in Biogas insgesamt 131 TWh an Treibstoff produziert werden (Variante 1: 2030). Nimmt man zusätzlich noch eine Reduktion der Produktion in tierischem Eiweiß um 20 % an (derzeit werden noch Überschüsse produziert), könnte man durch einen Anbau von Futterrüben auf dieser Fläche und eine Umwandlung in Biogas 181 TWh an Treibstoff erzeugen (Variante 2: 2030). Dies entspräche einer Eigenproduktion von etwa 70 % des Treibstoffbedarfs. Der verbleibende Rest müßte durch Importe von Biotreibstoffen aus den Nachbarländern, die über eine wesentlich größere landwirtschaftliche Nutzfläche pro Einwohner verfügen, oder aber durch Kohleverflüssigung gedeckt werden. Die Umwandlung der Biomasse in Methan ist nicht in Kleinanlagen, sondern in größeren Biomassefabriken vorgesehen, die aus zwei Faultürmen à 7000 m^3 und einer kleinen Pyrolyseanlage bestehen. Diese Fabriken wären über die Bundesrepublik verteilt und würden eine dezentrale Kraftstoffversorgung sichern, wobei die Transportaufwendungen für die Biomasse minimiert wären.

Die ökologischen Auswirkungen dieser Vorschläge sind gering, da die Biomasseproduktion in eine Fruchtfolge integriert durchgeführt werden kann und keine zusätzlichen landwirtschaftlichen Nutzflächen erschlossen werden müssen. Im Gegenteil werden dann der Einsatz von organischem Dünger (Biodung) und die dadurch mögliche Durchführung ökologischer Landbaumethoden die Probleme der heutigen Landwirtschaft reduzieren. Die Infrastruktur für diese Vorschläge wäre gegeben, da keine zusätzlichen Transportmittel und -wege gebaut werden müßten.

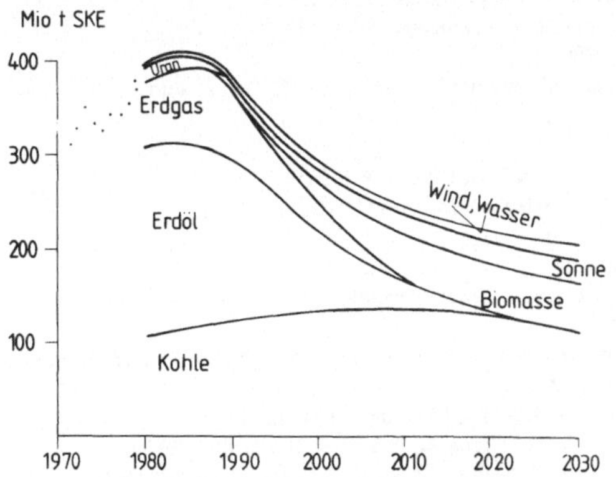

Bild 12.16 Die Variante Kohle + Sonne des Energiescenarios des Öko-Instituts. Die eingesetzte Biomasse soll zur Treibstoffproduktion genutzt werden [12.49]

Der Einsatz von Biomasse als Primärenergieträger in diesem Szenario ist aber nur deshalb sinnvoll, weil durch die effektivere Energienutzung der gesamte Primärenergieverbrauch gesenkt wird, so daß die Biomasse erst durch diese Voraussetzungen überhaupt einen spürbaren Beitrag liefern kann (Bild 12.16).

Als Resultat ergibt sich für einen Einsatz der energetischen Biomassenutzung die Erkenntnis: Energiesparmaßnahmen und effektivere Energienutzung sowie die Nutzung der anfallenden Abfallstoffe sind aus moralischen und wirtschaftlichen Überlegungen der Schaffung von Energieplantagen vorzuziehen.

Literatur

[12.1]   Global 2000: Der Bericht an den Präsidenten, Verlag 2001, Frankfurt 1980.

[12.2]   ibid. S. 602—621.

[12.3]   ibid. S. 243—268.

[12.4]   ibid. S. 60.

[12.5]   ibid. S. 73.

[12.6]   *Gates, D. M.:* Scientific American **224**, 88—104 (1971).

[12.7]   *Zwölfer, H.:* Bayreuther Hefte für Erwachsenenbildung, Universitätsverlag, Bayreuth 1978.

[12.8]   *Ullmann, O.:* Innere Kolonisation (IKO) **29/2**, 66—79 (1980).

[12.9]   *Lehninger, A. L.:* „Biochemie", Verlag Chemie, Weinheim-New York 1977.

[12.10] *Lehninger, A. L.:* „Bioenergetik", Thieme Verlag, Stuttgart 1974.

[12.11] *Tschumi, P. A.:* „Umweltbiologie", Diesterweg 1980.

[12.12] *Sir Howard, A.:* „Mein landwirtschaftliches Testament", 2. Aufl., Volkswirtschaftlicher Verlag, München.

[12.13] *Abelson, P. H.:* Science **204** (1979).

[12.14] *Hall, D. O.:* Nature **285**, 135 (1980).

[12.15] *Baader, W., Dohne, E., Brenndörfer, M.:* „Biogas in Theorie und Praxis", Schrift 229, KTBL-Verlag, Münster-Hiltrup 1975.

[12.16] *Sahm, H.:* forum mikrobiologie **4/79**, 177—181 (1979).

[12.17] „Heizen mit Holz", Solentec GmbH, Adelebsen 1981.

[12.19] *Hertel, W.:* Umwelt **5/80** (1980).

[12.20] *Faust, U., Präve, P., Sukatsch, D. A.:* in H. Dellweg, „4. Symposium, Technische Mikrobiologie", Berlin 1979.

[12.21] *Nisselhorn, K.,* ibid.

[12.22] *Da Silva, J. G., Serra, G. E.:* Science **201**, 903—906 (1978).

[12.23] *Ladisch, M. R., Dyck, K.:* Science **205**, 898—900 (1979).

[12.24] *Hartling, F. F.:* Science **206**, 42 (1979).

[12.25] BMFT-Mitteilungen 2/1980.

[12.26] „Neue Verfahren der Thermischen Abfallbehandlung", Umweltbundesamt, Berlin 1980.

[12.27] „Bericht über Stand und Entwicklung der Niedertemperaturpyrolyse System Kiener", Kiener-Pyrolyse GmbH Stuttgart.

[12.28] *Zeikus, J. G.:* Bacteriological Reviews **41**, 514—541 (1977).

[12.29] *Maurer, M., Winkler, J.-P.:* „Biogas" Verlag C. F. Müller, Karlsruhe 1980.

[12.30] *Symons, Buswell:* Journal of the American Chemical Society **55**, 2028 (1933).

[12.31] *Meynell, P.-J.:* „Biogasanlagen", V. Pfriemer Verlag, München 1980.

[12.32] *Thiele, J.:* Öko-Bericht Nr. 17 (1980), Öko-Institut Freiburg/Brsg.

[12.33] Fiat TOTEM-Anlage, Prospekt.

[12.34]   *Kleinhanß, W.:* Berichte aus der Landwirtschaft **58**, 560—597 (1980).

[12.35]   *Gassen, M., Kritzer, W.:* Korrespondenz Abwasser **5/80**, 291—295 (1980).

[12.36]   *Tietjen, C.:* Zeitschrift für Pflanzenernährung, Düngung und Bodenkunde **77**, 198—212 (1957).

[12.37]   *Karlsson, P.:* „Biochemie", Thieme Verlag, Stuttgart 1972.

[12.38]   *Ander, P., Eriksson, K. E.:* Progress in Industriel Microbiology **14**, 2—53 (1978).

[12.39]   Frankfurter Rundschau Nr. 133 (6/81).

[12.40]   *Ladisch, M. R., Ladisch, C. M., Tsao, G. T.:* Science **201**, 743—745 (1978).

[12.41]   *Calvin, M.:* Photochemistry and Photobiology **23**, 425—444 (1976).

[12.42]   Neue Züricher Zeitung, 11.10.1978, Nr. 236, zitiert in [12.29].

[12.43]   Science **194**, 46 (1977).

[12.44]   *Mauch, Th. H.:* Science **196**, 1189—1190 (1977).

[12.45]   *Norman, C.:* Nature **255**, 272—273 (1975).

[12.46]   Naturwissenschaftliche Rundschau **31/5**, 213—215 (1978).

[12.47]   Frankfurter Rundschau Nr. 132 (6/81).

[12.48]   *Lönnroth, M., Johannson, Th. B., Steen, P.:* „Solar versus Nuclear", Pergamon Press 1980.

[12.49]   *Krause, F., Bossel, H., Müller-Reißmann, K. F.:* „Energiewende", Fischer Verlag 1980.

Sachwortverzeichnis

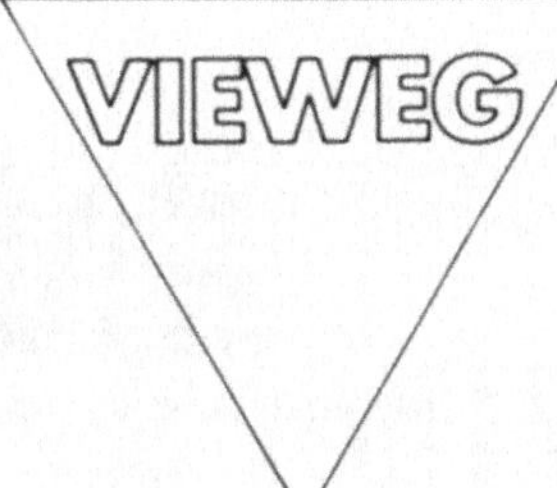

Das bewährte Standardwerk der Energiewirtschaft

Gerhard Bischoff und Werner Gocht (Hrsg.)

Das Energiehandbuch

Mit 232 Abb. und 105 Tab. 4., vollst. neu bearb. und erw. Aufl. 1981. XII, 398 S., 21,5 X 28 cm. Gbd.

„Zwölf Kapapzitäten fügen durch Beiträge aus ihren Fachbereichen mosaikartig ein Bild zusammen, das eine reelle Abschätzung der gegenwärtigen Energieverteilung der Welt, speziell der Bundesrepublik Deutschland, erlaubt. Fast liegt hier ein Weißbuch vor, das bis ins kleinste Detail Rechenschaft über das Vorkommen und den Verbrauch von jedem Stück Kohle oder Uran und jeden Tropfen Öl liefert. Durch umfangreiche Statistiken und Tabellen sowie die Darstellung verschiedener bergmännischer Abbau- und Fördermethoden wird das Thema anschaulich gemacht."

(FAZ)

Auch die 4. Auflage ist den genannten Prinzipien treu geblieben. Sie berücksichtigt aber die Tendenzen, die sich aus den Ölpreisentwicklungen der letzten Zeit abzeichnen.